U1010605

地学系列教材

遥感水文模型教程

杨胜天　赵长森　娄和震
罗　娅　周　旭　宋文龙　著

中国教育出版传媒集团
高等教育出版社·北京

内容提要

本书在阐述水文模型和遥感科学与技术的基础上，强化遥感水文模型研发与程序设计能力的培养，注重对本土化创新案例的介绍，在知识传授与能力培养过程中引领学习者形成强烈的家国情怀。本书除了纸质教材，还提供本教学团队近 20 年研发的 9 个遥感水文模型、50 余个函数、上万条 IDL 程序源代码。本书将水文学基础知识、遥感时空数据、模型构建和计算机程序设计等深度融合，阐述遥感水文模型研究现状、理论基础、程序实现和实践应用等内容。

本书可作为高等学校地理类专业基础课教材，也可供其他研究人员参考。

图书在版编目（CIP）数据

遥感水文模型教程 / 杨胜天等著. -- 北京：高等教育出版社，2025. 8. -- （地学系列教材）. -- ISBN 978-7-04-064637-5

Ⅰ. P334-39

中国国家版本馆CIP数据核字第2025W3J866号

Yaogan Shuiwen Moxing Jiaocheng

策划编辑 杨俊杰　责任编辑 杨俊杰　封面设计 张雨微　版式设计 李彩丽
责任绘图 黄云燕　责任校对 陈 杨　责任印制 刁 毅

出版发行	高等教育出版社	网　　址	http://www.hep.edu.cn
社　　址	北京市西城区德外大街 4 号		http://www.hep.com.cn
邮政编码	100120	网上订购	http://www.hepmall.com.cn
印　　刷	中农印务有限公司		http://www.hepmall.com
开　　本	787mm × 1092mm　1/16		http://www.hepmall.cn
印　　张	21.75		
字　　数	490 千字	版　　次	2025 年 8 月第 1 版
购书热线	010-58581118	印　　次	2025 年 8 月第 1 次印刷
咨询电话	400-810-0598	定　　价	46.60 元

本书如有缺页、倒页、脱页等质量问题，请到所购图书销售部门联系调换

版权所有　侵权必究

物 料 号　64637-00

审 图 号：GS 京（2025）0221 号

序

随着社会经济的发展，水资源利用与保护正面临着巨大的挑战。我国地理环境和社会经济发展区域差异较大，许多地区水文测站稀少，水文资料缺乏，对水文过程认识不清严重制约了水资源的可持续利用，是国民经济健康发展的瓶颈之一。

遥感水文是遥感科学与水文学间新兴的交叉学科领域，是当前学科发展前沿研究热点，探索多源信息融合的水文监测、观测是重要的发展方向。过去十余年里，感知和模拟能力有很大的提升，多源信息监测与综合网络构建推动了多要素、多尺度综合水文的研究。我们研发了大型的水循环综合模拟系统（Hydro-Informatic Modeling System，简称 HIMS），涵盖了分布式与集总式模拟，具有模型定制功能。在此基础上为了进一步扩展应用，又以基本的生态水文过程为基础，发展了生态水文模拟系统（Ecohydrological Assessment Tool，简称 EcoHAT），集成多源遥感、水文模型、生态水文模型，实现了从流域到区域尺度的分布式生态水文模拟，为流域水资源科学评价、合理利用和有效保护提供重要的技术支撑平台。在未来的发展中，我们将大力推进研制生态水文要素综合监测技术，如推进同位素和环境遥感等技术对观测土壤水运移、碳水通量、植物蒸腾及土壤蒸发过程的精度与尺度；运用基于过程的建模方法检测和预测环境变化的各种数据产品之间的尺度差异；开发新传感器网络，采用智能方法来管理、存储、过滤和分析相关的大量数据流，并发掘实时生态水文监测，发展多尺度生态水文过程监测体系，为中国综合性生态水文学的发展提供坚实的数据基础。

自 2000 年以来，杨胜天教授与研究团队一直坚持在遥感水文领域深耕，主持承担了国家自然科学基金、国家科技支撑计划、国家重点研发计划以及应用项目 20 余项，取得了丰硕科学研究成果，获省部级科研奖项十余项，发表高水平论文数百篇，研发了 EcoHAT 平台。在加强科学研究的同时，努力促进科研成果转化为教学资源，撰写了这本《遥感水文模型教程》。该书面向新时代生态文明建设对多学科交叉创新人才培育需求，依托 EcoHAT 系统创新研究成果，以科研反哺教学，将水文学基础知识、遥感时空数据、模型构建和计算机程序设计等深度融合，沿着遥感水文模型研究现状、理论基础、程序实现和实践应用主线，理论联系实现，程序支撑应用，深入浅出地编写教程内容，从而让读者能深入探究，研习程序源码、运用示例数据、开展数字实验、体验科研过程，掌握数字创新技术，提升分析、解决复杂水文、地理和生态环境问题的创新思维与能力。

近 20 年来，杨胜天教授及其研究团队先后撰写了《生态水文模型与应用》《遥感水文》和《遥感水文数字实验：EcoHAT 使用手册》，现又在这些成果的基础上撰写教材《遥感水文模型教程》，形成了比较完整的理论凝练—技术研发—教材编写，以及模型原创—软件共享—代码开源的体系。这些成果不仅对发展遥感水文方面具有重要作用，在推动数字资源共享、提升人才培养质量等方面也有重要的意义。相信《遥感水文模型教程》会给广大读者提供很好的参考和借鉴。

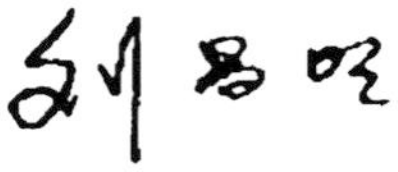

2024 年 7 月

前　言

水是生命之源、生产之要、生态之基。认识、理解并调控水文循环是现代水文与水资源科学研究的核心内容之一。随着水文计算和水利信息化的不断发展，水文模型已成为水文循环过程模拟与量化分析的科学工具。特别是多源遥感技术的迅猛发展，为多时空尺度的水文循环观测与模拟提供了十分重要的技术手段。遥感水文模型是当前水文水资源研究中创新生长点的前沿领域。相关学科的学生、教师、科技工作者和实际从业人员迫切需要一本理论知识系统、模型代码开放、技术与演练结合、应用案例鲜活的遥感水文模型教程。

本书作者及研究团队自2000年以来，在北京师范大学长期从事遥感水文研究与教学工作，先后主持国家自然科学基金、国家科技支撑计划、国家重点研发计划、高等学校教学内容和课程体系改革项目20余项。本团队针对“遥感在水文研究中究竟能扮演什么样的角色”问题，持续开展流域水文因子、生态环境因子和社会经济因子遥感信息提取，遥感信息驱动的水文模型构建与应用基础研究。我们通过遥感与水文、水资源、水生态和水环境等多学科交叉知识整合，利用IDL语言编写模型代码，研发了拥有自主知识产权的生态水文模拟系统EcoHAT（Ecohydrological Assessment Tools），出版了《生态水文模型与应用》《遥感水文》和《遥感水文数字实验：EcoHAT使用手册》，这些书籍为本教程撰写奠定了基础。

遥感水文主要研究水文要素遥感获取的理论、方法与技术，并将遥感技术和水文模型结合构建遥感水文模型，开展水文状况和水资源利用的空间计算与分析，完成流域水文模拟、洪水监测预报、水资源估算和水资源配置等方面的任务。作为典型的遥感水文模型，EcoHAT可在不依赖传统观测的条件下，监测河川径流过程，分析缺资料地区/流域水资源的时空变化，评价水资源利用状况；开展水文过程与水循环过程模拟，揭示流域水文过程历史演变规律；计算污染物迁移转化，评估流域污染状况；为流域水资源、水环境与水生态科学管理提供技术支持和数据支撑。

全书共分12章。第1章，阐述水文学、遥感科学和遥感水文模型的发展历程与趋势。第2章，介绍遥感水文模型开发工具IDL语言编程基本规则，以及开发案例EcoHAT系统。第3章，介绍遥感科学基础知识，以及主要的水文因子遥感反演算法及程序设计。第4章，围绕河川流量遥感监测，讲析RSHS模型构建原理、程序设计及其在长白山锦江支流应用情况。第5章，围绕降雨径流过程模拟，讲析LCM模型原理、程序设计及其在黄河支流孤山川流域应用情况。第 6 章，围绕流域水文过程模拟，讲析 RS-DTVGM 模型原理、程序设计及其在缺资料的伊犁河流域应用情况。第 7 章，围绕区域水循环过程模拟，讲析 SVAT 模型原理、程序设计及其在黄河中游河口镇至龙门区间应用情况。第 8 章，围绕城市雨洪过程模拟，讲析 Eco-Rudim 模型原理、程序设计及其在北京市南沙河流域应用情况。第 9 章，围绕水土流失过程监测，讲析 LCM-MUSLE 模型原理、程序设计及其在黄河中游河口镇至龙门区间应用情况。第 10 章，围绕非点源污染负荷，讲析 Marco-NPS 原理、程序设计及其在北京市潮白河流域应用情况。第 11 章和 12 章，分别围绕氮素和磷素的迁移转化模拟，讲析 NT 和 PT 模型原理、程序设计及其在三江平原的应用情况。各章均提供有相应模型的开源代码、示例数据，供学习者反复研习、在做中学习与提升。

本书还响应了教育与技术深度融合背景下，我国高校一流课程建设对高阶性、创新性和挑战度的要求。教程在讲述水文模型和遥感科学与技术基础知识的基础上，强化遥感水文模型研发与程序设计能力培养，且以有自主知识产权的软件支撑本土化创新案例介绍，在知识传授与能力培养过程中引领学习者形成强烈的家国情怀。除了纸质教材，我们还提供了本团队近 20 年研发的 9 个遥感水文模型、50 余个函数、上万条 IDL 程序源码，以及这些模型应用的输入数据、参数文件、操作视频、输出成果、教学课件和 EcoHAT 官网在线服务等，这为开展传统课堂教学、线上线下双线混融教学和自主探究性学习等，创造了便利条件。但是由于这些内容既涉及水文水资源和生态水文的前沿知识，又涉及遥感水文模型的二次开发与创新应用，欲“吃透”本教程还需要“跳一跳才能够得着”。

因此，建议学习者对本书进行至少三轮次迭代阅读。第一次阅读目的主要是了解各个遥感水文模型及其基本结构。最好在 2～3 个星期内完成，希望读者可以从头至尾硬着头皮将书通读一遍，不求深入理解，但求纲举目张地掌握各章节、各知识点间的内在联系；同时一定配合阅读，运行模型示例数据，了解各个模型的结构；如果遇到疑难点也不必着急，只需做出标识，并用思维导图归纳出前后知识点间的逻辑关系，从而对全书内容形成概要性系统认识。第二次阅读目的是理解模型算法和程序代码。最好在每次课前完成，旨在提纲挈领地紧扣各章节基本术语、关键概念和核心算法，有选择性地深度阅读与拓展阅读，加深对关键概念和核心算法的认识与理解，若仍然遇到难以突破的疑难点，则需及时反馈或请教教师，促进教师二次备课与有效授课。第三次阅读目的是掌握遥感水文模型开发应用能力。在课后再完整精要地总结各章节的基本原理与关键技术程序代码，逆向思考这些原理与技术在现实中“有何用、有何不足”等，并对自己感兴趣的内容进行探究性学习，编写自己的算法程序，在做中学习且学以致用，日渐形成“理实结合，爱思考，会应用”的专业素养。

基于自主可控的遥感水文模型开源代码，利用现代信息技术建构数字化、网络化、开放性学习环境，深化定量遥感与水文模型深度耦合的二次开发，推进“开源、开放、开发：三轮驱动的水利科学技术拔尖创新人才培养”，是我们长久的愿望与倡议。全书由杨胜天统筹组织、统稿编写和汇总整理程序代码，其中第 1、6、8 和 10 章由赵长森负责，第 2、4、11 和 12 章由娄和震和宋文龙负责，第 5 和 9 章由罗娅负责，第 3 和 7 章由周旭负责。参加本书程序设计和文字撰写的人员还有王雪蕾、曾红娟、王玉娟、温志群、高云飞、董国涛、周秋文、蔡明勇、赵海根、陈珂、王志伟、吴琳娜、白娟、管亚兵、王娟、李超君、王冰、张晶香、盛浩然、李茜、郑东海、张宇、王树东、郎杨、刘艳妮、王鸣程、张桂铭、吕俊荣、吕洋、吴康、张亦弛、侯立鹏、刘晓林、于心怡、张纯斌、张远、邵南方、伍博炜、杨阳、王鹏飞、吴习锦、潘旭、张军、潘子豪、李毛毛、张宇嘉、李好。在汇总整理模型代码中张亦驰做了大量工作，周柏池、杨国峰和李好审核完善了模型代码，王怀星、李杰康和代韵萌整理公式、图表和参考文献。潘兆林用 IDL 语言构建了 EcoHAT 系统平台的基本框架。王玉莲整理了教学课件 PPT。

水文学、遥感和信息科学与技术的发展，必将推动遥感水文模型的不断完善。殷切希望本书的出版能引起相关人员对该研究领域的更大关注与支持。由于学识和能力有限，相关工作还有待进一步深化和提高，书中难免有不妥之处，敬请各位同仁不吝赐教。

特别感谢作者的导师刘昌明院士、夏军院士、朱启疆教授、李天杰教授、熊康宁教授和安裕伦教授的教导！感谢所有指导过我们的老师！同时由于篇幅所限，本书有许多参考文献未能列出，在此也一并表示感谢！

作　者

2024 年 7 月

本书软件资源说明

本书所附全部遥感水文模型程序（EcoHAT 平台）均开源共享，各模型配有案例数据，请前往北京师范大学水科学研究院 EcoHAT 官网下载。

本书还配备了阅读材料和电子教案，读者可进入封底网站（高等教育出版社新形态教材网）下载。

本书阅读材料　　本书电子教案

目　录

第 1 章　绪论 / 1
　第一节　水文学发展现状与趋势 / 2
　第二节　水文模型发展现状与趋势 / 3
　第三节　遥感水文模型发展现状与趋势 / 5
　复习思考题 / 8

第 2 章　遥感水文模型开发工具 / 9
　第一节　IDL 语言与 ENVI / 10
　第二节　IDL 程序设计基础 / 14
　第三节　遥感水文模型开发案例 / 18
　第四节　遥感水文模型 EcoHAT 设计架构 / 20
　复习思考题 / 24

第 3 章　水文因子遥感反演 / 25
　第一节　水文过程与水循环 / 26
　第二节　遥感科学概况 / 28
　第三节　能量因子计算及程序设计 / 35
　第四节　植被因子计算及程序设计 / 40
　第五节　陆面蒸散发计算与程序设计 / 47
　第六节　土壤水计算与程序设计 / 56
　复习思考题 / 62

第 4 章　河川流量遥感监测 / 63
　第一节　河川流量监测研究现状 / 64
　第二节　河川流量监测模型原理与构建 / 64
　第三节　无人机与地面野外实测 / 66
　第四节　数字河道构建与程序设计 / 68
　第五节　河道水面宽度遥感反演与程序设计 / 70
　第六节　流量计算与程序设计 / 76
　第七节　河川流量监测模型应用案例 / 80
　复习思考题 / 88

第 5 章　降雨径流模型 / 89
　第一节　降雨径流模型研究现状 / 90
　第二节　降雨径流模型原理和构建 / 90
　第三节　产流过程计算与程序设计 / 92
　第四节　坡面汇流计算与程序设计 / 95
　第五节　河道汇流计算与程序设计 / 100
　第六节　降雨径流模型应用 / 103
　复习思考题 / 107

第 6 章　流域水文模型 / 109
　第一节　流域水文模型原理与构建 / 110
　第二节　产流计算与程序设计 / 112
　第三节　运动波汇流计算与程序设计 / 117
　第四节　流域水文模型应用 / 127
　复习思考题 / 132

第 7 章　区域水循环模型 / 133
　第一节　水循环因子遥感观测现状 / 134
　第二节　区域水循环模型原理与构建 / 134

第三节　土壤—植被—大气传输模型及程序设计 / 136
第四节　区域水循环模型应用 / 147
复习思考题 / 158

第 8 章　城市雨洪模型 / 159
第一节　城市雨洪模型研究现状 / 160
第二节　城市雨洪模型原理与构建 / 160
第三节　流向修正计算与程序设计 / 161
第四节　易积涝点识别计算与程序设计 / 164
第五节　产流过程计算与程序设计 / 168
第六节　等流时线坡面汇流计算 / 173
第七节　道路汇流计算与程序设计 / 176
第八节　城市雨洪模型应用案例 / 180
复习思考题 / 184

第 9 章　水土流失模型 / 187
第一节　水土流失模型研究现状 / 188
第二节　水土流失模型原理与构建 / 188
第三节　地表径流因子计算与程序设计 / 189
第四节　土壤侵蚀因子及程序设计 / 195
第五节　水土流失模型应用案例 / 203
第六节　水土流失模型梯田优化与应用案例 / 207
复习思考题 / 213

第 10 章　非点源污染模型 / 215
第一节　非点源污染模型研究现状 / 216
第二节　非点源污染模型原理和构建 / 216
第三节　溶解态污染负荷计算与程序设计 / 218
第四节　非点源污染模型应用案例 / 244
复习思考题 / 249

第 11 章　氮素迁移转化模型 / 251
第一节　氮素迁移转化研究进展 / 252
第二节　氮素迁移转化模型原理与构建 / 252
第三节　氮素施肥与大气沉降 / 254
第四节　植物对氮素的吸收计算与程序设计 / 257
第五节　氮素矿化、分解及反硝化计算与程序设计 / 267
第六节　氮素硝化及氨挥发计算与程序设计 / 277
第七节　溶解态氮（硝态氮）迁移计算与程序设计 / 282
第八节　吸附态氮（有机氮）迁移计算与程序设计 / 286
第九节　氮素迁移转化模型应用案例 / 290
复习思考题 / 296

第 12 章　磷素迁移转化模型 / 297
第一节　磷素迁移转化模型研究现状 / 298
第二节　磷素迁移转化模型原理与构建 / 298
第三节　磷素施肥计算与程序设计 / 299
第四节　植物对磷素吸收计算与程序设计 / 300
第五节　磷素矿化和分解计算及程序设计 / 310
第六节　无机磷吸附与转化计算及程序设计 / 315
第七节　溶解态磷迁移计算与程序设计 / 320
第八节　吸附态磷迁移计算与程序设计 / 322
第九节　磷素迁移转化模型应用案例 / 326
复习思考题 / 329

主要参考文献 / 330

第1章

绪论

水是人类生存的基本条件，是社会生产活动最重要的物质基础，也是生态系统中最重要的要素。21 世纪以来，社会经济发展加大了资源利用需求，全球气候变化也将水循环的认识提升到社会、经济和政治层次的高度，水作为重要的资源和生态环境要素成为世界各国关注的焦点。

自从 20 世纪 60 年代以来，遥感技术迅速发展，形成了比较完整的科学与技术体系。然而遥感技术难以直接观测河川径流量，在一定程度上制约了遥感技术在水文学中的应用，从 20 世纪 70 年代就不断探索遥感技术在水文学中的应用，力求回答“遥感在水文研究中究竟能扮演什么样的角色？”有两种遥感技术在水文中应用的观点，一种认为“如果你了解遥感，你就可以在不存在数据，甚至是不具备地面测量条件的地方获得水文数据，因此，发展中国家就能够根据需要设计出一个饮用水供水水库”；另一种则认为“由于不可能通过遥感数据估计地面水资源和地表径流，因此遥感并不十分有用”。

目前人们将遥感科学和水文学相结合，研发了许多耦合遥感信息的水文模型。遥感技术广泛应用于水文变量和参数的获取，包括气温、降水量、积雪、蒸散发、土壤水等，以及地表覆被状况、地形地貌、河网水系等水文下垫面因子。通过遥感提供的下垫面条件信息，以及降水、温度、蒸散等气象参数，让遥感技术在分析流域产汇流特性和确定水文模型参数等方面发挥出巨大作用。

在遥感技术与水文学之间形成了一个交叉的研究领域——遥感水文。遥感水文将遥感技术与水文模型相结合，构建遥感信息驱动的水文模型，直接或间接地应用遥感数据获取水文因子、生态环境因子和社会经济因子数据，开展水文状况和水资源利用的空间计算与分析，实现水文情势模拟、洪水过程监测预报、水资源估算和水资源配置等目标。

第一节 水文学发展现状与趋势

一、水文学的定义

水文学研究地球表层中水体形成、演化、分布、运动和变化规律。当前人们对水文学有多种定义：1962 年美国联邦政府科技委员会把水文学定义为一门关于地球上水的存在、循环、分布，水的物理、化学性质，以及环境（包括与生活有关的事物）反应的学科；1987 年《中国大百科全书》给出的水文学定义为关于地球上水的起源、存在、分布、循环运动等变化规律，以及运用这些规律为人类服务的知识体系。尽管上述定义在水文学的研究对象上存在一定的差异，但它们都将水文学的研究对象界定为地球上自然界中全部的水或一切形态的水体。实际上，目前水文学仅限于对地表水体和地下饱和水体的研究，即包括河流、湖泊、沼泽、冰川、积雪等在内的陆地水体、海洋和地下水，尤其集中于对陆地水体的研究。

二、水文学发展趋势

从近些年来国内外在水文学领域的研究成果（夏军和左其亭，2006），可以看出当前水文学研究具有以下发展趋势：

（1）无资料流域或资料缺乏流域的水文学方法及应用研究。“无资料流域水文预测”（PUB）被国际水文科学协会（IAHS）确定为国际水文十年（2003—2012 年）研究计划，取得了很多研究成果。然而，由于该问题本身的复杂性和研究方法的局限性，在此方面的研究仍然“任重而道远”。在今后一段时间内，PUB 仍将是国际水文科学研究的热点问题之一，特别需要加强无资料流域或资料缺乏流域的水文学方法及应用方面的研究。

（2）水文不确定性、水文非线性和水文尺度问题的理论探索。水文不确定性、水文非线性和水文尺度问题，是解决水文系统复杂性的难点，也是目前水文学需要解决的关键问题。研究这些问题将对水文学的发展起到重要的推动作用，但由于这些问题本身一时难以解决，从理论方法方面仍需要进一步探索。

（3）水文学与生态学、环境学、社会科学的交叉研究。随着社会经济发展和水问题的日益突出，水与社会、水与生态、水与环境之间的关系越来越复杂，解决自然变化和人类活动影响下的水问题必须加强水文学与生态学、环境学、社会科学的交叉研究，这是研究自然和人类共同作用下水文学理论及服务社会的重要基础。

（4）自然变化和人类活动影响下的水文循环变化机制研究。国际地球科学关于水的前沿问题突出反映在自然变化和人类活动影响下的水资源演变规律，土地利用变化对水质的影响，城市化对地表和地下水质的影响，水与土地利用 / 覆被变化、社会经济发展之间的相互作用与影响，水资源可持续利用与水安全等。自然变化和人类活动影响下的水文循环变化机制研究是国际水文科学积极鼓励的创新前沿领域。

（5）社会－经济－水资源－生态耦合建模和协调发展的研究。目前水文模型多数针对确定的下垫面条件，不能把社会经济变化、人类活动影响，以及生态系统变化耦合起来建立水文模型。这就阻碍了水文模型作为基础模型对全球气候变化和人类活动影响的研究，以及对水资源可持续利用的研究。因此，在水文模型方面，需要把社会－经济－水资源－生态耦合在一起，建立一个能反映社会经济系统变化、水资源系统变化、生态系统变化的耦合模型；在水资源可持续利用研究方面，需要综合考虑社会－经济－水资源－生态的作用，建立协调发展模型，促进社会经济协调发展。

（6）现代信息技术方法在水文学中的应用研究。现代信息技术的应用，使复杂、困难的水文信息获取成为现实，原来不能得到或需要很大代价才能得到的水文信息，现在成为可能或很容易得到，为深入研究水文学问题提供了有力的支持。同时，计算机技术的应用，使复杂的水文数学模型计算成为可能，并能模拟各种可能复杂情景。把高新技术应用到水文学中，针对水文学特点开展应用研究是现代水文学研究的需要。

第二节　水文模型发展现状与趋势

一、水文模型分类与特点

水文模型以流域为研究对象，对产汇流过程进行数学模拟。流域水文模型通常分为三大类：系统模型（即黑箱模型，black-box model）、概念模型（conceptual model）和物理模型（physical model）。系统模型将流域视作一种动力系统，利用输入因子（一般指雨量或上游干支流来水）与输出因子（一般指流域控制断面流量）资料，建立数学关系，从而由新的输入因子推测输出因子。概念性模型利用一些物理概念和经验公式，如下渗曲线、汇流单位线、蒸发公式、或有物理意义的结构单元，如线性水库、线性河段等，组成一个系统来近似地描述流域水文过程。物理模型依据水流的连续方程和动量方程来求解水流在流域的时间和空间变化规律。

从反映水流运动的空间变化而言，水文模型可分两大类：集总式模型（lumped model）和分布式模型（distributed model）。集总式水文模型认为流域表面上各点的水力学特征是均匀分布，对流域表面上的任何一点上的降雨、下渗和渗漏等纵向水流运动都是相同和平行的，不和周围的水流发生任何联系，即不存在水平运动，把全流域当作一个整体来建立模型，即对流域参数进行均匀处理。分布式水文模型认为流域表面上的各点的水力学特征是非均匀分布，水流在流域表面上的分布并不均匀，将流域划分为很多小单元，在考虑水流在每个小单元体纵向运动时，也要考虑各个单元之间的水量的横向交换。分布式水文模型可分为松散型和耦合型两类；前者假定每个单元面积对整个流域响应的贡献是互不影响的，可通过每个单元的叠加来确定整个流域响应；后者是用一组微分方程及其定解条件构成的定解，通过联立求解确定整个流域的响应。随着信息技术的发展，分布式水文模型成为当今水文模型发展的主流趋势。

分布式水文模型首先具有较强的物理机制，能够更加全面、合理地反映水文过程；其次分布式水文模型通过与遥感、GIS 技术相结合，用于获取流域地形地貌、植被信息、下垫面特征、气象参数，弥补了模型本身对数据的依赖，而且模型模拟结果具有时空的连续性，体现地理和水文现象的空间差异性。此外分布式水文模型可用于分析人类活动或全球变化条件下的水文过程响应模拟分析，提供水资源水环境的演变分析，是现代水文水资源研究的理想工具。2000 年 9 月，美国国家海洋和大气管理局（NOAA）主持实施了“国际分布式水文模型比较计划（简称 DMIP）”，选择了 12 个以 SWAT、VIC 为代表的分布式或半分布式水文模型，比较分析了与集总式水文模型的差别，表明集总式模型模拟效果普遍要优于分布式水文模型，但是不能说明集总式模型比分布式水文模型优秀，同时分布式模型的一个重要限制是对数据获取和参数确定的要求较高，在丰富的数据支持下，分布式水文模型能够提供较好的模拟结果，分布式水文模型与遥感信息结合，在缺资料地区更具优越性。

二、国内外主要水文模型

20 世纪 70 年代，国外就开始了分布式水文模型的研究。随后陆续出现了一系列分布式水文模型，如 TOPModel 模型（Beven 和 Kirkby，1979）、SHE 模型（Abbott 等，1986）、IHDM（Beven，1989）、SWAT（Srinivasan 和 Arnold，1994）、SWMM（Huber 和 Heaney，1987）等。国外具有典型代表性，且应用广泛的分布式水文模型主要包括：

（1）SHE 模型（System Hydrologic European）：SHE 由丹麦、法国及英国的水文学者联合研制，是第一个具有代表性的分布式水文物理模型。在该模型中，流域在平面上被划分成许多矩形网格，以便于处理模型参数、降雨输入，以及水文响应的空间分布性；在垂直面上，它划分成几个水平层，考虑了蒸散发、植物截留、坡面和河网汇流、土壤非饱和流、融雪径流、地表和地下水交换等水文过程。

（2）TOPModel 模型（TOPgraphy based hydrological MODEL）：TOPModel 以变源产流为基础，基于 DEM 来推求地形指数，以此反映下垫面的空间变化对流域水文循环过程的影响。这类模型利用易于获取的地形信息（如地形指数、土壤－地形指数等）来描述流域产流变化与分布，具有结构简单、优选参数少、物理概念明确、模拟精度高、易于与 GIS 相结合等特点。这类模型无论在径流、泥沙、水质的模拟研究中，还是在气候、土地、植被变化研究和水资源管理等领域都具有很好的应用前景。

（3）SWAT 模型（Soil and Water Assessment Tool）：SWAT 由美国农业部（USDA）农业研究中心（ARS）开发，是在 SWRRB（Simulater for Water Resources in Rural Basins）模型（Arnold 等，1995）基础上发展起来的一个长时段的流域分布式水文模型。它具有很强的物理机制，适用于不同土壤类型、不同土地利用方式和管理条件下的复杂大流域，中长时段的多种不同水文物理过程模拟。模型采用多种方法将流域离散化，能够响应降水、蒸发等气候因素和下垫面因素的空间变化，以及人类活动对流域水文循环的影响。

（4）VIC（Variable Infiltration Capacity）模型：VIC 的最早版本是 Wood 等人提出的 Stamm，梁旭（Liang X，2001）等后来改进为 VIC-2L、VIC-3L。模型假定计算网格单元内土壤入渗能力不均匀，各种入渗能力是小于该入渗能力覆被面积占网格单元总面积的比例函数，其思想类似于新安江模型考虑了蓄满产流机制的流域蓄水容量曲线。VIC 模型采取大尺度网格计算模式，易与 GCM 结合，在研究气候变化对水资源的影响上具有优势。

国内针对分布式水文模型的研究开展得较晚。任立良和刘新仁等（2000）在 DEM 的基础上开发了分布式新安江模型；产流方面基本继承了集总式新安江模型，汇流方面利用 DEM 构建流域水系模型，从而形成数字水文模型。郭生练等（2000）提出了两参数半分布式月水量平衡模型，该模型根据不同流域的产汇流特点，寻找模型参数与地理信息之间的对应关系，将率定的模型参数移植到无水文资料地区，从而确定流域各网格的模型参数；并将大气环流模型的输出因子（降水、温度等）输入水文模型，研究气候变化或气候异常对水文循环和水资源的影响。李兰等（2000）以山坡水文学、达西定律和水动力学为基础，结合数学物理理论和离散反演算法，建立了流域水文数学物理分布动态模型。李兰等分别建立了流域产流、河道汇流和水库洪水演算 3 个动态分布式预报耦合模型。夏军等（2003）综合应用系统水文学方法和物理水文学方法，构建了分布式时变增益水文模型（Distributed Time Variant Gain Model，DTVGM），采用水文循环机理与水文非线性系统理论相结合的方法进行水文过程模拟，引入时变增益因子计算地表径流，采用自由水库线性出流计算壤中流，基于运动波方程实现汇流。杨大文等（2004）建立了黄河流域的分布式水文模型，采用了大格网离散化方法，并在大网格内根据地貌学原理进行地形参数化处理，从中抽取山坡单元，然后利用 DEM 建立河网和山坡单元的水力联系，从而建立流域的分布式水文模型结构。

三、水文模型应用现状与发展趋势

在研究人类活动和自然环境变化对流域水文循环时空过程的影响、区域水资源生成与演变规律方面，分布式水文模型具有独特的优势，是现代水文水资源研究的理想工具。

分布式水文模型所需要的资料与数据非常多，且精度要求很高，往往超出了目前常规水文要素观测的内容与精度，同时大量参数的累积误差往往会降低模拟精度，从而限制了分布式水文模型的广泛应用，特别是用于缺资料的较大流域。因此，分布式水文模型最大的障碍在于缺乏足够的输入和模型验证所需的空间分布数据。目前，结合 GIS 和 RS 技术，增加信息源、增强空间数据的处理能力，提高水文参数的识别能力是参数问题的主要解决途径。

第三节　遥感水文模型发展现状与趋势

遥感水文是遥感技术和水文学科的交叉研究领域，主要研究水文要素遥感获取的理论、方法和技术，将遥感技术与水文模型相结合构建遥感水文模型，开展水文状况和水资源利用的空间计算与分析，完成流域水文模拟、洪水过程监测预报、水资源估算和水资源配置等任务。遥感水文的主要内容既包括了传统水文学的内容，也包括了新兴的水资源学的内容。

目前，遥感水文主要有两方面的应用，一是直接应用，即利用遥感技术直接提取水文信息，如利用遥感资料监测各种水体的面积变化，监测冰川和积雪的融化状态、洪水过程的动态变化等；另一个是间接应用，即利用遥感资料推求有关水文过程中的参数和变量，结合水文模型间接估算河川径流。

一、遥感与地理信息系统发展

在遥感水文的研究与应用中，遥感与地理信息系统技术相辅相成。有了遥感技术才能获取水文要素的空间数据，有了地理信息系统才能处理这些空间数据，将遥感数据和分布式水文模型相耦合，开展水循环过程模拟，进而计算水文和水资源状况。

在实际应用过程中，遥感技术的特征明显，具有较为突出的技术优势。遥感技术的信息量较大，能实现全天候监测。遥感既能获得地物可见光波段的信息，也能获取紫外、红外、微波等不可见波段的信息，直观的展示出物体的基本特征，进一步扩展水文工作观测信息。

遥感技术能突破地域的局限性，相较于传统的水文水质勘测技术，遥感技术能突破天气、复杂地形等客观因素的影响，在一些地域特殊的地区也能实现安全作业，确保信息数据收集的完整性。借助遥感技术能跨越国界和地域限制，实现全方位无死角的数据整合，并且收集的水文数据和资料也更加地多元化，提高水文水资源领域研究科学可靠性。

遥感技术的资料和数据收集效果较为便捷，早期的陆地的卫星系统能有效实现全面覆盖，成像周期仅仅需要 16 天左右。目前卫星数量很多，已经缩短了覆盖成像的探测周期，提高了整体工作效率。卫星观测相较于传统的人工勘测，无论是在时间方面还是在效果方面都有突出的优势，不会受到一些客观因素的干扰。遥感技术在应用过程中能有效获取大面积地物信息，实现大面积信息收集和整合，具有非常重要的意义。

二、遥感技术在水文水资源中的应用

将遥感技术应用于水文水资源领域，能够有效提高水文勘测、水资源调查、管理、开发利用等的效率。遥感技术在水文水资源领域主要应用在以下几个方面。

1. 地表径流量监测

地表径流量监测工作的开展，能够为水资源调蓄利用，以及洪灾防控等工作提供参考依据。遥感技术在地表径流量监测中可以发挥重要价值。遥感技术并不能直接进行地表径流量监测，而是通过地表径流量与地质、土壤、地貌、植被、水体变化等因素之间的关系，通过综合监控相关要素，动态收集关联信息，运用可靠的分析模型，地表径流量的现状和变化情况进行动态监测，并对其变化趋势进行预测和预报。

2. 水污染监测

水污染监测主要分为常规水污染监测和突发性水污染监测两种。在常规水污染监测中，应用遥感技术能够对水体污染源、污染范围、浓度、面积等进行有效的识别。这主要是因为当水体遭受污染时，其本身的颜色、密度及透明度等指标，均会发生不同程度的变化，会导致水体的反射率出现变化，在遥感图像上呈现形态、纹理、色调及灰阶等特征的差别。在突发性水污染监测中，可通过无人机或卫星等遥感影像数据，对污染过程进行有效的追踪，从而为制定污染物拦截排放方案提供可靠的依据。

3. 地表水资源探测

遥感技术可以应用于地表水资源的探测中。地表水资源分布广泛，受不同因素影响，水资源分布特征还存在区域差异性，单纯凭借人力来进行地表水资源探测，工作量巨大。借助遥感技术，可以在不考虑地形、交通、气候等条件的情况下，便捷高效地开展探测工作，在短时间内就可以完成大面积区域的探测任务，节约探测成本。

三、遥感信息耦合的水文模型

将遥感技术与水文模型相结合构成遥感信息的水文模型，可以直接或间接地应用遥感资料在更大范围内进行流域的水文概况计算、水体变化监测、洪水过程监测预报等。刘昌明等（2001）将耦合遥感信息的水文模型分成三类：

（1）遥感信息和地面同步实测资料的回归模型：此类模型基本上没有物理机制，故时空分辨率都较低，可用于较大流域（如 1 万 km^2）长时段（如月）的水资源规划和管理；如利用美国 Landsat 卫星数据确定水体、森林和河边植被等流域物理特征，改善传统的回归方程，成功估算美国北加利福尼亚地区的一些河川径流。

（2）应用遥感资料的水量平衡模型：此类模型的结构非常简单而且清晰，即通过水量平衡方程，利用遥感信息结合地面实测资料，求得降水、区域蒸散发及土壤持水量的变化后，即可得到径流量。但计算过程中存在误差累计问题，如在降水量为 500 mm 的半湿润半干旱地区，实际蒸散量为 420 mm；由于区域蒸散量估算的困难和精度，如误差为 ±10%，即估算区域蒸散量为 378 mm 或 462 mm，尚在满意程度范围内，但径流量的误差则高达 ±50% 以上，令人无法接受。

（3）调整水文模型结构与遥感资料相结合的遥感水文模型：这类模型以 SCS（Soil Conservation Services）模型为典型，最早尝试应用遥感信息确定模型参数，利用遥感信息确定模型的重要参数 CN 值。刘贤赵等（2005）应用遥感资料确定模型的土地利用和土壤类型，改进 SCS 模型，取得比较满意的水文模拟结果；许有鹏等（1995）采用萨克门托水文模型，探讨了利用 Landsat TM 直接或辅助确定水文模型参数的途径和方法，应用于浙江省曹娥江流域，进行日、月和年径流的动态模拟，取得了较满意的精度；沈晓东和王腊春（1995）将遥感资料应用到新安江的产流参数提取中。

综上所述，水文系统是一个十分复杂的巨系统，水文模型是解释这个复杂系统的有效手段，其经过黑箱模型、概念性模型与数学物理模型三个阶段，对水文过程的描述逐渐变得清晰。分布式水文模型具有空间描述水文特征能力，使得变化气候条件和土地利用 / 覆被条件下的水文响应分析成为可能。过去几十年来，国内外已涌现了一批分布式水文模型，在流域水文研究中发挥了巨大的作用。但是，它们也存在一些局限性，模型的基本假设和区域性参数决定其适用的区域，而模型的复杂程度决定了模型对输入资料的要求很高，在很多地区，尤其是缺资料流域无法应用。遥感技术虽然无法直接探测径流量，但是能获得大面积的地形、地貌、土壤、植被、水文和气象等信息，它们通过间接转化可以获得一些传统水文方法观测不到的信息，而且遥感数据具有周期短、同步性好、及时准确等特点，能较好地满足水文模拟实时和空间分布的需求。遥感信息耦合水文模型已成为分布式水文模型研究发展的必然趋势，对于缺资料流域的分析有效性更显突出，加强遥感技术与水文模型的集成，从遥感数据中提取水文数据，对水文模型的创新十分必要。

复习思考题

1. 简述水文学与水文模型发展的特点和趋势。
2. 遥感数据对水文模型发展有什么优势?

第2章

遥感水文模型开发工具

遥感水文模型开发有多种计算机语言，其中交互式数据语言（Interactive Data Language，IDL）是针对空间数据矩阵运算、数据分析和可视化表达，面向对象的计算机语言。人们利用 IDL 语言开发了 ENVI 遥感数字图像处理软件。ENVI（The Environment for Visualizing Images）是由美国 Better Solutions Consulting Limited Liability Company 公司开发的一套遥感图像处理系统，是处理分析并显示多光谱数据、高光谱数据和雷达数据的高级工具。本书所介绍的遥感水文模型就是基于 IDL 语言和 ENVI 软件二次开发的。

本章首先概述 IDL 和 ENVI，介绍基本的语言基本语法、程序设计，然后结合遥感水文模型开发技术需要，以生态水文模型平台 EcoHAT 为案例，介绍 EcoHAT 的发展历程和模型构架等，为遥感水文模型开发奠定必要的技术基础。

第一节 IDL 语言与 ENVI

一、IDL 语言与 ENVI 软件概况

IDL（交互式数据语言）是用于数据分析、可视化表达及其应用开发的第四代可视化计算机语言，其原型为美国国家航空航天局（NASA）的一个可视化项目。它由于具有灵活和强大的数据分析和可视化性能，受到 NASA 科学家和工程师的喜爱，进而发展成为一门独立的可视化语言。IDL 将大量数学设计分析和图形显示技术与功能强大的面向数组的结构化语言结合在一起，各种处理功能均通过菜单调用，参数的选择一般通过对话框实现。由于 IDL 的开放性，用户可以很容易地进行二次开发，所以它方便灵活，可扩展性强。IDL 的优势主要集中在以下几个方面：

（1）灵活的数据输入、输出方式。在科学研究中，将会使用大量不同格式的数据。IDL 支持各种数据格式，并提供了大量的数据读写工具，免除数据读写的烦恼，可以让用户将大量的精力放在数据分析上。

（2）强大的图像处理、信号处理和数据统计分析能力。IDL 集成数据分析、数据统计、图像处理和信号处理软件包。应用 IDL 可以节省大量时间。使用传统的 C 语言或者 FORTRAN 语言需要数天或数周的项目，若使用 IDL 则可以在数小时内完成。

（3）先进的图形二维和三维数据交互可视化能力。从简单的二维绘图、多维绘图、体积可视化、图像显示、动画，到利用 OpenGL 硬件加速功能进行交互式的三维图形浏览，并支持多处理器快速进行体数据渲染。

（4）强大的多平台支持提供了有效的数据管理手段。IDL 可以运行在 Windows、Macintosh 和 UNIX 等多种操作系统上，从而可以很方便地进行跨平台开发应用程序。同时 IDL 提供了一套完整的、跨平台的本地化用户界面，可以很方便地进行跨平台开发，构建符合本地平台风格的用户界面。

（5）灵活的外部语言接口。IDL 是一个灵活的、可扩展的用于可视化、分析和开发的工具，能够轻松与其他的软件工具集成。IDL 能够将其他编程语言的代码和函数导入，也可以将 IDL 实现的功能集成到其他语言编写的应用程序中。

ENVI（the Environment for Visualizing Images）是由美国 Better Solutions Consulting Limited Liability Company 公司开发的一套功能齐全的遥感图像处理系统。ENVI 用 IDL 编写，是处理分析并显示多光谱数据、高光谱数据和雷达数据的高级工具。ENVI 将图像处理功能分为交互式功能（显示控制与分析）和通用功能（其他图像处理），ENVI 的主菜单和交互式菜单已经标准化，直观方便，符合用户习惯。ENVI 包含所有基本的遥感影像处理功能，如校正、定标、波段运算、分类、对比增强、滤波、变换、边缘检测，以及制图输出功能。ENVI 具有对遥感影像进行配准和正射校正的功能，可以给影像添加地图投影，并与各种

GIS 数据套合。对于要处理的图像波段数没有限制，可以处理多种卫星格式，如 Landsat7、SPOT、RADARSA、NOAA、EROS、TERRA 和 Radar，并准备接受未来所有传感器的信息。ENVI 的矢量工具可以进行屏幕数字化，栅格和矢量叠合，建立新的矢量层，编辑点、线、多边形数据，进行缓冲区分析，创建并编辑属性进行相关矢量层的属性查询，能够进行地物目标识别。ENVI 拥有高光谱和多光谱分析工具，用户可以识别出图像中纯度最高的像元，通过与已知波谱库的比较确定未知波谱的组分。用户不但可以使用 ENVI 自带的波谱库，还可以自定义波谱库，甚至可以组合使用线性波谱分离和匹配滤波技术进行亚像元分解，以消除匹配误差，获得更精确的结果。

二、IDL 语言架构

IDL8.5 如果按默认方式安装，那么安装目录为 C:\Program Files\Exelis\IDL\IDL85。

IDL 主要软件包的名称和特点如下：

Bin：IDL 的虚拟机及部分功能配置文件；

Example：包括 Demo 演示程序集官方提供的例子，内容多，功能强；

External：包括 IDL 功能扩展方面的几个例子；

Help：IDL 帮助手册；

Lib：强大的函数文件库，大部分是源码，可参考学习；

Products：若存在则是对应的 ENVI 安装后的目录；

Resource：运行及启动的资源库。

1. 工作台入门

从 IDL8.0 版本开始，所有的支持平台下采用了全新的 Eclipse 框架作为工作台（图 2-1）。

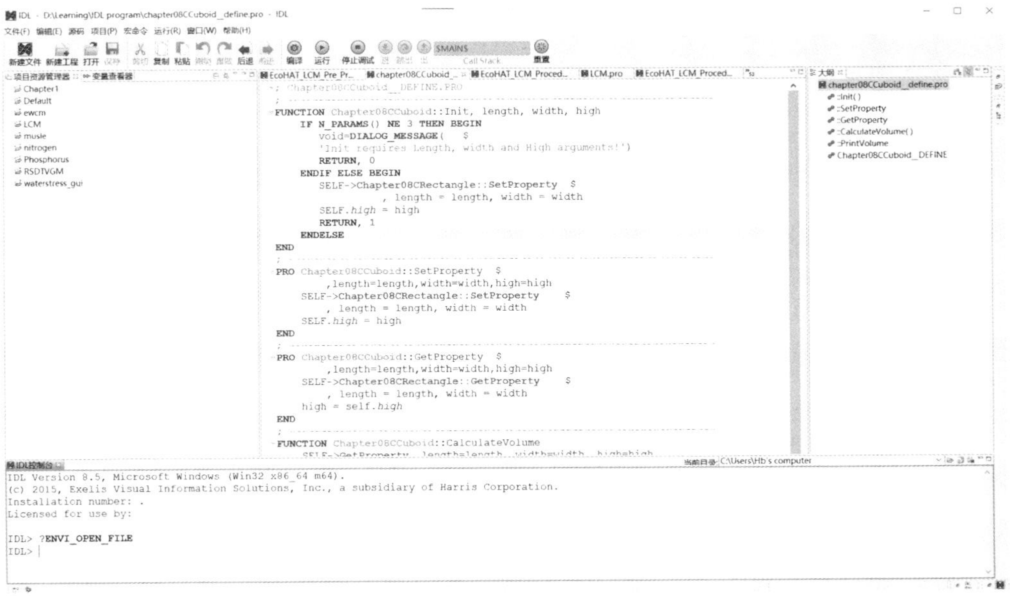

图 2-1　IDL8.5 的工作台

2. 启动工作台

依次点击“开始”→“程序”→“ENVI 5.X（IDL8.X）”→“IDL”。首次运行 IDL 时，软件系统会要求用户选择工作空间位置，如将工作空间设置在一个默认目录“D:\workspace”（图 2-2）。

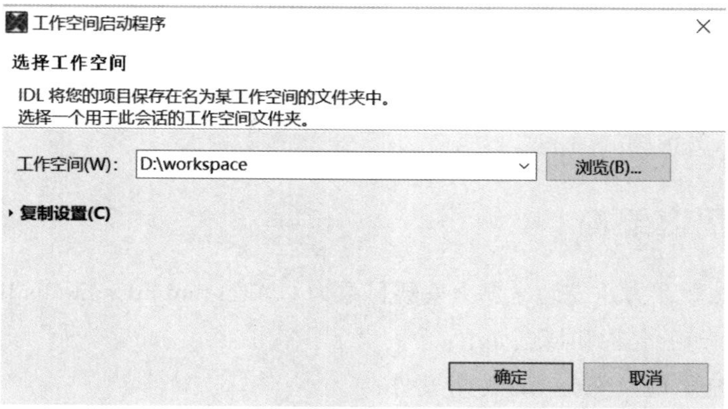

图 2-2　创建工作空间

点击“确定”后进入工作台环境（图 2-3）。先设置当前工作台的参数，在工作台的菜单“窗口”→“首选项”下，设置“常规”→“工作空间”→“文本文件编码”，选择“GB2312”文件选项，以避免文字出现乱码。

图 2-3　IDL 工作台

3. 工作空间

IDL 下的工作空间是包含一个或多个 Project 的目录，Project 可以包含 IDL 的源码 pro 文件和相关的资源文件。在初次使用 IDL 的工作台时，软件系统会提示用户创建一个新的工作空间在默认目录下。

4. 工程

IDL 的工程项目是使用 Project 来组织、管理 IDL 源代码和工程资源文件。每个工程是当前工作空间的路径或工作空间的子路径，源代码放在工程路径下面方便文件搜索、书签创建。工程是 Pro 和 Function 的集合，通过相互的调用来实现复杂的功能。

5. 文件

具体功能如下：

打开文件：在菜单中选中“文件”可以打开文件。

创建文件：在菜单中选择“文件”“新建”“IDL 源文件”。

保存文件：在菜单中选择“文件”“保存”。

编译和运行：编译运行有两种方式，在菜单中选择“运行”“编译 filename.pro”，然后选择“运行 filename”；在命令行中输入“.compile filename”，然后输入 filename 即可。

三、变量与数组

IDL 中的变量分为局部变量和系统变量，在 IDL 程序中，二者的区别在于生命周期不一样，局部变量仅仅在所在的函数过程中有效，而系统变量则始终有效或某个程序的周期中有效。

1. 局部变量

（1）命名规则

变量名称的最大长度不超过 255 个字符，变量的首位只能是字母和下划线，中后部只能是字母、数字、下划线“_”和连接符“$”。

（2）基本数据类型

与其他语言如 C 语言不一样，IDL 下的变量无须事先声明，也就是可以通过赋值语句来进行变量、数组的定义。IDL 中有 14 种基本数据类型，每种基本数据类型的变量有其对应的字节大小、创建方式、范围和类型转换函数等。除了数据类型外，一个变量只有一个组织结构；有效的组织结构有标量（例如单个数值）、矢量（真正的一维数组）、数组（最高可达八维）和 IDL 结构（可以包含各种数据类型的变量和组织结构，结构中独立的组成部分成为字段）。

2. 系统变量

IDL 系统中系统变量可以分为两种，一类是预定义系统变量，另一种是自定义的系统变量。自定义系统变量的名字需要“!+ 变量名”，是可以修改的系统变量，生命周期为初始化至程序的关闭。

3. 数组

在设计程序时，为了方便处理，可以把具有相同类型的若干变量按有序的形式组织起来，这些按序排列的同类数据元素的集合称为数组。IDL 是面向矩阵的第四代语言，对数组的维数为 0～8 维，在数组的处理上非常灵活、高效。IDL 中数组下标的顺序先是列标，后是行标，这正好与读者已习惯的线性代数中的矩阵或行列式相反。

4. 字符及字符串

字符串变量的创建非常简单，只要将变量内容用单引号或双引号括起来即可。若字符串中包含单引号或者双引号的话，则需要同时使用这两种引号。

第二节　IDL 程序设计基础

一、界面创建

IDL 下的界面创建是比较特殊的。由于 IDL7 的 Eclipse 更新，没有了鼠标拖拽创建 GUI 的工具，所以只能依靠代码创建。

1. 单元组件界面

（1）base 组件（容器界面）：IDL 下的界面有很多的 base，可以理解为容器，而且很多时候一些组件的排列如果用了 base 会很方便。

（2）按钮组件（widget_button）：widget_button 创建具体包括：触发按钮、位图按钮（主要用于创建工具栏或者图形按钮）、单选按钮、复选按钮、标准菜单系统、按钮菜单系统和快捷菜单系统。

（3）标签组件（widget_Label）：widget_Label 用来创建标签组件。

（4）显示组件（widget_draw）：widget_draw 用来创建 draw 组件，draw 组件是 IDL 下的矩形的标准图像区域，该组件通过关键字控制创建直接图形法窗口或对象图形法窗口。

（5）属性列表组件（widget_propertysheet）：widget_propertysheet 用来创建属性信息组件，该组件通过关键字来进行信息的修改，用在对象法中。

（6）列表组件（widget_list）：widget_list 用来创建属列表选择组件，该组件通过关键字来进行列表的选取。

（7）下拉列表组件（widget_droplist）：跟 widget_list 组件类型，widget_droplist 用来创建属下拉列表，该组件则是通过关键字来进行列表的选取。

（8）滑动条组件（widget_slider）：widget_silder 用来创建滑动条组件，交互地获取或者设置指定范围的一个整数值，该组件则是通过关键字来进行列表的选取。

（9）表格组件（widge _table）：widget_table 用来创建表格组件，交互地获取或者设置指定范围的一个整数值，该组件则是通过关键字来进行列表的选取。

（10）Tab 组件（widget_tab）：widget_tab 用来创建页面组件。

（11）数组件（widget_tree）：widget_tree 用来创建树形列表的组件。

（12）文字组件（widget_text）：widget_text 用来创建文字输入编辑组件。

2. 复合界面

复合界面是 IDL 下的一些具备某些功能的界面程序。它们均以 CW_ 开头。这类组件具备一定独立的功能，详细内容可参考 IDL 中的帮助手册。

3. 对话框界面

对话框组件是 Modal 对话框的组件。对话框是一种用户界面。它的主要功能是输出信息和接收用户的输入信息。如常用的文件选择对话框 Dialog_PickFile 和信息提示 Dialog_Message。

二、界面的控制与事件处理

界面组件创建后，需要对组件进行属性的设置或获得组件的状态，IDL 提供了 Widget_Control 和 Widget_Info 两个函数对组件信息进行控制。

1. Widge_Control

Widget_Control 可用于组件显示、组件属性信息的设置和读取、组件销毁。

调用格式：Widget_Control, id, [关键字]。关键字具体可查帮助手册。

2. Widget_Info

用 Widget_Info 是获得已经存在组件的信息。

调用格式：result=Widget_Info(id, [关键字])。关键字具体可查帮助手册。

3. 事件的结构

在 IDL 的图形窗口中，每发生一个动作都会产生事件。每个动作都会返回一个事件结构，可以分四个部分来学习，一是事件结构的内容，二是要有一个对事件进行处理的“管家”，三是需要获得事件并进行区分，四是对不同的事件做不同的处理。

事件的结构体中包含了组件的相关信息。事件的结构中通用的字段有 ID、Top、Handler 三个，这三个字段都是长整型的变量。ID 通常是长整型，是事件过程中组件的唯一标示符。Top 是组件层次结构中最顶级的 base 的标识。Handler 是与事件处理程序相关联的组件的标识。

4. 事件的“管家”

XManager 可称为 IDL 事件的管家。常规界面事件程序生成的步骤可分为：创建界面、显示界面和“XManager 进行事件的生成”三部分。XManager 产生事件的生命周期是界面存在的生命周期，直到界面销毁 XManager 的事件才会消失。

调用方式为：Xmanager, Name, ID, [关键字]

Name 是程序的文件名，ID 是组件的 ID 号，关键字可查看帮助手册。

5. 事件的处理

界面程序中可以先产生事件，然后在事件处理程序中，用 Tag_names 对产生的事件类型进行获得或根据 Uname 事件，tag_names 的功能是获取结构体的名字。

三、ENVI软件与IDL的结合

1. IDL 与 ENVI 的数据交互

在 ENVI+IDL 的工作模式下，IDL 与 ENVI 能够实现数据的相互传输。可以将 IDL 数据导入 ENVI 进行处理，或将 ENVI 数据导入 IDL 进行处理，这是 IDL 与 ENVI 结合的最简单方式。IDL 与 ENVI 的数据必须在 ENVI+IDL 的模式下才可以交互。如果分别打开 IDL 和 ENVI 进程，那么两者之间无法实现数据的交互。

利用 ENVI 主菜单 File 菜单的 Export to ENVI Variable 命令可以把 ENVI 中的图像数据和光谱数据导入 IDL。利用 ENVI 主菜单“File”菜单的“Import from ENVI Variable”命令可以将 IDL 中的变量导入 ENVI。在导入 IDL 变量时，若将选项“save copy before importing”设置为 Yes，则该变量导入 ENVI 后在 IDL 内存中仍然保留，若设置为 No 则不保留。需要注意的是，ENVI 数据导入 IDL 后将只剩下数据内容，波段名称、投影信息等头文件信息将丢失，即使将处理完的数据再导入 ENVI，也不再具有这些信息，需要编辑 ENVI 头文件添加这些信息。

2. ENVI 调用 IDL 函数

ENVI 的“Band math”和“Spectra Math”工具能够调用 IDL 程序直接进行波段运算和光谱运算，结果同常规的波段运算和光谱运算一样保存为 ENVI 格式文件或者保存到内存中。

（1）波段运算函数

利用 ENVI 主菜单“Basic tools”菜单的“Band math”命令可以打开“Band math”对话框进行波段运算。ENVI 的波段运算功能能够将波段作为变量直接进行计算，输入变量必须以字符 b 或 B 加上数字的方式命名，如 b3、b4。在“Band math”对话框输入波段运算公式以后，在“Variables to Bands Pairings”对话框中将波段变量名关联到具体的波段，即可计算得到结果。

在通常情况下，“Band math”的变量为单个波段，但是也可以为整个文件或者文件的某几个波段。在“Variables to Bands Pairings”对话框中点击“Map Variables to Input File”按钮，即可在随后的“Band Math Input File”对话框中将变量关联到某文件或者文件的某几个波段。但此时只能将变量作为一个整体计算，而不能取其子集计算。

在 ENVI+IDL 运行模式下，利用 IDL 编写波段运算函数并编译，可在 ENVI 的“Band math”功能中直接调用该函数进行波段运算。也可以利用 ENVI 主菜单“File”菜单下“Compile IDL Module”命令来编译该函数。如果编写的函数经常被使用，可以把波段运算函数 pro 文件放在 ENVI 安装路径下的 save_add 目录中，那么 ENVI 每次启动都会自动编译该函数，可直接使用。

（2）波谱运算函数

利用 ENVI 主菜单“Basic tools”菜单的“Spectral math”命令可以打开“Spectral math”对话框进行波谱运算。ENVI 的波谱运算功能能够将波谱作为变量直接进行计算，输入变量必须以字符 s 或 S 加上数字的方式命名，如 s1、s2。在“Spectral math”对话框输入波谱运算公式以后，在“Variables to Spectra Pairings”对话框中将波谱变量名关联到具体的波谱，即可计算得到结果。在 ENVI 的波谱运算窗口调用 IDL 编写的波谱运算函数，可对波谱曲线进行处理。

3. IDL 调用 ENVI 功能

ENVI 提供了很多可以在 IDL 中直接调用的函数，实现某些特定功能。为了调用 ENVI 的功能函数，不能单独打开 IDL 进程，必须以 ENVI+IDL 混合模式运行，或者在 IDL 进程中先启动一个没有图形界面的 ENVI 进程（即批处理模式）。

常用的 ENVI 函数如下：

（1）打开文件

过程 envi_open_file 用于在 ENVI 中打开一个 ENVI 文件，并返回文件的 fid 号。

语法：envi_open_file, fname, r_fid=[,/invisible]

其中，参数 fname 为 ENVI 文件名；关键字 r_fid 返回所打开文件的 fid 号；关键字 invisible 用于设置在 ENVI 的 Available Bands List 窗口中不显示打开的文件，如果该关键字未设置默认在 ENVI 的 Available Bands List 窗口中显示打开文件。

（2）查询文件信息

过程 envi_file_query 用于对打开的 ENVI 文件进行查询，获取该文件的列数、行数、波段数、头文件便宜、数据类型、数据存放顺序、定标系数等相关信息。

语法：envi_file_query, fid, [, ns=variable] [, nl=variable] [, nb=variable][, dims=variable] [,…]

其中，参数 fid 为 ENVI 文件的 fid 号；关键字 ns、nl、nb 分别用于返回 ENVI 文件的列数、行数和波段数；关键字 dim 用于返回文件的空间范围。剩余关键字未全部写出，具体参考帮助手册。

envi_file_query 过程能够查询出 ENVI 文件的头文件的几乎所有信息，除了投影坐标信息 map info。投影坐标信息需要通过专门的函数 get_map_info 才能查询，该函数返回 ENVI 文件的 mapinfo 信息为结构体变量。

语法：result=envi_get_map_info(fid=fid id)

其中关键字 fid 为 ENVI 文件的 fid 号。

（3）读取数据

与普通图像数据不同，遥感数据往往很大，再加上数据运算过程中产生的一些中间数据及结果数据同样会占用内存，因此在数据量较大的时候不适合利用 IDL 的 readu 命令将遥感数据整个读入内存。ENVI 提供了一种方式来读取 ENVI 文件的部分内容，可以读取一个波段的数据。

函数 envi_get_data 用于从一个打开的 ENVI 文件中读取一个波段的数据。

其语法为：result=envi_get_data(fid=fid id, dims=array, pos=long integer)

其中，关键字 fid 为 ENVI 文件的 fid 号；关键字 dims 用于设置读取数据的空间范围；关键字 pos 用于设置读取数据所在的波段位置。由于 envi_get_data 函数只能读取一个波段的数据，关键字 pos 必须为单个数值而不能为数组。

第三节　遥感水文模型开发案例

一、EcoHAT概况

遥感水文是遥感科学与水文学交叉的前沿新兴学科领域，我们将遥感技术与水文模型相结合，研发了 EcoHAT 软件（登记号：2008SR06938），解决宏观尺度水文过程连续动态模拟、缺资料地区水资源评价、流域生态分析、非点源污染与河流生态水文评估等问题。EcoHAT 系统立足于遥感数据的空间特征，开展区域尺度的分布式水文过程和生态水文模拟（刘昌明和杨胜天，2009），通过区域空间网格参数的输入，进行模型运算。

EcoHAT 系统主要包括 9 个遥感水文模型（图 2–4）。首先它以河川径流监测为基础，主要是河川径流遥感监测模型 EcoHAT RSHS，解决水资源监测问题。其次它构建了不同尺度的水文过程模型，包括降雨径流模型 EcoHAT LCM，流域水文过程模型 EcoHAT RS–DTVGM 和区域水循环模型 EcoHAT SVAT，以及深受人类活动影响的城市雨洪模型 EcoHAT Eco-rudim，从而解决水文模拟计算问题。最后它构建了物质迁移转化模型，包括土壤侵蚀模型 EcoHAT LCM-MUSLE，非点源污染模型 EcoHAT Macro–NPS，氮循环 EcoHAT NT 和磷素迁移转换模型 EcoHAT PT。经过 20 多年的发展，EcoHAT 不断完善，得到了认可和广泛的应用（Chen 等，2014）。

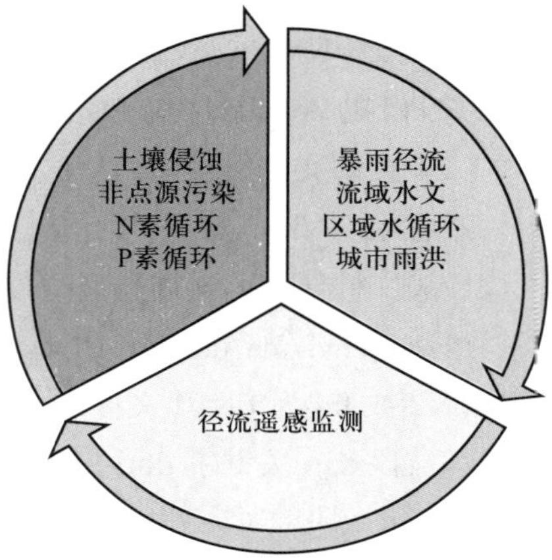

图 2–4　EcoHAT 系统主要模型

二、EcoHAT系统的发展历程

EcoHAT 系统发展始于 2003 年，最初成型于 2007 年（图 2–5），主要由大尺度非点源模型构成，例如王雪蕾等（2007）应用 EcoHAT 系统对北京市官厅水库库滨带去氮效应进行象元尺度模型模拟，以及郑东海等（2009）以松涛水库流域为研究对象，应用其中的非点源污染模块估算该流域 2003—2007 年非点源污染负荷并进行结果验证。2008 年该系统构建了土壤水分运动模型与土壤侵蚀模型（王玉娟和杨胜天，2008）。2009 年该系统尝试对 N、P 转化迁移过程进行模拟。2010 年该系统尝试对植被生长及非点源污染物质迁移进行模拟。2011 年该系统建立了土壤侵蚀模型及其与氮磷的迁移耦合（Dong 等，2014）。2012 年后它不断开发完善，逐步加入了区域水循环模型、分布式 DTVGM 模型（Cai 等，2014；赵海根等，2017）、分布式 LCM 雨洪模型（张亦驰和刘昌明，2014）、集成 LCM 驱动的 MUSLE 模型（Luo 等，2016；白娟等，2021），使得 EcoHAT 的应用领域变得更加宽广。2017 年该系统生成了函数过程数据库，添加了并行计算。2018 年后该系统加入了无人机数字河道监测方法

图 2-5 EcoHAT 系统的发展历程

和河川径流遥感监测方法（Yang 等，2019），并建设了相应的遥感流量监测断面，可用于恶劣条件下缺少水文站地区监测水资源状况。2020 年该系统构建了遥感水文站技术体系（Lou 等，2022），至今仍在不断地发展和完善。2021 年开始完善程序代码，制作教学案例数据，将科研成果转化为教学资料。2022 年开放源程序代码，共享成果。

三、EcoHAT 系统的应用案例

目前，EcoHAT 系统在我国得到了广泛的应用（图 2-6）。东北部地区开展了三江平原的中高纬分布式氮磷迁移转化模拟。西北部地区开展了缺少水文资料区的水资源安全和生态耗

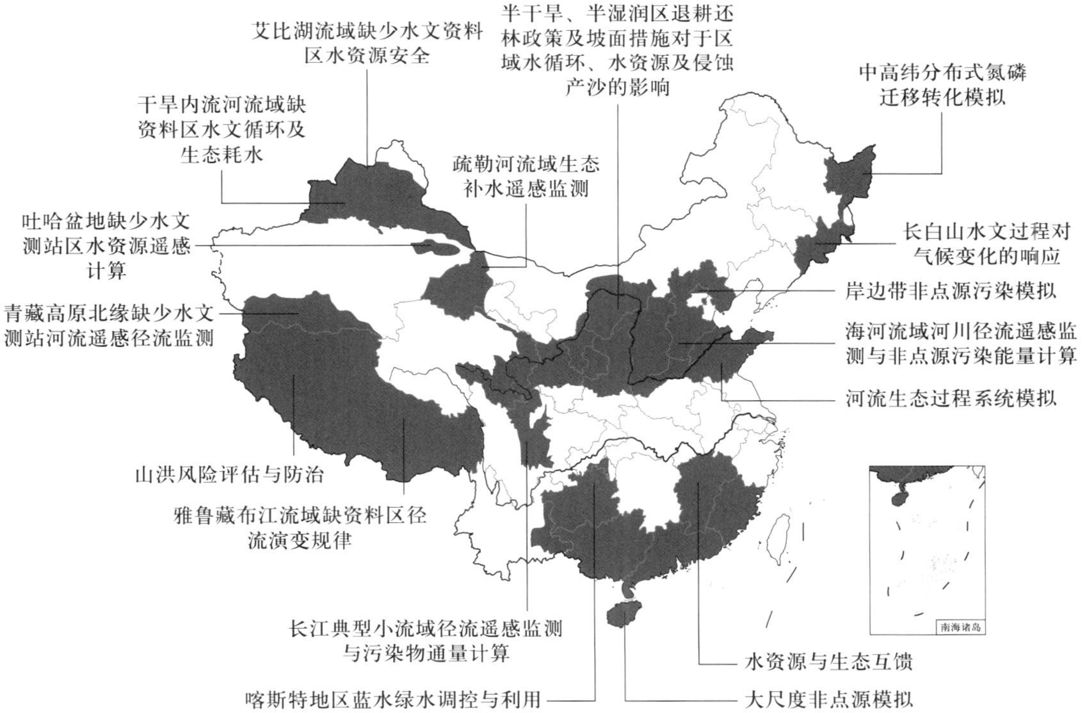

图 2-6 EcoHAT 系统的应用案例

水评价和分析，包括伊犁河流域（Cai 等，2014），艾比湖流域（Wang 等，2021）、疏勒河流域（张军等，2022；潘子豪等，2022）水资源遥感监测和计算等。西部地区开展了对青藏高原北缘缺少水文测站区河流遥感径流监测，以及探究雅鲁藏布江流域缺资料区的径流演变规律。西南地区开展了喀斯特地区蓝水绿水调控与利用（Chen 等，2016）和生物多样保护。东南地区开展了海南省非点源污染及防治对策研究等。中部地区探究了黄河流域半干旱、半湿润区退耕还林政策（周旭等，2014）及坡面措施对于区域水循环、水资源及侵蚀产沙的影响（Guan 等，2021）。山东省开展了地区河流生态过程系统模拟，北京市开展了密云水库岸边带非点源污染模拟与计算等。

第四节　遥感水文模型 EcoHAT 设计架构

一、EcoHAT程序结构

EcoHAT 系统用 IDL 语言编写，在遥感数据计算时也调用 ENVI 的函数，故而具有 IDL 语言结构的特征。EcoHAT 系统程序设计采用了三层结构，由底层向上分别是函数和过程（function、procedure）、模型（model）和系统（system）。

函数和过程（function、procedure）即 IDL 语言中的函数和过程，是水文过程、生态过程和社会过程的具体环节，如降水过程中的植被截留环节就是一个过程。目前 EcoHAT 中整理了 50 余个函数和过程，未来还将不断发展。

模型（model）是由若干函数和过程（function、procedure）组成的具备独立生态、水文、环境和社会等计算的功能模块。目前 EcoHAT 利用 50 余个函数和过程整合了 9 个模型，分别是河川径流遥感监测模型 EcoHAT RSHS、降雨径流模型 EcoHAT LCM、流域水文过程模型 EcoHAT RS-DTVGM、区域水循环模型 EcoHAT SVAT、城市雨洪模型 EcoHAT Eco-rudim、土壤侵蚀模型 EcoHAT LCM-MUSLE、非点源污染模型 EcoHAT Macro-NPS、氮循环 EcoHAT NT 和磷素迁移转换模型 EcoHAT PT。

系统（system）由若干个模型（model）组成。目前 EcoHAT 就是由 9 个模型组合出来的系统。

二、函数和过程（function、procedure）规范

函数和过程（function、procedure）是 EcoHAT 的基础结构，是生态、水文、环境和社会等的各个具体环节程序表达。函数和过程（function、procedure）本身不能单独运行，必须有输入输出程序才能完成运行。函数和过程（function、procedure）格式标准，依照 IDL 语言中子函数（function）和子程序（procedure）标准，命名由三部分组成：

软件　功能　类型

EcoHAT-*****-function/procedure

EcoHAT 为软件名称，***** 为过程 / 函数名称，Procedure 为过程类型文件，Function 为函数类型文件；如 EcoHAT_Fert_N_Procedure.pro 表示 EcoHAT 系统中氮肥平衡过程，EcoHAT_Nuptake_Procedure.pro 表示系统中氮素吸收过程。

函数和过程（function、procedure）注释有基本信息、输入数据、输出输出、其他说明和程序注释。具体如下：

基本信息：包括程序名称、编写人、编写时间、程序功能、采用算法、修改人、修改时间、修改内容、审核人等。

输入参数说明：包括参数名称、数据格式（文本格式 / 栅格格式）、数据类型（float/int）、参数含义、单位等；对于文本格式数据有明确文本结构，符号说明等。

输出参数说明：包括参数名称、数据格式（文本格式 / 栅格格式）、数据类型（float/int）、参数含义、单位等。

程序结构与计算注释：包括程序模块注释，计算注释等。

以下为 EcoHAT 系统中 LCM 模型降水入渗过程的注释案例：

```
;*************************** 源代码信息 ***************************
; Name: EcoHAT_LCM_infiltration_Procedure.PRO
; Date: 2016 年 04 月 09 日
; Author: 张亦弛
; FUNCTION: 计算暴雨入渗产流过程
; Method: 参考 HIMS 模型
; 审核、修改人 : 周柏池
; 修改内容 : 删去被注释了的源码，调整源代码的格式
; 审核、修改人 : 杨胜天
; 修改 : 增加地表、壤中和基流输出项
;**************************************************************
;*************************** 输入说明 ***************************
; 输入参数
;1. rain 二维栅格格式，浮点型，此时刻小时面雨量，单位 :mm
;2. rr1d 二维栅格格式，浮点型，土壤干燥状态下 r 值空间分布，单位 :-
;3. rr1w 二维栅格格式，浮点型，土壤湿润状态下 r 值空间分布，单位 :-
;4. Wsm 二维栅格格式，浮点型，流域饱和土壤含水量，单位 :mm
;5. w_h 二维栅格格式，浮点型，前一小时土壤含水量，单位 :mm
;6. w 二维栅格格式，浮点型，此时刻小时土壤含水量，单位 :mm
;7. GW_h 二维栅格格式，浮点型，前一小时地下水储量，单位 :mm
;8. GW 二维栅格格式，浮点型，此时刻小时地下水储量，单位 :mm
;9. subbasin 二维栅格格式，浮点型，子流域范围，单位 :-
```

```
;************************************************************

;**************************** 输出说明 ***************************
; 输出参数
;1. Qi 二维栅格格式，浮点型，每小时径流总量，单位 :mm
;2. w 二维栅格格式，浮点型，每小时土壤含水量，单位 :mm
;3. GW 二维栅格格式，浮点型，每小时地下水含量，单位 :mm
;************************************************************

;**************************** 其他说明 ***************************
;10. P txt 数组，浮点型，模型参数，单位 :-
;************************************************************

;**************************** 算法设置 ***************************
pro EcoHAT_LCM_infiltration_Procedure, Rainfall, r_wet, r_dry,
Wsm, w_h, w, GW_h, GW, subbasin, P, $
  Result1=Result1,Result2=Result2,Result3=Result3

  ; 获取输入数据
  rain = rainfall;
  rr1d = r_dry;
  rr1w = r_wet;
  Wsm = Wsm;
  w_h = w_h;
  w = w;
  GW_h = GW_h;
  GW = GW;
  subbasin = subbasin;
  La = P[1];
  Rc = P[2]
  Kb = P[3]

  Rain[where(subbasin eq 0.0)] = 0.0; 子流域边界以外降雨全部为 0
  Wsm[where(subbasin eq 0.0)] = 0.0; 子流域边界以外饱和土壤含水量全部为 0
  rr1 = rr1w+(1.0-w_h/Wsm)*(rr1d-rr1w); 入渗调节算法
```

```
rr1 = rr1*p[11]; 入渗系数外部调节参数，以保证模型计算灵活性
rr2 = 0.8781*ALOG(rr1)+1.3422;R，通过 r 计算而得
rr2[where(rr2 lt 0.0)] = 0.0; 使得小于 0 的部分为 0，保证模拟参数合理性
f = rr2*rain^rr1;LCM 入渗计算核心公式
f[where(f gt rain)] = rain[where(f gt rain)]; 入渗量要小于降雨量
f[where(wsm - w_h lt 0.001)] = 0.0; 如果前一时段土壤含水量达到饱和，入渗停止
f[where(f+w_h gt Wsm)] = Wsm[where(f+w_h gt Wsm)] - W[where(f+w_h gt Wsm)]; 计算最大入渗量
f[where(f lt 0.0)] = 0.0; 入渗量不能小于 0
……
```

三、模型（model）规范

模型（model）具备独立的生态、水文、环境和社会等地学过程的计算能力，由若干个函数和过程（function、procedure）组成。由界面类（EHdcModelNitrogen__Define.pro）和多线程类（EHamTileNitrogen__Define.pro）或单线程类将函数和过程（function、procedure）组成模型（model）。界面类功能是将模型所需的数据输入和将结果输出，界面类输入数据包括文本数据、影像数据和辅助数据。多线程类（EHamTileNitrogen__Define.pro）功能是将多个函数和过程（function、procedure）整合在一起，开展按分块对像元单元开展运行，此时像元间没有关联运算。单线程类功能是将多个函数和过程（function、procedure）整合在一起，开展整体运算，此时像元间有关联运算（图 2-7）。

以下为氮元素迁移转化模型说明示例：

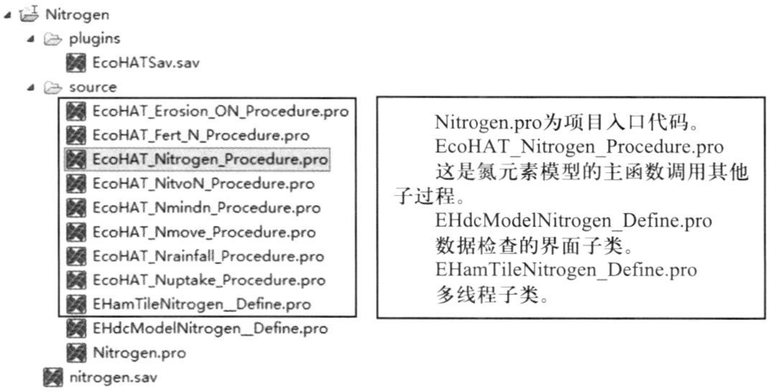

图 2-7　水文模型的函数和过程

四、文件名的规范

遥感水文模型计算过程比较复杂，输入数据较多，为了减少计算量，EcoHAT 系统中的

很多模型提供了文件夹统一输入数据和自动命名输出计算结果文件名的方式，这就要求输入数据文件名命名要规范。输出文件名的规范是整个 EcoHAT 系统规范的重要部分。

文件名和文件格式按模型的要求命名和组织，在模型运算时自动读取对应参数，实现模型参数统一管理。每一个模型的输入输出数据文件和计算流程都保持了统一的命名方式与管理组织规则。总体来说，EcoHAT 的数据命名规范为：采用年 + 月（如 200903 表示 2009 年 3 月），年 + 天数（如 2009091 代表 2009 年第 91 天，即 2009 年 4 月 1 日）和年 + 天数 + 小时（如 200909113 代表 2009 年第 91 天 13 点的数据，即 2009 年 4 月 1 日 13 点的数据）分别表示年月尺度，日尺度和小时尺度数据。

1. 遥感影像命名规则

在 EcoHAT 现有的模拟过程中，需要两种类型的遥感数据，只输入一次的数据和需要多次输入的数据。

只要输入一次的数据：在整个模拟中只输入一次，如土壤类型、区域边界等。特点是数据所表达的区域特性不会或几乎不会随着时间变化，比较稳定或固定。所以在模拟过程中只用输入一次。命名方式为：参数名 _0，如只用输入一次的边界数据我们命名为：Boundary_0。这样做的目的是大家在看到 _0 后就能确定它是只输入一次的数据，这也是考虑程序编写时的方便。

需要多次输入的数据：在整个模拟中需要根据模拟时间步长多次输入，如降雨，蒸散发等。特点是数据所表达的区域特性随着时间的变化，不能只输入一次，需要不断提供不同时序的模拟数据。命名方式为：参数名 _ 日期。如日尺度的降雨数据命名为：Precipitation_2009091。

2. 文本文件命名规则

同遥感数据一样，文本数据同样分为只输入一次和需要多次输入。命名规则基本相同，为了区分遥感数据和文本数据，但有一些变化。

文本数据的命名规则为：名称 _txt_0 或名称 _txt_ 日期。如 NPP 的计算中，输入数据需要 NPP 的一个文本参数数据，只输入一次。经过模拟后会输出 NPP 遥感影像。如果不加以区分，就将造成系统无法区分这两个 NPP 属于影像还是文本，且给使用带来不便。所以若与遥感数据的命名规则一致，则只输入一次的 NPP 文本参数数据命名为：NPP_txt_0；同理，多次输入的文本参数则命名为：名称 _txt_ 日期，如 precipitation_txt_2009091。

复习思考题

1. 从遥感水文模型开发的需要出发，本书仅纲要性地介绍了 IDL 语言，请结合《IDL 可视化分析与应用》（韩培友，2006）学习 IDL 语言，并下载该书配套程序运行和理解 IDL 语言。

2. 运行 ENVI 软件配套示例数据，理解 IDL 语言中矩阵语言特点。

3. EcoHAT 系统程序设计构架由几个层次组成？有几个遥感水文模型？

第3章

水文因子遥感反演

遥感水文是遥感科学与水文学向纵深发展形成的新兴交叉科学，既深化了遥感应用领域，又充实了水文技术体系。特别是定量遥感的发展，为多时空尺度的水文循环要素观测与过程模拟提供了重要的技术手段。本章在概要性介绍水文学与遥感科学的基本知识的基础上，重点阐述主要水文因子的遥感反演算法及程序设计，奠定研发遥感水文模型的理论基础，为构建遥感水文模型提供必要的算法。

第一节 水文过程与水循环

一、水文现象

水是一切生命赖以存在的基础，是人类生活与社会经济生产不可或缺的重要资源。地球上的水以气态、液态或固态形式存在于地球表面、土壤岩层及大气层中，总量大体不变。自然界中，以一定形式存在于某一环境中，具有一定特征和变化规律的水，称为水体。水的演变、相互转化和运动，例如降水、蒸发、径流、下渗和结冰等，都称为水文现象。为了开发利用水资源，也为了减少水带来的灾害，人们逐渐对水文现象进行观测、实验、分析和归纳总结。

水文现象是气象气候和各种地理因素综合影响的结果。因此，这些因素的组合和变化，决定了水文现象的特点。水文现象的特点可归纳为以下两个方面。

1. 周期性与随机性

水文现象受地球自转与公转的影响，在时间上既有一定周期性，也有某种随机性。例如，河流水量一般有以年为周期的丰枯变化，我国多数河流夏秋为汛期，冬春为枯季。降水作为水文现象的主要影响因素，本身是一个随机的、不确定的过程，而且水文现象涉及范围大、空间变化大，因此，水文现象的时空变化具有很强的随机性。

2. 相似性与特殊性

由于大尺度范围内的气候条件有分带性，例如可分出湿润区和干旱区等，因此在同一气候区内，如果地形、植被和土壤等下垫面条件也比较一致，则这个区域内的流域，具有相似的水文现象。例如，我国东部沿海湿润区的河流水量比较丰沛，植被条件较好，各流域的产流方式属同一模式。反之，如果在同一气候区内，不同流域的下垫面条件差异较大，则流域的水文规律也可能不尽相同。例如，同属亚热带地区的岩溶区和非岩溶区的地下水赋存状态不同，这就是水文现象的特殊性。

二、水循环

地球上的水以液态、固态和气态的形式分布于海洋、陆地、大气和生物体内，共同构成了地球的水圈。水圈中的各种水体在太阳辐射和地心引力作用下，通过不断蒸发、水汽输送、凝结、降落、下渗、地面和地下径流的往复循环过程，称为水文循环，又称水分循环或水循环。

按照尺度不同，水循环可分为全球水循环、流域或区域水循环、水－土壤－植物系统水循环 3 种。全球水循环的空间尺度最大，涉及海洋、大气和陆地之间的相互作用，与全球气候变化关系密切。流域或区域水循环等同于流域降雨径流过程，其空间尺度一般为 1～10 000 km^2，相对于全球水循环而言，它是一类开放式水循环。水－土壤－植物系统是由水分、土壤和植物相互作用形成的系统，将水循环与植物联系起来，也是一个开放式循环系统。

水循环是地球上最重要、最活跃的物质循环之一。它对自然环境的形成、演化和人类的生存产生巨大影响。一方面，水循环直接影响气候变化，例如，空气中的水汽含量直接影响气候的湿润或干燥度，并可调节地面气候。另一方面，水循环还可改变地表形态，例如，易溶解的岩石受到水流强烈侵蚀和溶蚀作用，可形成岩溶地貌。此外，水循环还可形成再生资源，例如，水流具有携带物质的能力，自然界的许多物质如泥沙、有机质和无机质等，均会以水为载体，参与各种物质（如碳、氮、磷等）循环。

水循环的影响因素很多，可归纳为四类。一是气象因素，如温度、风速、风向和湿度等，影响水循环的蒸发、水汽输送和降水等环节，对水循环的影响起着主导作用。二是地理位置，一般而言，距离海洋越近，水循环强度越大，反之，则越弱。三是自然地理条件，如地质、地形、土壤和植被等，主要通过蒸发和径流来影响水循环，蒸发占比大的地区水循环活跃，径流占比大的地区水循环相对平稳。四是人类活动，包括各种农业生产、城市建设和水利工程等，通过改变流域下垫面间接影响水循环各个环节。

三、水资源

从广义上讲，自然界中所有以气态、固态和液态等各种形式存在的水统称为水资源。水循环是联系大气圈、水圈、岩石圈和生物圈相互作用的纽带，是水资源形成的基础。正是由于水循环作用，水处于永无止境的循环之中，水成为一种可再生的资源。

水循环可以分为自然水循环和社会水循环。自然水循环是指自然界中通过蒸发、水汽输送、凝结降水、下渗及径流等环节形成的水循环。实际上，水循环还受人类活动如水库蓄水、大坝拦水、调水和饮用水等的影响，为了便于与前者区别，将人类活动影响或参与的部分水循环过程称为社会水循环。

蒸发是水分通过热能交换从固态或液态转换为气态的过程，包括水面蒸发、陆地蒸发和植物蒸腾，是水分从地面和水体进入大气的过程。陆地上约66%的年降水量通过蒸发（包括蒸腾）返回大气。影响蒸发的因素很多，首先取决于热能的供应，蒸发1 g水大约需2.5 kJ热量；其次，蒸发必须有水汽运动机制，主要取决于水汽梯度；另外，还受水温、气温、风、气压和太阳辐射等气象因素影响。这些因素综合作用影响着蒸发过程与蒸发量，因此，计算蒸发量并非易事。

水汽输送是指大气中的水汽由气流携带着从一个地区输送到另一地区的过程。大气中的水汽含量虽然仅占全球水循环系统中总水量的1.53%，但却是水循环过程中最活跃的成分。全球大气水更新一次平均只需8天，正是由于大气中的水汽如此活跃，才实现了全球各水体间的水量连续转换和更新。

降水是水汽在大气层中微小颗粒周围凝结，形成雨滴，再降落到地面的过程。因此，降水主要来自大气中的云。但有云并不一定能形成降水，只有当云滴增长为雨滴并足以克服空气阻力和上升气流的顶托时，在降落过程中才不致被蒸发掉，降水才能形成。降水是水循环中十分重要的过程，自然界的水资源或能被人类利用的水资源均来自大气降水。人们计算水资源量时，常常把降水量视为一个地区或流域的“广义水资源量”。

下渗是指雨水降落到地面，在分子力、毛管力和重力作用下，进入土壤孔隙并被土壤吸收的过程。下渗是地下径流和地下水形成的重要过程，不仅直接决定着地面径流量的大小，同时还影响着土壤水分的增长和地下径流的形成。影响下渗的因素很多，主要有土壤因素（包括土壤均质性、土壤质地和孔隙率等）、土壤初始含水率、地表结皮（表土结皮能减少入渗量）、降雨因素（包括雨型、降雨强度等）和下垫面因素（包括植被、坡度、坡向和耕作措施等）。

径流（形成水资源）又称河川径流，是地表径流、地下径流和壤中流之和（图 3-1）。大气降水降落到地面后，一部分水分通过蒸发返回大气，一部分通过下渗进入土壤（包括植物吸收、壤中流），一部分可能蓄积在地表低洼处，剩余水量在一定条件下形成地表径流，当下渗量达到一定程度后形成地下径流。影响地表径流量的主要因素有流域气象条件（如降水、蒸发、气温、湿度和风等）、地理位置、地形条件、植被及人为因素（如水利工程、开垦和城市建设等）。地下径流也受气象、地理、地质、植被及人为因素等的影响，但响应速度和受影响程度均明显小于地表径流。

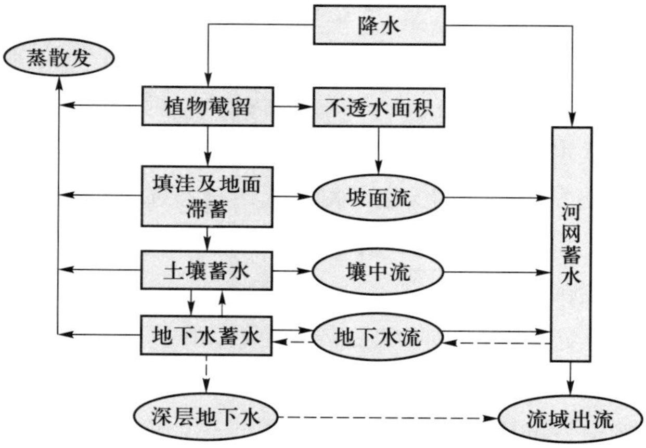

图 3-1　河川径流形成过程（管华等，2010）

第二节　遥感科学概况

遥感是用物理手段、数学方法和地学分析实现对地综合观测的现代新兴科学技术。随着全球多源遥感对地观测技术的迅速发展，当今遥感技术的发展已进入名副其实的大数据时代。遥感大数据具有海量的数据规模、快速的数据流转、多样的数据类型和巨大的数据价值，为开展多尺度水文过程观测、模拟与分析等提供了十分便捷与科学准确的技术途径。

一、遥感数据获取

遥感是通过非接触传感器获取测量对象信息的过程，遥感的实施依赖遥感技术系统。遥感技术系统是一个从地面到空中直至空间，从信息收集、存储、传输处理到分析、应用的技术体系，包括遥感信息获取、遥感信息传输和遥感信息提取应用三大部分（图 3-2）。

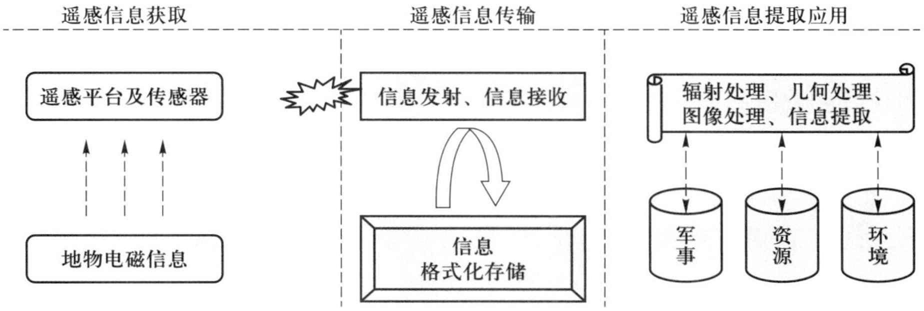

图 3-2　遥感技术系统构成（沙晋明等，2012）

在遥感信息获取中，传感器是核心，遥感平台是传感器的载体。传感器是收集、探测和记录目标地物电磁辐射信息的装置。传感器按工作方式分，有主动式和被动式；按记录方式分，有成像式和非成像式；按成像原理分，有摄影型、扫描型和微波传感器。遥感平台是搭载传感器的装置，遥感平台按运载工具分，有地面平台（0～1 000 m）、航空平台（1 000 m 至 10 余 km）、航天平台（150 km 以上）。

由于传感器和遥感平台的类型多样，随着全球空间基础设施建设加速发展，立体式、多层次、多视角、全方位和全天候的对地观测时代已然来临。不同遥感平台搭载的各种传感器获得的多源遥感图像之间，主要存在空间分辨率、光谱分辨率、辐射分辨率和时间分辨率等指标性能差异。

空间分辨率是指数字图像上能够被详细区分的最小单元的尺寸或大小。遥感图像的空间分辨率一般有 3 种表示方式，即像元大小、线对数和瞬时视场。像元大小在遥感分析中，因为有地理空间坐标，空间分辨率常用单个像元所代表的地面面积大小表示，例如，Landsat 5 TM（Thematic Mapper）图像单个像元的面积为 28.5 m × 28.5 m，其空间分辨率为 28.5 m，通常近似为 30 m。线对数是对于摄影系统来说，图像的空间分辨率通常用每毫米的线对数（线对 /mm）来表示，线对是指一对同等大小的明暗条纹，每毫米内的线对数越多，说明图像的空间分辨率越高。扫描成像系统的空间分辨率常用瞬时视场角表示，也称扫描分辨率，是指传感器内单个探测单元件的受光角或观测视野，单位为毫弧度（mrad），瞬时视场角越小，空间分辨率越高。

辐射分辨率是指传感器探测元件在接收光谱信号时所能分辨的最小辐射度差，该参数反映了传感器对光谱信号强弱的敏感程度和区分能力。辐射分辨率的表达式如下：

$$RL = \frac{R_{\max} - R_{\min}}{D} \tag{3-1}$$

式中：RL 为辐射分辨率；R_{max} 为最大辐射量值；R_{min} 为最小辐射量值；D 为辐射量化级。

在数字图像中，常用辐射量化级或灰度级来表示辐射分辨率的大小。辐射量化等级越多，所得图像层次越丰富，辐射分辨率越高，图像质量越好，但数据存储量越大，反之亦然。例如，Landsat 5 TM 单波段图像辐射量化级为 8 bit，图像有 2^8 个灰度级，图像亮度变化比较平滑；如果将其辐射量化级调整为 2^4 个灰度级，则图像亮度平滑程度降低，出现明显的层次感。

光谱分辨率是指传感器探测元件在接收目标地物辐射能量时所使用的波段数（或称通道数）、波段位置和波段间隔。通常传感器的波段设计是有针对性的，因为不同地物在不同光谱波段有不同的吸收和反射特征。多光谱成像技术就是根据这个原理，将不同地物的反射光谱特性客观记录在不同波段的遥感图像上。高光谱数据通道数多达数十甚至数百个，具有很高的光谱分辨率，从而在连续光谱曲线上分辨出不同物体的微小光谱差异。

时间分辨率是指对同一区域进行重复观测的最小时间间隔。重复观测的时间间隔越小，时间分辨率越高。遥感图像的时间分辨率大小主要取决于飞行器的回归周期。但是具有侧视能力的传感器可以在不同轨道上从不同角度观测地面上的同一区域，因而大大提高了观测灵活性及时间分辨率。

随着多源遥感数据的日积月累，遥感应用向纵深方向快速发展，许多国家的民用遥感数据政策也在不断调整，许多卫星遥感数据及其产品已可通过互联网免费下载获取。例如，美国地质勘探局（USGS）和国家航空航天局（NASA）的官网即可下载 Landsat 系列、MODIS 系列遥感数据与产品，中国资源卫星应用中心官网可以下载资源卫星系列、高分卫星系列的遥感数据。一些开放数据共享平台也提供有免费的遥感数据获取途径，例如，中国的地理空间数据云和自然资源卫星遥感云等。

二、遥感数据校正

遥感数字图像在成像过程中受到遥感平台、传感器、大气、地形等多因素影响，导致用户拿到的遥感图像存在一定的辐射畸变、几何畸变和图像噪声等质量问题。因此，在遥感应用过程中，需要对其进行预处理，以改善遥感图像的辐射质量、几何质量。

（一）辐射校正

遥感传感器在接收来自目标地物的电磁辐射能量时，受到传感器自身特性、大气作用，以及地物光照条件（如地形起伏和太阳高度角变化）等影响，导致传感器的探测值与地物实际光谱辐射值不一致的情况称为辐射畸变。消除或修正遥感数据辐射畸变的过程称为辐射校正。

用户拿到的遥感数字图像是遥感传感器将接收到的入瞳处的辐射能量转化所得数字量化值（digital number，*DN*）。*DN* 是最初始的遥感图像像元值，它是没有物理量纲（量纲为一）的数值，某一波段不同像元的 DN 值差异是该波段在入瞳处辐射亮度的相对大小。受到传感器自身特性的影响，入瞳处的辐射能量转化成 *DN* 值时可能混入噪声，因此，传感器校正是辐射校正的第一环节。根据辐射传输原理，传感器入瞳处的太阳辐射主要来自三部分（图 3-3）。一是目标地物的直接反射，这部分能量穿过大气到达传感器的过程中受到大气成分及气溶胶的吸收和散射而减弱；二是由于大气成分和气溶胶对太阳辐射的散射而直接进入传感器的部分；三是目标地物周围背景的邻近反射，这部分能量来自大气散射后向下传播，再经周围背景反射而进入传感器。

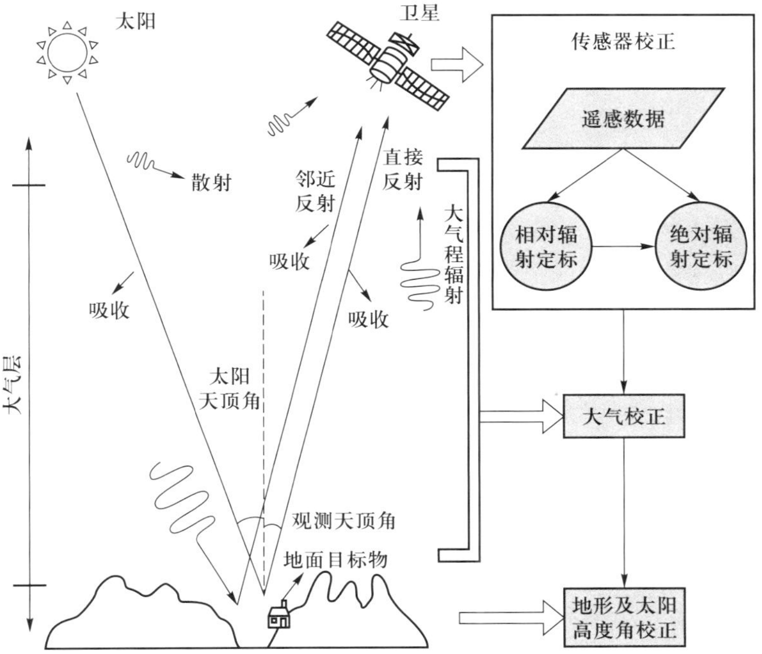

图 3-3 大气辐射传输及相应辐射校正过程（朱文泉等，2015）

1. 传感器校正

传感器校正是消除传感器自身带来的辐射误差，将传感器记录的量纲一的 *DN* 值转换成有物理意义的大气顶层辐射亮度或反射率的处理过程。传感器校正依靠的是辐射定标，辐射定标的原理是建立数字量化值与其对应视场中辐射亮度值间的定量关系，以消除传感器引起的误差，包括相对辐射定标和绝对辐射定标。

相对辐射定标是为了校正探测元件的不均匀性，消除探测元件的响应不一致性，对原始亮度值进行归一化处理，从而使入射辐射量一致的像元对应的输出像元值也一致，以消除传感器本身的误差。需要注意的是，相对辐射定标得到的结果仍是不具备物理意义的 *DN* 值。

绝对辐射定标是建立 *DN* 值与实际辐射值之间的数学关系，以获取目标物的辐射绝对值，既可以在相对辐射定标基础上进行，也可以通过原始 *DN* 值和实际辐射值建立数学定标模型完成。绝对辐射定标得到大气顶层的辐射亮度或表观反射率。如果欲得辐射亮度值，可用定标公式为：

$$L_\lambda = k_\lambda \times DN + c_\lambda \tag{3-2}$$

式中：L_λ 是波段 λ 的辐射亮度值，单位通常为 W/（m^2 · sr · μm）；k_λ 和 c_λ 分别是波段 λ 的

增益和偏移，单位和辐射亮度值相同。需要注意的是，辐射亮度值的单位需根据实际的定标参数即增益和偏移的单位来确定。

若要求得表观反射率，则相应的定标公式为：

$$\rho_{\lambda} = \pi \times L_{\lambda} \times d^2 / (ESUN_{\lambda} \times \cos\sigma) \tag{3-3}$$

式中：L_{λ} 为波段 λ 的辐射亮度值［W/（m^2·sr·μm）］；d 为天文单位的日地距离（即 149 597 870 700 m）；$ESUN_{\lambda}$ 为波段 λ 的太阳表观光谱辐照度［W/（m^2·μm）］；σ 为太阳高度角（°）。

2. 大气校正

大气校正是将大气顶层的辐射亮度值（或表观反射率）转换为地表反射的太阳辐射亮度值（或地表反射率），消除大气吸收、散射对辐射传输影响的处理过程。大气校正的方法很多，根据校正后的结果不同，可分为绝对大气校正和相对大气校正。绝对大气校正将遥感图像的 *DN* 值转换为地表反射率或地表辐射亮度；相对大气校正并不得到地物的实际反射率或辐射亮度，仅用 *DN* 值表示地物反射率或反射辐射亮度的相对大小。

根据校正的原理不同，可将大气校正模型分为统计模型和物理模型。统计模型是基于地表变量和遥感数据的相关关系建立的，不需要知道图像获取时的大气和几何条件，所需参数较少，简单易行。统计模型可有效概括从局部区域获取的数据，一般有较高的精度，但由于不同区域间地物分布有较大差异性，统计模型仅适用于局部地区，并不具有通用性。常用的统计模型有经验线法和平场域法等。物理模型是根据遥感系统的物理规律建立的，可以通过不断加入新的知识和信息来改进模型，模型机理清晰，但相对较复杂，所需参数较多且通常难以获取，因此，实用性较差。常用的物理模型有 6S 模型、Modtran 模型等。多数遥感软件提供了较实用的大气校正模型与方法。

3. 地形校正

在丘陵区和山区，地形坡度、坡向和太阳光照几何条件等对遥感图像的辐射亮度影响非常显著，朝向太阳的坡面会接收到更多的光照，图像色彩较明亮，背向太阳的阴面由于反射的是天空散射光，图像表现要暗淡些。复杂地形区遥感图像的这种辐射畸变被称为地形效应。地形校正是消除地形效应引起的辐射亮度误差，使坡度不同但反射性质相同的地物具有相同亮度值的处理过程。

地形校正方法大致可分为三类，包括基于波段比的方法、基于 DEM 的方法和基于超球面的方法。基于波段比的方法是利用不同波段之间的光谱比值来消除地形阴影的，操作较简单，但目标地物有相似特征时，地表反射率的差异变得模糊不清。基于超球面的方法是将辐射测量向量映射到一个超球面上，从而实现对地形阴影和光谱信息的分离，对消除热红外波段的阴影效果较好。基于 DEM 的方法又可分为：统计－经验模型，如 Teilet－回归校正和 b 校正；归一化模型，如二阶段校正；朗伯体反射率模型假设地表满足朗伯体反射条件，如余弦校正、C 校正、SCS 校正、SCS＋C 校正和 Dymond－Shepherd 校正；非朗伯体反射率模型考虑地表反射的真实情况，如 Minnaert 校正、Ekstrand 校正和 Minnaert-SCS 校正。

4. 太阳高度角校正

太阳位置的变化会导致不同地表位置接收到的太阳辐射不同，从而导致不同地方、不同季节、不同时期获得的遥感图像间存在辐射差异。太阳位置通常用太阳高度角和方位角描述。太阳高度角计算公式如下：

$$\sin\sigma = \sin\varphi \sin\delta \pm \cos\varphi \cos\delta \cos t \qquad (3-4)$$

式中：σ 为太阳高度角；φ 为图像所在地区的地理纬度；δ 为太阳赤纬（成像时太阳直射点的地理纬度）；t 为时角（地区经度与成像时太阳直射点地区经度的经差）。当图像的地理纬度与太阳直射点纬度处于同一南北半球时，“±”取“−”，反之则取“+”。

太阳高度角校正目的是将太阳光线倾斜照射时获取的图像校正为太阳光线垂直照射时获取的图像。通常，通过调整图像的平均亮度来实现，校正公式为：

$$DN' = DN / \sin\sigma \qquad (3-5)$$

式中：DN' 为校正后的亮度值；DN 为原始亮度值；σ 为太阳高度角。

（二）几何校正

在遥感成像过程中，由于传感器内部因素如透镜辐射球面的畸变像差、透镜切线方向畸变、透镜的焦距误差和采样速率变化等，遥感平台因素如平台高度变化、速度变化、姿态变化和轨道偏移等，以及客观的地球因素如地球自转、地形起伏和地球曲率等，导致传感器生成的图像像元相对于目标地物的实际位置发生了挤压、扭曲、拉伸和偏移等现象，称为几何畸变。按照畸变性质不同，可分为系统性畸变（内部）和随机性畸变（外部）。系统性畸变是指由遥感系统造成的畸变；随机性畸变是指大小不能预测，其出现带有随机性质的几何偏差。

遥感图像几何校正分为几何粗校正和几何精校正。几何粗校正是根据产品畸变的原因，利用空间位置变化关系，采用计算公式和取得的辅助参数进行的校正，又称系统几何校正，一般由遥感数据地面接收站完成。几何精校正是在几何粗校正基础上，不考虑引起畸变的原因，直接利用地面控制点建立起图像像元坐标与目标物地理坐标间的数学模型，实现不同坐标系统中像元位置变换的处理过程。常用遥感软件均提供有几何校正功能，几何校正操作包括空间位置（像元坐标）的变换和像元灰度值的重新计算（重采样）两个步骤。

正射校正是几何校正的高级形式。常规的几何校正对消除遥感平台、传感器和地球曲率等因素造成的几何畸变有较好效果，且可对图像进行地理参考定位，但是并不能消除中心投影过程中地形起伏引起的几何畸变。正射校正是引入 DEM 消除地形起伏引起的几何畸变的处理过程，不仅能实现常规几何校正，还能将图像中心投影转变成正射投影，使图像具有更精确的空间位置。

三、定量遥感反演

遥感卫星获取的原始数据主要是电磁波信号，需要经过一系列的处理才能变成易理解、可应用的地表参量信息，这个处理过程称为定量遥感。具体来讲，定量遥感是利用遥感传感器获取目标地物的电磁波信息，然后在先验知识和计算机系统的支持下，定量获取观测目标参量或特性的方法与技术。定量遥感的核心研究内容是从遥感数据中确定陆表环境变量的数值，并在初级产品（经几何定位和辐射定标的原始观测数据）基础上生成标准的（具有相同时间分辨率和相同面积或角度的网格）高级产品供更多的用户使用。因此，定量遥感包括五个部分，即数据获取、数据预处理、前向辐射传输模型的建立与变量反演、高级产品的生成和遥感应用。

作为新兴的遥感信息获取与分析方法，定量遥感强调通过数学的或物理的模型将遥感信息与观测目标参量联系起来，定量地反演或推算出某些地学目标参量。将来陆表遥感也无须再特别强调定量遥感了，因为所有的遥感方法都不会直接使用低级遥感数据，目标识别或地表分类都会用地表反射率或其他高级遥感产品。随着国内外定量遥感算法的推陈出新，地表反射率/BRDF、下行太阳辐射、地表反照率、地表温度、长波辐射、总净辐射、日光诱导叶绿素荧光（SIF）、植被生化参数、叶面积指数、光合有效辐射比、植被覆盖度、森林高度、生物量、植被生产力、土壤水分、雪水当量、雪盖、蒸散发、地表与地下水量等地表参数的遥感产品研发、评价与精度验证和应用等日趋完善。

四、遥感反演的主要水文因子

水循环的影响因子也称为水文因子，包括气象、自然地理条件、地理位置、人类活动等众多方面。从水循环的特征及遥感技术的特性出发来考虑，遥感反演的主要水文因子包括能量、植被截留、陆面蒸散发、土壤水等。

1. 能量

地球的能量来自地球内部释放能量和太阳辐射两个方面，遥感水文研究中主要考虑太阳辐射。太阳辐射是地球上一切生命过程的基本能量来源，太阳辐射与热量、水分条件的不同组合，形成不同的气候类型，影响植被的地域分布。太阳辐射也是小气候形成的能量基础，光能和它的热效应直接影响植物体的热量平衡及各种生理活动的进行，直接关系到植被的光合生产。太阳辐射能不仅可以为初始生产力的光合作用产物合成提供动力，而且也是地球表面各种主要自然环境因子变化和发展的动力。通过大气层到达地面的太阳辐射包括直接辐射、散射辐射、反射辐射和净辐射等；太阳辐射光谱包括无线电波、红外线、可见光、紫外线、X射线和γ射线等几个波谱范围；在地球大气上界，太阳总辐射能量中，波长短于400 nm的紫外辐射约占9%，波长在400～760 nm之间的可见光辐射约占44.5%，波长长于760 nm的红外辐射约占46.5%。在水循环过程中，太阳辐射是水分能量转化的基本能量来源，因此也是植物生长、水分能量平衡过程模拟中的重要参数。

2. 植被截留

植被截留是指大气降水到达冠层后，雨水在植物叶面吸着力、承托力、重力和水分子内聚力作用下，部分降水被植被的冠层（树干和枝叶）截留并存储的现象，它对雨水具有在数量和时间上重新分配的功能。降雨初期，雨滴降落在植物枝叶上被枝叶表面截留。在降雨过程中截留不断增加，直至达到最大截留量。植物枝叶截留的水分，当水滴质量超过表面张力时，便落至地面。截留过程延续整个降雨过程，雨止后截留水量最终耗于蒸发。植被截留在数量和时间上重新分配雨水，截留水量将以蒸发的形式返回大气中，并影响同期的蒸散发能力。对地跨我国南北不同气候带及相应的森林植被类型林冠截留率的分析研究表明，截留率变动范围在 11.4%～34.3%，变动系数 6.68%～55.5%，可见植被截留对水文过程的影响。

3. 蒸散发

蒸散发包括土壤蒸发和植被蒸腾，它与气象条件（太阳辐射、风速、温度、湿度等）、土壤湿度、作物种类和品种等因素有关，是水圈、大气圈和生物圈水分和能量交换的主要过程。降落到地球表面的降水有 70% 通过蒸发或蒸腾作用回到大气中，在干旱区这个数字达到 90%，可见蒸发和蒸腾是水文循环的一个重要组成部分，同时由于水分变成气体需要吸收热量，因此蒸发和蒸腾也是热量平衡的主要项。蒸散发不仅在水循环和能量循环过程中具有极其重要的作用，也是生态过程与水文过程的重要纽带。地表热量、水分收支状况在很大程度上决定着地理环境的组成和演变，清楚地认识蒸散发，对了解大范围内能量平衡和水分循环具有重要意义，使我们能更深入地认识陆面过程，可以正确评估气候和人类活动对自然和农田生态系统的影响。因此，蒸散发的研究是地理环境研究中的一项重要内容。准确估算区域蒸散发量及有关的参数，对于深入研究水分循环规律有重要意义。蒸散发的研究不仅涉及气象学和气候学，而且与生态学、土壤学等其他学科密切相关。近年来随着对地表能量交换和物质迁移研究的深入及水资源合理利用与管理定量化的迫切要求，蒸发和蒸腾越来越受到人们的重视。

4. 土壤水

土壤水分亦称土壤湿度或土壤含水量，指由地面向下至地下水面（潜水面）以上土壤层中的水分，亦称土壤中非饱和带水分。它供给作物生长，是农业生产的必要条件，是陆地植物赖以生存的源泉。人类的生存依赖土壤－水系统和由它支持的植物生命。土壤水是土壤肥力的重要组成部分。土壤水的水分物理特性制约着植物对水分的有效利用；土壤水是生态环境中水分存在的主要形式之一，是土壤－植物－大气连续体（SPAC）水分物质循环中的基础环节，也是水文循环的枢纽；土壤水分是量化陆地及大气能量交换的重要参数，在气候变化、陆气交互、全球生态、水文和地表模型、农业干旱、作物估产等研究中均起着不可或缺的作用。

第三节　能量因子计算及程序设计

一、太阳辐射

太阳辐射是太阳向宇宙空间中发射的电磁辐射，是地表能量的主要来源。到达地表的太阳短波辐射，是计算地表净辐射的重要参数。计算瞬时太阳辐射（Su，2002）的公式为：

$$R_S = \frac{I_0 \times \tau \times \cos\theta_z}{R^2} \tag{3-6}$$

式中：R_S 为瞬时太阳辐射，W·m^{-2}；I_0 为太阳常数，取值为 1 353 W·m^{-2}；τ 为大气透射率，量纲为 1；θ_z 为太阳天顶角，rad；$1/R^2$ 为日地订正因子，量纲为 1。

太阳辐射计算程序如下：

```
;*************************** 源代码信息 **************************
; Name: EcoHAT_Rs_Process.PRO
; **************************************************************

;*************************** 输入说明 **************************
; 输入参数
;1. ns 数值，浮点型，数据影像的列数，单位：-
;2. tile_nl 数值，浮点型，数据影像的行数，单位：-
;3. allImageData 三维数组，浮点型，输入的所有遥感影像数据，单位：-
;*************************************************************

;*************************** 输出说明 **************************
; 输出参数
;Q_instant 二维数组，浮点型，瞬时太阳辐射，单位：W/m2
;*************************************************************

;*************************** 算法设置 *************************
PRO EcoHAT_Rs_Process, ns, tile_nl, txtdata, allImageData, Date_
number, Result = result

  COMPILE_OPT IDL2

  ; 获取输入数据
  Q_para = txtdata
  Longitude = Reform(allImageData[0,*,*])
  Latitude = Reform(allImageData[1,*,*])
  DEM = Reform(allImageData[2,*,*])

  ; 建立矩阵，存放计算过程和计算结果
  Latitude1=make_array(ns,tile_nl,/float)
```

```
SHA=make_array(ns,tile_nl,/float)
SZA=make_array(ns,tile_nl,/float)
Q_instant=make_array(ns,tile_nl,/float)

; 初始值设置
I0=1353.0; 太阳常数,W/m2
ViewTime = 11.0
day=Date_number
Lz=float(Q_para[0,0])
Ad=2*!Pi*(day-1)/365; 计算日角
SD=0.006894-0.399512*cos(Ad)+0.072075*sin(Ad)-0.006799*cos(2*Ad)+
0.000896*sin(2*Ad)-0.002689*cos(3*Ad)+0.001516*sin(3*Ad); 计算太阳
赤纬 SD(solar declination)
Sc=0.1645*sin(4*!Pi*(day-81)/364)-0.1255*cos(2*!Pi*(day-81)/364)-
0.025*sin(2*!Pi*(day-81)/364); 计算太阳时的季节校正因子 Sc, 单位:h
r2=1.000109+0.033494*cos(Ad)+0.001472*sin(Ad)+0.000768*cos(2*Ad)+
0.000079*sin(2*Ad); 计算日地距离订正因子

; 循环计算开始
for m=0,ns-1 do begin
  for n=0,tile_nl-1 do begin

    if Latitude[m,n] gt 0 then begin
      Latitude1[m,n]=Latitude[m,n]/180*!Pi
      ; 计算太阳时角 SHA(solar hour angle), 若为地方时
      SHA=!Pi/12*(ViewTime+(Longitude[m,n]-Lz)/15+Sc-12)
      ; 计算太阳天顶角 SZA(solar zenith angle)
      SZA[m,n]=sin(Latitude1[m,n])*sin(SD)+cos(Latitude1[m,n])*
cos(SD)*cos(SHA)
      Q_instant[m,n]=r2*I0*SZA[m,n]*(0.75+2*10.0^(-5)*DEM[m,n])
    endif

  endfor
endfor
```

```
; 输出数据设置
result = Q_instant

END
```

二、地表净辐射

地表净辐射指地表净得的辐射能量的总和，包括短波和长波辐射，是地表蒸散的能量来源，也是计算潜在蒸散发的重要参数。基于能量平衡原理计算卫星过境时刻的地表净辐射公式为（Su，2002）：

$$R_n = R_S\downarrow - R_S\uparrow + R_L\downarrow - R_L\uparrow = (1-\alpha)R_S + R_L\downarrow - R_L\uparrow \tag{3-7}$$

式中：R_S 和 R_L 为到达地表的太阳辐射和长波辐射，↓ 和 ↑ 分别代表下行和上行；α 为地表短波反照率。

长波辐射计算公式为：

$$R_L\downarrow - R_L\uparrow = \sigma\varepsilon_\alpha\varepsilon_s T_\alpha^4 - \sigma\varepsilon_s T_s^4 \tag{3-8}$$

式中：σ 为斯特藩－玻尔兹曼（Stefan－Boltzmann）常数，通常取值为 5.67×10^{-8} W·m^{-2}·K^{-4}；ε_α 为空气比辐射率，ε 为地表发射率；T_a 为空气温度，K；T_s 为地表温度，K。

ε_α 的计算公式为：

$$\varepsilon_\alpha = 9.2\times10^{-6}\times T_\alpha^4 \tag{3-9}$$

ε_s 可由 MODIS 数据第 31 和 32 波段的发射率计算地表发射率公式为：

$$\varepsilon_s = 0.273 + 1.77\varepsilon_{31} - 1.807\varepsilon_{31}\varepsilon_{32} - 1.037\varepsilon_{32} + 1.774\varepsilon_{32}^2 \tag{3-10}$$

式中：ε_s 为地表发射率；ε_{31} 和 ε_{32} 为 MODIS 第 31 和 32 波段的发射率。

地表净辐射一部分用于驱动地表蒸散及加热地表大气，剩下的部分则作为热交换能量储存在土壤或水体中，这部分能量即土壤热通量。

地表净辐射计算程序如下：

```
;************************** 源代码信息 ***************************
; Name : EcoHAT_Rn_Process.pro
;*****************************************************************

;*************************** 输入说明 ***************************
; 输入参数 :
;1. Q_instant 二维数组，浮点型，瞬时太阳辐射空间分布图，单位 :W/m2
;2. Emis31 二维数组，浮点型，MODIS 数据第 31 波段发射率，单位 : -
;3. Emis32 二维数组，浮点型，MODIS 数据第 32 波段发射率，单位 :-
```

```
;4. Tair_instant 二维数组，浮点型，瞬时气温空间分布图，单位:K
;5. LST 二维数组，浮点型，地表温度空间分布图，单位:K
;6. T_rise 二维数组，浮点型，日出时间，单位:h
;7. T_set 二维数组，浮点型，日落时间，单位:h
;8. albedo 二维数组，浮点型，反照率，单位:-
;*************************************************************

;*************************** 输出说明 *************************
;输出参数:
; Rn_instant 二维数组，浮点型，瞬时净辐射，单位:W/m2
;*************************************************************

;*************************** 算法设置 *************************
PRO EcoHAT_Rn_Process, ns, tile_nl, allImageData, Result = result

  COMPILE_OPT IDL2

  ;获取输入数据
  Q_instant = Reform(allImageData[0,*,*])
  Emis31 = Reform(allImageData[1,*,*])
  Emis32 = Reform(allImageData[2,*,*])
  Tair_instant = Reform(allImageData[3,*,*])
  LST = Reform(allImageData[4,*,*])
  T_rise = Reform(allImageData[5,*,*])
  T_set = Reform(allImageData[6,*,*])
  albedo = Reform(allImageData[7,*,*])

  ;建立矩阵，存放计算过程和计算结果
  Rs=make_array(ns,tile_nl,/float)
  Ea=make_array(ns,tile_nl,/float)
  Rl=make_array(ns,tile_nl,/float)
  Es=make_array(ns,tile_nl,/float)
  Rn_instant=make_array(ns,tile_nl,/float)

  ;初始值设置
```

```
  ViewTime = 11.0
  Es[*,*] = 0.273+1.778*Emis31[*,*]-1.807*Emis31[*,*]*Emis32[*,*]-
1.037*Emis32[*,*]+1.774*Emis32[*,*]^2

  ;循环计算开始
  for m=0,ns-1 do begin
    for n=0,tile_nl-1 do begin

      if Q_instant[m,n] gt 0 then begin
        Rs[m,n]=Q_instant[m,n]*(1-albedo[m,n])
        Ea[m,n]=9.2*10.0^(-6)*(Tair_instant[m,n])^2;计算大气发射率
        Rl[m,n]=5.67*10.0^(-8)*Es[m,n]*(Ea[m,n]*(Tair_instant[m,
n])^4-LST[m,n]^4);计算净长波辐射
        Rn_instant[m,n] = Rs[m,n]+Rl[m,n]
      endif else begin
        Rn_instant[m,n] = 0
      endelse

    endfor
  endfor

  ;输出数据设置
  result = Rn_instant

END
```

第四节　植被因子计算及程序设计

一、植被截留

应用艾斯顿（Aston，1979）构建的模型，基于叶面积指数和降水量计算植被截留降水量的计算公式为：

$$S_v = C_v \times S_{\max} \times \left[1 - e^{-\eta \frac{P_{cum}}{S_{\max}}}\right] \tag{3-11}$$

$$S_{max} = 0.935 + 0.498 \times LAI - 0.00575 \times LAI^2 \quad (3-12)$$

$$\eta = 0.046 \times LAI \quad (3-13)$$

式中：S_v 为累计截留量，mm；C_v 为植被覆盖度，反映植被的茂密程度；P_{cum} 为累积降水量，mm；S_{max} 为林冠最大截留量，即林冠最大截留能力，mm；η 为校正系数。

植被降水截留率通过下式计算得到：

$$a = \frac{S_v}{P_{sum}} \times 100 \quad (3-14)$$

式中：a 为植被降水截留率，%；S_v 为累计植被降水截留量，mm；P_{sum} 为累计降水量，mm。

植被截留量计算程序如下：

```
;*************************** 源代码信息 **************************
; Name: EcoHAT_Interception_Process.PRO
;***************************************************************

;**************************** 输入说明 **************************
; 输入参数
;1. ns 数值，浮点型，数据影像的列数，单位:-
;2. tile_nl 数值，浮点型，数据影像的行数，单位:-
;3. allImageData 三维数组，浮点型，输入的所有遥感影像数据，单位:-
;***************************************************************

;**************************** 输出说明 **************************
; 输出参数
; Interception 二维数组，浮点型，植被截留量，单位:mm
;***************************************************************
;**************************** 算法设置 **************************
PRO EcoHAT_Interception_Process, ns, tile_nl, allImageData,
Result = result

  COMPILE_OPT IDL2

  ; 获取输入数据
  boundary = Reform(allImageData[0,*,*])
  VegCover = Reform(allImageData[1,*,*])
  LAI = Reform(allImageData[2,*,*])
  Precipitation = Reform(allImageData[3,*,*])
```

```
;建立矩阵，存放计算过程和计算结果
Smax = make_array(ns,tile_nl,/float);最大截留量
Interception=make_array(ns,tile_nl,/float);实际截留量

;循环计算开始
for m=0,ns-1 do begin
  for n=0,tile_nl-1 do begin

    if boundary[m,n] ne 0 then begin
      Smax[m,n] = 0.935+0.498*LAI[m,n]-0.00575*LAI[m,n]^2
      Interception[m,n] =1.3217*Smax[m,n]*(1-exp(-0.046*LAI[m,n]*
(Precipitation[m,n]/Smax[m,n])))
    endif else begin
      Interception[m,n] = 0
    endelse

    if Interception[m,n] lt 0 then begin
      Interception[m,n]=0
    endif

  endfor
endfor

;输出数据设置
result = Interception

END
```

二、有效降雨

有效降雨指经过植被截留后的降雨量。植被截留量是降雨经过植被冠层过程中被枝叶阻挡、吸附的水量。截留过程直接影响区域蒸散发和有效降雨的计算，是降雨的第一步损耗。林冠截留模型包括经验模型、半经验半理论模型，以及理论模型，在模型计算过程中采用半经验半理论模型进行植被截留量的估算。

截留主要由植被的枝叶对降雨的阻挡和吸附引起，截留量与植被特征密切相关（如地表植被覆盖度、叶面粗糙度、叶面挂水能力、叶面积等），并且随植被类型和生长时段不同而发生变化。模型采用 Aston（1979）提出的林冠截留量计算方程。

降雨因受到植被冠层的截留作用，一部分转化为植被截留量，以水分蒸发的形式重新返回大气，而另一部分则到达地面形成净雨，并与融雪一并组成地表的有效降雨。有效降雨的计算公式如下：

$$P'=P+Ms-S_v \tag{3-15}$$

式中：P' 为有效降雨量，mm；P 为降雨量，mm；Ms 为融雪量，mm/d；S_v 为植被截留量，mm。

植被截流蒸发，计算程序如下：

```
;*************************** 源代码信息 ***************************
; Name: EcoHAT_Ecan_Procedure.PRO
;**************************************************************

;**************************** 输入说明 ***************************
; 输入参数
;1. TempCri 参数值，浮点型，降雨 / 降雪的临界气温，一般取 0 摄氏度，单位：℃
;2. LAI 二维栅格格式，浮点型，叶面积指数，单位：无
;3. VegCover 二维栅格格式，浮点型，植被覆盖度指数，单位：无
;4. ETp 二维栅格格式，浮点型，日潜在蒸散发，单位：mm
;5. P 二维栅格格式，浮点型，日均降水量，单位：mm，可利用气象站点插值或公共平台数据（TRMM，FY 数据）
;6. Tair 二维栅格格式，浮点型，日均大气温度，单位：K，可用气象站点插值或遥感反演数据
;**************************************************************

;**************************** 输出说明 ***************************
; 输出参数
; Ecan 二维栅格格式，浮点型，植被截留蒸发，单位：mm
;**************************************************************

;*************************** 算法设置 ***************************
PRO EcoHAT_Ecan_Procedure,TempCri,LAI,VegCover,ETp,P,Tair,$
  Result1=Result1
```

```
  ;降水
  if Tair gt TempCri then begin

    ;计算林冠截留量Sv
    Smax=0.935+0.498*LAI-0.00575*LAI^2;计算最大截留量
    n=0.046*LAI;计算校正系数
    Sv=VegCover*Smax*(1-exp(-n*P/Smax))

    ;计算植被截留蒸发
    Ecan=Sv<ETp<P;取最大截流能力、潜在蒸散发和降雨量之间的最小值

  ;降雪
  endif else begin
    Ecan=0.0
  endelse
  ;输出数据设置
  Result1=Ecan

END
```

有效降雨计算程序如下：

```
;*************************** 源代码信息 ***************************
; Name: EcoHAT_EffectivePre_Procedure.PRO
;*****************************************************************

;*************************** 输入说明 ***************************
;输入参数
;1. TempCri 参数值，浮点型，降雨/降雪的临界气温，一般取0摄氏度，单位：℃
;2. Ecan 二维栅格格式，浮点型，植被截留蒸发，单位：mm
;3. P 二维栅格格式，浮点型，日均降水量，单位：mm，可利用气象站点插值或公共平台数据（TRMM，FY数据）
;4. MeltWater 二维栅格格式，浮点型，日尺度融雪量，单位：mm，利用融雪计算模型估计得到
;5. Tair 二维栅格格式，浮点型，日均大气温度，单位：K，可用气象站点插值或遥感反演数据
```

```
;*************************************************************

;*************************** 输出说明 ***************************
; 输出参数
; Pe 二维栅格格式，浮点型，地面有效降雨，单位：mm
;*************************************************************
;*************************** 算法设置 ***************************
PRO EcoHAT_EffectivePre_Procedure,TempCri,Ecan,P,MeltWater,Tair,$
  Result1=Result1

  ; 降水
  if Tair gt TempCri then begin
    Pe=(P+MeltWater-Ecan)>0.0; 计算有效降水

  ; 降雪
  endif else begin
    Pe=(MeltWater-Ecan)>0.0; 计算有效降水
  endelse

  ; 输出数据设置
  Result1=Pe

END
```

三、根系深度

植物主要依靠根系从土壤中吸收水分，供给植物生长发育、新陈代谢等生理活动。根系深度是估算植被蒸腾耗水量的一个重要参数。根系深度调查方法有剖面法或样方法，在区域尺度上，目前还没有较好的估算根系深度的方法。安德森（Andersen）提出了两种缺资料地区确定根系深度的方法，一是建立根系深度和植被指数的统计关系；二是根据不同土地覆被类型，以及 *LAI* 来计算根系深度。模型采用第二种方法，对于多年生的乔木林，认为根系深度在一年之中不发生变化，即给定固定的根系深度，对于一年生的草本和作物，假定根系深度与 *LAI* 的变化趋势一致，即

$$Rd_i=Rd_{\max}\frac{LAI_i}{LAI_{\max}} \tag{3-16}$$

式中：Rd_i 为时段 i 的根系深度，m；Rd_{max} 为最大根系深度，单位为 m，根据植被类型确定，草地根系深度约为 30 cm，荒草地根系深度约为 40 cm，作物根系深度约为 25 cm；LAI_i 为时段 i 的叶面积指数；LAI_{max} 为最大叶面积指数，一般林地、草地、农田、稀疏植被 LAI_{max} 分别为 3、2.6、1.3 和 1.0。

根系深度计算程序如下：

```
;*************************** 源代码信息 ***************************
; Name: EcoHAT_RootDepth_Process.PRO
;*****************************************************************

;**************************** 输入说明 ***************************
; 输入参数
;1. ns 数值，浮点型，数据影像的列数，单位：-
;2. tile_nl 数值，浮点型，数据影像的行数，单位：-
;3. allImageData 三维数组，浮点型，输入的所有遥感影像数据，单位：-
;*****************************************************************

;*************************** 输出说明 ****************************
; 输出参数
; RootDepth 二维数组，浮点型，根系深度，单位：m
;*****************************************************************

;*************************** 算法设置 **************************
PRO EcoHAT_RootDepth_Process, ns, tile_nl, allImageData, Result =
result

  COMPILE_OPT IDL2

  ; 获取输入数据
  Landcover = Reform(allImageData[0,*,*])
  LAI = Reform(allImageData[1,*,*])

  ; 建立矩阵，存放计算过程和计算结果
  RootDepth=make_array(ns,tile_nl,/float)

  ; 循环计算开始
```

```
  for m=0,ns-1 do begin
    for n=0,tile_nl-1 do begin

      if landcover[m,n] ge 20 and landcover[m,n] le 30 then begin
; 林地
        RootDepth[m,n] = 0.6*LAI[m,n]/3; 最大根系深度为0.6, 最大叶面积
指数为3
      endif else begin
        if landcover[m,n] ge 30 and landcover[m,n] le 40 then begin
; 草地
          RootDepth[m,n] = 0.3*LAI[m,n]/2.6; 最大根系深度为0.3, 最大叶
面积指数为2.6
        endif else begin
          if landcover[m,n] ge 100 and landcover[m,n] le 130 then
begin; 作物
            RootDepth[m,n] = 0.25*LAI[m,n]/1.3; 最大根系深度为0.25,
最大叶面积指数为1.3
          endif else begin
            RootDepth[m,n] =0.0
          endelse
        endelse
      endelse

    endfor
  endfor

  ; 输出数据设置
  result = RootDepth

END
```

第五节　陆面蒸散发计算与程序设计

陆面蒸散发的计算包括植被截留蒸发、植被蒸腾、水面蒸发和土壤蒸发。对于水域的蒸发计算可用水体表面的潜在蒸散发量代替，而对于陆面的蒸散法计算则需同时考虑植被截留

蒸发、土壤蒸发和植被蒸腾 3 个方面的影响。本书采用 Kristensen–Jensen 模型（Kristensen，1975）计算陆面的实际蒸散发。本模块包括了蒸散发的三个方面：

一、潜在蒸散发

计算潜在蒸散发的 Priestley–Taylor 公式由于输入参数较少而得到广泛应用。该公式结合能量平衡原理，表示为：

$$ET_P = \alpha\left(\frac{R_n - G}{\lambda}\right)\left(\frac{\Delta}{\Delta+\gamma}\right) \tag{3-17}$$

式中：ET 为潜在蒸散发，mm；α 为 Priestley–Taylor 系数，取值为 1.26；R_n 为地表净辐射，$W \cdot m^{-2}$；G 为土壤热通量，$W \cdot m^{-2}$；λ 为汽化潜热，$MJ \cdot kg^{-1}$；Δ 为饱和水汽压－温度曲线斜率，$k \cdot Pa \cdot ℃^{-1}$；γ 为干湿表常数，$k \cdot Pa \cdot ℃^{-1}$。

土壤热通量 G 采用 Su（2002）提出的方法，基于净辐射和植被覆盖度来估算：

$$G = R_n[\Gamma_c + (1 - VF)(\Gamma_s - \Gamma_c)] \tag{3-18}$$

式中：G 为土壤热通量，$W \cdot m^{-2}$；R_n 为地表净辐射，$W \cdot m^{-2}$；Γ_s 为裸地情况下 G 与 R_n 的比值，取值为 0.315；Γ_c 为全植被覆盖下 G 与 R_n 的比值，取值为 0.05；VF 为植被覆盖度。

潜在蒸散发计算程序如下：

```
;*************************** 源代码信息 **************************
; Name: EcoHAT_ETp_Process.PRO
; **************************************************************


;*************************** 输入说明 **************************
; 输入参数
;1. ns 数值，浮点型，数据影像的列数，单位 :-
;2. tile_nl 数值，浮点型，数据影像的行数，单位 :-
;3. allImageData 三维数组，浮点型，输入的所有遥感影像数据，单位 :-
;**************************************************************


;*************************** 输出说明 **************************
; 输出参数
; ETp_instant 二维数组，浮点型，瞬时潜在蒸散发，单位 :mm
;**************************************************************


;*************************** 算法设置 **************************
PRO EcoHAT_ETp_Process, ns, tile_nl, allImageData, Result =
```

```
result

  COMPILE_OPT IDL2

  ; 获取输入数据
  DEM = Reform(allImageData[0,*,*])
  boundary = Reform(allImageData[1,*,*])
  Tair_instant = Reform(allImageData[2,*,*])
  Rn_instant = Reform(allImageData[3,*,*])
  Vegcover = Reform(allImageData[4,*,*])

  ; 建立矩阵，存放计算过程和计算结果
  delta = make_array(ns,tile_nl,/float); 水汽压梯度
  r = make_array(ns,tile_nl,/float); 湿度计算常数
  G = make_array(ns,tile_nl,/float); 土壤热通量
  ETp=make_array(ns,tile_nl,/float); 瞬时潜在蒸散发

  ; 循环计算开始
  for m=0,ns-1 do begin
    for n=0,tile_nl-1 do begin

      if boundary[m,n] ne 0 then begin
        delta[m,n] = 4098*(0.6108*exp(17.27*(Tair_instant[m,n]-
273.15)/((Tair_instant[m,n]-273.15)+237.3)))/((Tair_instant[m,n]-
273.15)+237.3)^2
        r[m,n] = 0.665*0.001*101.3*((293-0.0065*DEM[m,n])/293)^5.26
        G[m,n] = Rn_instant[m,n]*(0.01+(1-Vegcover[m,n])*0.09)
        ETp[m,n] = 1.26*((Rn_instant[m,n]-G[m,n])/2.45)*(delta[m,n]/
(delta[m,n]+r[m,n]))
      endif else begin
        ETp[m,n] = 0
      endelse

    endfor
  endfor
```

```
;输出数据设置
result = ETp

END
```

二、植被截留蒸发

模型在计算蒸散发时优先计算植被截留蒸发，其大小则取决于植被截留量和潜在蒸散发能力，取两者中的低值，如果冠层有足够的水分，则林冠截留蒸发等于潜在蒸散发大小，公式如下：

$$E_{can} = \min(S_v, ETp, P) \tag{3-19}$$

式中，E_{can} 为植被截留层蒸发，mm；S_v 为植被截留量，mm；ETp 为潜在蒸散发量，mm；P 为降水量，mm。

三、植被蒸腾

植物蒸腾速率取决于土壤的水分状况和植被覆被状况。模型通过引入叶面积指数 LAI 和根系深度 RootDepth 来表达植被状况对蒸腾作用的影响，并将植被蒸腾表达为 LAI、根系区土壤水分，以及根系密度的函数。模型表达式如下：

$$Et = f_1(LAI) \cdot f_2(\theta) \cdot (RDF) \cdot (ETp - E_{can}) \tag{3-20}$$

式中：Et 为植被蒸腾，mm；f_1 为植被叶面积指数的函数，反映植被长势对蒸腾速率的影响；f_2 为根系层土壤水分函数，反映土壤水分状况对蒸腾的影响；RDF 为根系分布函数；f_1 和 RDF 分别表示蒸腾对植被叶面积和根系密度的依赖度；（$ETp-E_{can}$）为扣除林冠截留量后的最大蒸发能力。式中 f_1、f_2 和 RDF 的表达式分别如下：

$$f_1(LAI) = \max(0, \min(1, (C_2 + C_1 \cdot LAI))) \tag{3-21}$$

$$f_2 = \begin{cases} 0 & \theta \leqslant \theta_w \\ 1 - \left(\dfrac{\theta_f - \theta}{\theta_f - \theta_w}\right)^{\frac{C_3}{ETp}} & \theta_w < \theta \leqslant \theta_f \\ 1 & \theta_f \leqslant \theta \end{cases} \tag{3-22}$$

$$RDF = \frac{\int_{z_1}^{z_2} R(z)\mathrm{d}z}{\int_0^{L_R} R(z)\mathrm{d}z} \tag{3-23}$$

式（3−23）和式（3−24）的计算形式可转化为：

$$RDF = \frac{e^{-AROOT \times z_2} - e^{-AROOT \times z_1}}{e^{-AROOT \times L_R} - 1} \tag{3-24}$$

式中，C_1，C_2，C_3 为植被参数，可调整或参考文献得到；θ 为土壤含水量，%；θ_f 为田间持水量，%；θ_w 为萎蔫含水量，%；$AROOT$ 为描述根系主要分布的参数，z_1，z_2 分别为所求土壤层垂直方向上的两端坐标，m；L_R 为根系深度，m。

四、土壤蒸发

土壤蒸发仅发生在表层土壤，由非饱和上层土壤基础蒸发量和土壤达到田间持水量时多余的水分蒸发组成，其中土壤蒸发受表层土壤水分的限制，同时取决于潜在蒸散发，当土壤含水量降至剩余土壤含水量时，土壤蒸发停止。土壤蒸发的计算公式如下：

$$Es = ETp \bullet f_3(\theta) + (ETp - Et - ETp \bullet f_3(\theta)) \bullet f_4(\theta) \bullet (1 - f_1(LAI)) \tag{3-25}$$

$$f_3(\theta) = \begin{cases} 0 & \theta \leqslant \theta_r \\ C_2(\theta / \theta_w) & \theta_r < \theta \leqslant \theta_w \\ 1 & \theta_w \leqslant \theta \end{cases} \tag{3-26}$$

$$f_4(\theta) = \begin{cases} \dfrac{\theta - 0.5(\theta_w + \theta_f)}{\theta_f - 0.5(\theta_w + \theta_f)} & \theta > 0.5(\theta_w + \theta_f) \\ 0 & \theta \leqslant 0.5(\theta_w + \theta_f) \end{cases} \tag{3-27}$$

陆面单元上的实际蒸散发 ETa 为植被截留蒸发 E_{can}、植被蒸腾 Et、土壤蒸发 Es 之和。

陆面实际蒸散发计算程序如下：

```
;************************** 源代码信息 **************************
; Name: EcoHAT_ETa_Procedure.PRO
;**************************************************************

;*************************** 输入说明 **************************
; 输入参数
;1. ETpara_txt 数组，浮点型，蒸散发参数，单位：-
;2. Thickness_txt 数组，浮点型，土壤厚度参数，单位：-
;3. AWu 二维栅格格式，浮点型，表层土壤含水量，单位：mm
;4. AWd 二维栅格格式，浮点型，下层土壤含水量，单位：mm
;5. AWg 二维栅格格式，浮点型，深层土壤含水量，单位：mm
;6. WCW 二维栅格格式，浮点型，表层土壤萎蔫含水量，单位：%
;7. WCW_S 二维栅格格式，浮点型，下层和深层土壤萎蔫含水量，单位：%
;8. WCF 二维栅格格式，浮点型，表层土壤田间持水量，单位：%
```

```
;9. WCF_S 二维栅格格式，浮点型，下层和深层土壤田间持水量，单位：%
;10. WCR 二维栅格格式，浮点型，表层土壤最小含水量，单位：%，一般设置为萎蔫含水量的 20%
;11. LAI 二维栅格格式，浮点型，叶面积指数，单位：无
;12. ETp 二维栅格格式，浮点型，日潜在蒸散发，单位：mm
;13. Ecan 二维栅格格式，浮点型，植被截留蒸发，单位：mm
;14. Snow 二维栅格格式，浮点型，日尺度积雪覆盖度，单位：无，采用 MODIS SnowCover（MOD10A2）数据产品线性插值得到
;15. RootDepth 二维栅格格式，浮点型，根系深度，单位：m
;*************************************************************

;*************************** 输出说明 ***************************
; 输出参数
;ETa 二维栅格格式，浮点型，实际蒸散发量，单位：mm
;*************************************************************

;*************************** 其他说明 ***************************

;*************************** 算法设置 ***************************
PRO EcoHAT_ETa_Procedure,ETpara_txt,Thickness_txt,AWu,AWd,AWg,WCW,WCW_S,WCF,WCF_S,WCR,LAI,ETp,Ecan,Snow,RootDepth,$
   Result1=Result1

  ; 蒸散发模块参数，计算植被影响系数 F(LAI),C1,C2,C3
  C1=ETpara_txt[0]
  C2=ETpara_txt[1]
  C3=ETpara_txt[2]
  AROOT=ETpara_txt[3]

  ; 土壤属性参数
  Thick=Thickness_txt[0] *1.0; 表层土壤厚度 (mm)
  Thick2=Thickness_txt[1] *1.0; 下层土壤厚度 (mm)
  Thick_S=Thickness_txt[2] *1.0; 深层土壤厚度 (mm)

  ; 计算植被截留蒸发
```

```
ETp1=ETp-Ecan

；计算表层蒸散发量（包括植被蒸腾和土壤蒸发）
；计算植被蒸腾 Eat 和土壤蒸发 Es
CASE 1 OF
  Snow gt 0:begin
    EatT=0.0
    EsT=ETp1
  end

  ；若土壤含水量小于剩余含水量，土壤蒸发 / 植被蒸腾均停止
  (Snow eq 0) and (AWu le WCR):begin
    EatT=0.0
    EsT=0.0
  end

  ；若土壤含水量大于剩余含水量，但小于萎蔫含水量，植被蒸腾停止
  (Snow eq 0) and (AWu gt WCR and AWu le WCW):begin
    EatT=0.0
    EsT=ETp1*C2*(AWu/WCW)
  end

  ；若土壤含水量大于萎蔫含水量，但小于萎蔫与田间含水量的均值
  (Snow eq 0) and (AWu gt WCW and AWu lt 0.5*(WCW+WCF)):begin
    if LAI eq 0 then begin
      EatT=0
    endif else begin
      EatT=(0>((C2+C1*LAI)<1.0))*(1.0-((WCF-AWu)/(WCF-WCW))^(C3/
      ETp1))*(EXP(-AROOT*((Thick/1000)<RootDepth))-1)/(EXP(-AROOT*
      RootDepth)-1)*ETp1
    endelse
      EsT=ETp1*C2
  end

  ；若土壤含水量大于萎蔫与田间含水量的均值，但小于田间持水量
```

```
    (Snow eq 0) and (AWu ge 0.5*(WCW+WCF) and AWu le WCF):begin
      if LAI eq 0 then begin
        EatT=0
      endif else begin
        EatT=(0>((C2+C1*LAI)<1))*(1.0-((WCF-AWu)/(WCF-WCW))^(C3/
        ETp1))*(EXP(-AROOT*((Thick/1000)<RootDepth))-1)/(EXP
        (-AROOT*RootDepth)-1)*ETp1
      endelse
       EsT=ETp1*C2+(ETp1-EatT-ETp1*C2)*(AWu-0.5*(WCW+WCF))/(WCF-0.5*
(WCW+WCF))*(1-(0>((C2+C1*LAI)<1)))
    end

    ;若土壤含水量大于田间持水量，植被蒸腾不受土壤水分的限制
    (Snow eq  0) and (AWu gt WCF):begin
      if LAI eq 0 then begin
        EatT=0
      endif else begin
        EatT=(0>((C2+C1*LAI)<1))*(EXP(-AROOT*((Thick/1000)<
        RootDepth))-1)/(EXP(-AROOT*RootDepth)-1)*ETp1
      endelse
        EsT=ETp1*C2+(ETp1-EatT-ETp1*C2)*(AWu-0.5*(WCW+WCF))/(WCF-
        0.5*(WCW+WCF))*(1-(0>((C2+C1*LAI)<1)))
    end
   ENDCASE

  ;计算表层土壤实际蒸散发
  ETaT=EatT+EsT

  End_AWui=2*AWu-AWui
    if End_AWui LT WCR then begin
      ETaT=(ETaT-(WCR-End_AWui)*Thick)>0.0
      End_AWui=WCR
endif

  if ETaT gt ETp1 then begin
```

```
  ETaT = ETp1
endif

ETp2=ETp1-ETaT

;计算下层植被蒸腾量（土壤蒸发忽略）
;计算植被蒸腾吸收的下层土壤水量
if LAI eq 0 then begin
  EatS=0.0
endif else begin
  CASE 1 OF

    ;若土壤含水量低于萎蔫含水量，植被蒸腾停止
    AWd le WCW_S:begin
      EatS=0.0
    end

    ;若土壤含水量高于萎蔫含水量且低于田间持水量，植被蒸腾发土壤含水量的影响
    AWd gt WCW_S and AWd le WCF_S:begin
      EatS=(0>((C2+C1*LAI)<1))*(1.0-((WCF_S-AWd)/(WCF_S-WCW_S))^
      (C3/ ETp2))*(EXP(-AROOT*RootDepth)-EXP(-AROOT*((Thick/1000)
      <RootDepth)))/(EXP(-AROOT*RootDepth)-1)*ETp2
    end

    ;若土壤含水量高于田间持水量，植被蒸腾不受土壤含水量的影响
    AWd gt WCF_S:begin
      EatS=(0>((C2+C1*LAI)<1))*(EXP(-AROOT*RootDepth)-EXP(-AROOT*
      ((Thick/1000)<RootDepth)))/(EXP(-AROOT*RootDepth)-1)* ETp2
    end
  ENDCASE
endelse

;计算深层蒸散发量
;EcoHAT 中 RS-DTVGM 认为，深层土壤不发生土壤蒸发作用，且该部分土壤较深，
植物蒸腾作用微弱，可以忽略
```

```
; 计算总蒸散发
ETa=Ecan+ETaT+EatS

; 输出数据设置
Result1=Eta
END
```

第六节 土壤水计算与程序设计

模型中结合水量平衡方程，采用牛顿迭代法计算土壤含水量。

对于表层土壤，水量平衡方程如下：

$$P_i + AWu_i = AWu_{i+1} + Rs_i + ETa_i + Rss_i + WUB_i \tag{3-28}$$

式中：P_i 为时段内降雨量，mm；AWu_i 为时段初表层土壤含水量，mm；AWu_{i+1} 为时段末表层土壤含水量，mm；Rs_i 为时段内地表径流量，mm；ETa_i 为时段内蒸散发量，mm；WUB_i 为时段内表层土壤向深层的下渗量，mm。

对于深层土壤，在接纳上层土壤的下渗水分的同时，产生深层壤中流，同时植被根系吸水用于蒸腾作用，深层土壤的水量平衡方程如下：

$$WUB_i + AWd_i = AWd_{i+1} + Rsd_i + ETad_i + WUD_i \tag{3-29}$$

式中：AWd_i 为时段初深层土壤的含水量，mm；AWd_{i+1} 为时段末深层土壤的含水量，mm；Rsd_i 为深层土壤出流量，mm；$ETad_i$ 为时段内植被蒸腾所耗的深层土壤水分，mm；WUD_i 为土壤向地下的入渗量，mm。

由此，以上水量平衡方程可表达为土壤含水量的函数，对水量平衡方程中的土壤含水量求导，通过牛顿迭代公式计算时段内的土壤含水量：

$$x_1 = x_0 - \frac{f(x_0)}{f'(x_0)} \tag{3-30}$$

一旦求算出土壤含水量，就可计算时段内各水文分量，包括蒸散发、地表径流、表层壤中流、深层壤中流和地下径流。

土壤含水量的计算程序如下：

```
;*************************** 源代码信息 ***************************
; Name: EcoHAT_SWC_Procedure.PRO
;*****************************************************************

;***************************** 输入说明 ***************************
```

```
; 输入参数
;1. SoilCoe_txt 数组，浮点型，土壤径流系数，单位：-
;2. ETpara_txt 数组，浮点型，蒸散发参数，单位：-
;3. Thickness_txt 数组，浮点型，土壤厚度参数，单位：-
;4. AWui 二维栅格格式，浮点型，为日初表层土壤含水量，单位：%
;5. AWdi 二维栅格格式，浮点型，为日初下层土壤含水量，单位：%
;6. AWgi 二维栅格格式，浮点型，为日初深层土壤含水量，单位：%
;7. WCS 二维栅格格式，浮点型，表层土壤饱和含水量，单位：%
;8. WCW 二维栅格格式，浮点型，表层土壤萎蔫含水量，单位：%
;9. WCW_S 二维栅格格式，浮点型，下层和深层土壤萎蔫含水量，单位：%
;10. WCF 二维栅格格式，浮点型，表层土壤田间持水量，单位：%
;12. WCF_S 二维栅格格式，浮点型，下层和深层土壤田间持水量，单位：%
;13. WCR 二维栅格格式，浮点型，表层土壤最小含水量，单位：%，一般设置为萎蔫
含水量的 20%
;14. Pe 二维栅格格式，浮点型，地面有效降雨，单位：mm
;15. Snow 二维栅格格式，浮点型，日尺度积雪覆盖度，单位：无，采用 MODIS
SnowCover（MOD10A2）数据产品线性插值得到
;16. ETp 二维栅格格式，浮点型，日潜在蒸散发，单位：mm
;17. Ecan 二维栅格格式，浮点型，植被截留蒸发，单位：mm
;18. LAI 二维栅格格式，浮点型，叶面积指数，单位：无
;19. RootDepth 二维栅格格式，浮点型，根系深度，单位：m
;*************************************************************

;*************************** 输出说明 ***************************
; 输出参数
;1. x 二维栅格格式，浮点型，为表层土壤含水量，单位：%
;2. y 二维栅格格式，浮点型，为下层土壤含水量，单位：%
;3. z 二维栅格格式，浮点型，为深层土壤含水量，单位：%
;*************************************************************
; *************************** 算法设置 ***************************
PRO EcoHAT_SWC_Procedure,SoilCoe_txt,ETpara_txt,Thickness_txt,AWui,
AWdi,AWgi,WCS,WCW,WCW_S,WCF,WCF_S,WCR,Pe,Snow,ETp,Ecan,LAI,
RootDepth,$
  Result1=Result1,Result2=Result2,Result3=Result3
```

```
;定义参数
;地表径流模块参数，此处进行了洗牌法修改
g1=SoilCoe_txt[0]
g2=SoilCoe_txt[1]

;壤中流模块参数，调参对象
Kr=SoilCoe_txt[2];定义表层土壤出流系数
Kr2=SoilCoe_txt[3];定义下层土壤出流系数
Kg=SoilCoe_txt[4];定义深层出流系数

fc=SoilCoe_txt[5];表层土壤水向下层的下渗系数
fc2=SoilCoe_txt[6];下层土壤水向深层的下渗系数

;蒸散发模块参数，计算植被影响系数F(LAI),C1,C2,C3
C1=ETpara_txt[0]
C2=ETpara_txt[1]
C3=ETpara_txt[2]
AROOT=ETpara_txt[3]

;土壤属性参数
Thick=Thickness_txt[0] *1.0;表层土壤厚度(mm)
Thick2=Thickness_txt[1] *1.0;下层土壤厚度(mm)
Thick_S=Thickness_txt[2] *1.0;深层土壤厚度(mm)

;用牛顿迭代法求算土壤含水量参数
MaxNO=1000;最大迭代次数
maxERR=0.0001;容许的最大计算误差(迭代)

ETp1=ETp-Ecan

;用牛顿迭代法求解表层土壤湿度
x=AWui
MyErr=1000
K=0
Fx=0.0
```

```
Fx1=0.0
WHILE (K le MaxNO and abs(MyErr) gt maxERR) do begin
  if x le 0.00001 then begin
    x=0.0
  endif else begin

    ;求地表径流
    CASE 1 OF
      x lt WCS: begin
        Rs=g1*Pe*(x/(WCS))^g2
        Rs1=g1*g2*(x/WCS)^(g2-1)*Pe/(WCS);对地表径流表达式求导，以
下 ETa1 类同
      end

      x ge WCS:begin
        Rs=g1*Pe+(x-WCS)*Thick
        Rs1=Thick
      end
    ENDCASE

    ;计算植被蒸腾与土壤蒸发
    CASE 1 OF

      ;若为雪面，取潜在蒸散发
      Snow gt 0:begin
        Eat_T=0.0
        Es=ETp1
        ETa_T=Es
        ETa_T1=0.0
      end

      ;若土壤含水小量于剩余含水量，土壤蒸发/植被蒸腾均停止
      (Snow eq 0) and (x le WCR):begin
        Eat_T=0.0
        Es=0.0
```

```
        ETa_T=0.0
        ETa_T1=0.0
      end

      ; 如果土壤含水量大于剩余含水量，但小于萎蔫含水量，植被蒸腾停止
      (Snow eq 0) and (x gt WCR and x le WCW):begin
        Eat_T=0.0
        Es=ETp1*C2*(x/WCW)
        ETa_T=Es
        ETa_T1=ETp1*C2/WCW
      end

      ; 如果土壤含水量大于萎蔫含水量，但小于萎蔫与田间含水量的均值
      (Snow eq 0) and (x gt WCW) and (x lt 0.5*(WCW+WCF)):begin
        if LAI eq 0 then begin
          Eat_T=0.0
          Es=ETp1*C2
          ETa_T=Es
          ETa_T1=0.0
        endif else begin
          Eat_T=(0>((C2+C1*LAI)<1))*(1.0-((WCF-x)/(WCF-WCW))^(C3/
          ETp1))*(EXP(-AROOT*((Thick/1000)<RootDepth))-1)/(EXP
          (-AROOT*RootDepth)-1)*ETp1
          Es=ETp1*C2
          ETa_T=Eat_T+Es
          ETa_T1=(0>((C2+C1*LAI)<1))*(EXP(-AROOT*((Thick/1000)
          <RootDepth))-1)/(EXP(-AROOT*RootDepth)-1)*(C3/ETp1)*
          ((WCF-x)/(WCF-WCW))^(C3/ETp1-1)*(1/(WCF-WCW))*ETp1
          if FINITE(Eat_T1,/INFINITY) eq 1 or FINITE(Eat_T1,/NAN)
eq 1 then begin
              Eat_T1 = 0
          endif

        endelse
      end
```

```
; 如果土壤含水量大于萎蔫与田间含水量的均值，但小于田间持水量
(Snow eq 0) and (x ge 0.5*(WCW+WCF)) and (x le WCF):begin
  if LAI eq 0 then begin
    Eat_T=0.0
    Es=ETp1*C2+(ETp1-Eat_T-ETp1*C2)*(x-0.5*(WCW+WCF))/(WCF-
    0.5*(WCW+WCF))*(1-(0>((C2+C1*LAI)<1)))
    ETa_T=Es
    ETa_T1=(ETp1-ETp1*C2)/(0.5*(WCF-WCW))*(1-(0>((C2+C1*
    LAI)<1)))
  endif else begin
    Eat_T=(0>((C2+C1*LAI)<1))*(1.0-((WCF-x)/(WCF-WCW))^(C3/
    ETp1))*(EXP(-AROOT*((Thick/1000)<RootDepth))-1)/(EXP
    (-AROOT*RootDepth)-1)*ETp1
    Eat_T1=(0>((C2+C1*LAI)<1))*(EXP(-AROOT*((Thick/1000)
    <RootDepth))-1)/(EXP(-AROOT*RootDepth)-1)*(C3/ETp1)*
    ((WCF-x)/(WCF-WCW))^(C3/ETp1-1)*(1/(WCF-WCW))*ETp1
    Es=ETp1*C2+(ETp1-Eat_T-ETp1*C2)*(x-0.5*(WCW+WCF))/(WCF-
    0.5*(WCW+WCF))*(1-(0>((C2+C1*LAI)<1)))
    ES1=((ETp1-ETp1*C2)/(0.5*(WCF-WCW))-(Eat_T/(0.5*(WCF-
    WCW))+Eat_T1*(x-0.5*(WCW+WCF))/(WCF-0.5*(WCW+WCF))))*
    (1-(0>((C2+C1*LAI)<1)))
    ETa_T=Eat_T+Es
    ETa_T1=Eat_T1+ES1
  endelse
end

; 如果土壤含水量大于田间持水量，植被蒸腾不受土壤水分的限制
(Snow eq 0) and (x gt WCF):begin
  if LAI eq 0 then begin
    Eat_T=0.0
    Es=ETp1*C2+(ETp1-ETp1*C2)*(x-0.5*(WCW+WCF))/(WCF-0.5*
    (WCW+WCF))*(1-(0>((C2+C1*LAI)<1)))
    ETa_T=Es
    ETa_T1=(ETp1-ETp1*C2)/(0.5*(WCF-WCW))*(1-(0>((C2+C1*
```

```
        LAI)<1)))
      endif else begin
        Eat_T=(0>((C2+C1*LAI)<1))*(EXP(-AROOT*((Thick/1000)<
        RootDepth))-1)/(EXP(-AROOT*RootDepth)-1)*ETp1
        Es=ETp1*C2+(ETp1-Eat_T-ETp1*C2)*(x-0.5*(WCW+WCF))/(WCF-
        0.5*(WCW+WCF))*(1-(0>((C2+C1*LAI)<1)))
        ETa_T=Eat_T+Es
        ETa_T1=(ETp1-Eat_T-ETp1*C2)/(0.5*(WCF-WCW))*(1-(0>((C2+
        C1*LAI)<1)))
      endelse
    end
  ENDCASE
END
```

复习思考题

1. 解释说明遥感数据的辐射校正及其意义。遥感数据经过哪些校正才能够用于遥感反演?

2. 请以思维导图的形式，归纳总结运用定量遥感反演水循环要素的一般技术过程。

第4章

河川流量遥感监测

河川流量，特别是长序列径流资料是表征水循环过程的关键指标，在水利建设中具有重要作用，对区域水资源开发利用和河流生态保护也具有重要意义。长期以来河川径流数据都是通过水文站点观测获得，然而很多高寒、荒漠和偏远等地区建立水文站的困难很大，是水文资料匮乏区。特别是众多的中、小河流，流域面积及河道流量都较小，建立水文站的成本大、收益小，因此很少投资设站。

针对水文资料匮乏区，本章介绍利用无人机低空遥感、多源卫星遥感、地面水文实测和水力学模型构建河川流量计算模型，并以 EcoHAT 模型中的 RSHS（Rmote Sensing Hydrological Station，遥感水文站）模块为案例，介绍模型开发与计算过程。

第一节 河川流量监测研究现状

河川流量主要有水文站点实测、水文模型计算、遥感流量反演。受自然和经济条件限制，水文站站网分布不均匀，许多地区难以获得流量数据，加上测站数据共享管理等，长序列流量资料获取有一定困难。遥感卫星能够持续进行河道流量观测，提供长期连续的卫星影像，从而为河道流量计算提供充足的数据来源。归一化水体指数（NDWI）能够有效地获取遥感图像中水体分布信息，如水体面积、平均河道宽度、河流长度等，进而用于遥感演算河道流量。其原理是通过将卫星影像的绿色波段与近红外波段进行线性运算，能够凸显水体与其他地物光谱特性的差异，从而更容易在图像中识别出水体。

在此基础上针对缺资料的中小河流，将卫星数据与低空无人机结合，遥感水文站方法被提出，即通过曼宁公式来构建河宽、水深与河道流量的关系，进而达到应用卫星遥感数据获取长时序断面水面宽度数据，监测断面河道流量的目的（Yang 等，2019）。应用多种遥感数据估算流量的结果，证明遥感水文站估算长序列河道流量的有效性。

第二节 河川流量监测模型原理与构建

一、监测原理

河川流量监测模型 EcoHAT RSHS 采用曼宁－斯特克勒公式（Manning−Strickler 公式，简称曼宁公式）作为河川流量计算的核心算法，Manning−Strickler 公式是计算无压水流的一种经验性公式。该公式涉及水流、河床，以及二者之间的内部因素，已被广泛应用。为了评价不同水文学方法在估算流量的可靠性，有学者在青藏高原和准噶尔盆地选取了 10 个代表性河流断面，应用三种水文学方法进行流量估算，并评价估算流量与实测流量之间的差异。结果表明 Manning−Strickler 公式、简化圣维南（Saint−Venant）方程组和达西－魏斯巴赫（Darcy−Weisbach）方程的平均合格率分别为 75%、50%、66.67%。当把所有的估算结果看作一个整体进行评价时，三种方法的 NSE 结果分别为 0.98、0.81、0.84，说明 Manning−Strickler 公式的整体估算精度较高。

具体计算公式为：

$$Q=V\cdot A \tag{4-1}$$

式中：Q 为河流流量，m^3/s；V 为流速，m/s；A 为河流断面面积，m^2。

河流流速用曼宁公式计算，即：

$$V=\frac{k}{n}R^{2/3}J^{1/2} \tag{4-2}$$

式中：V 为流速；k 为换算系数，$m^{1/3}/s$；n 为粗糙度系数，由断面周围河床与植物信息所决定；R 是水力半径，取决于横截面形状；J 是水力梯度，描述垂直截面的坡度。

水力半径 R 的计算公式为：

$$R = A/S \tag{4-3}$$

式中：S 是水流过河流时河道的湿周长，m。

水力梯度公式为：

$$J = \Delta H/L \tag{4-4}$$

式中：ΔH 是水位等高线上两点之间的高程差，m，L 是两点之间的水平距离，m。

根据上述公式，河流流量最终可以由以下公式计算得到：

$$Q = \frac{k}{n} \cdot A^{5/3} / S^{2/3} \cdot \sqrt{\Delta H} / \sqrt{L} \tag{4-5}$$

该公式的输入参数主要由无人机数据计算、现场测量和先验知识获取。河道上两点之间的高程差（ΔH）和水平距离（L）直接从无人机数据获取。河流断面面积（A）和河流湿周长（S）由无人机数据结合实测数据而得到。糙率值（n）通过分析河道的周围环境而确定，主要参照《天然河流糙率值取值表》。

二、技术构成

遥感水文站以无人机低空遥感河道三维建模方法、野外数据采集和遥感流量计算为主要技术手段，在 IDL 语言环境下建立遥感流量计算系统，并耦合在 EcoHAT 中。遥感水文站主要包括以下五个步骤：一是通过无人机航拍高精度影像生成 DOM（digital orthophoto map，数字正射影像模型）和 DSM（digital surface model，数字表面模型），结合现场实测水文数据，得到河流断面地表形态参数；二是获取目标河段的断面形态特征，根据水面宽度和水深的对应关系建立数字河段模型；三是以水力学理论为基础，利用曼宁公式计算河流瞬时流量并进行精度验证；四是通过遥感数据云平台批量下载河段的 NDWI 数据，获取不同时期的河流水面宽度，结合数字河道模型计算长序列瞬时流量；五是采用无资料流域区域化方法，选取参证流域提取典型流量过程线，通过回归关系推算出断面连续时间的径流量数据（图 4-1）。

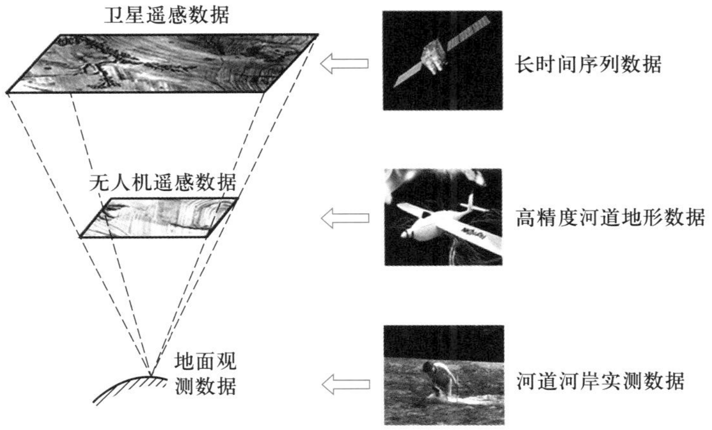

图 4-1 EcoHAT RSHS 模型技术结构

第三节 无人机与地面野外实测

一、河川断面无人机数据采集与处理

（一）无人机河川断面测量

无人机数据采集过程可分为前期准备、执行任务和数据导出三个步骤。

1. 前期准备

前期准备包括探查飞行日天气状况、河道周围建筑物及地形、选定代表研究河段、规划航线及边界等信息规划飞行任务。目标河段选择遵循遥感水文站建站要求，选择单一、顺直河道，河岸较少存在冲蚀、堆积现象。飞行区域在覆盖河道水流部分的基础上保持一定的外延，以便得到完整的滩地和河床信息，为后期探查河道类型、河床植被生长状况、获取河道完整大断面等提供支持。

飞行任务规划结果如图 4–2 所示，十字标志为无人机所在位置，通过机身与遥控携带的 GPS（global positioning system）确定位置，无人机起飞到工作高程后，将从“START”位置沿白色轨迹依进行数据采集任务，抵达“END”点后返回至起飞位置。

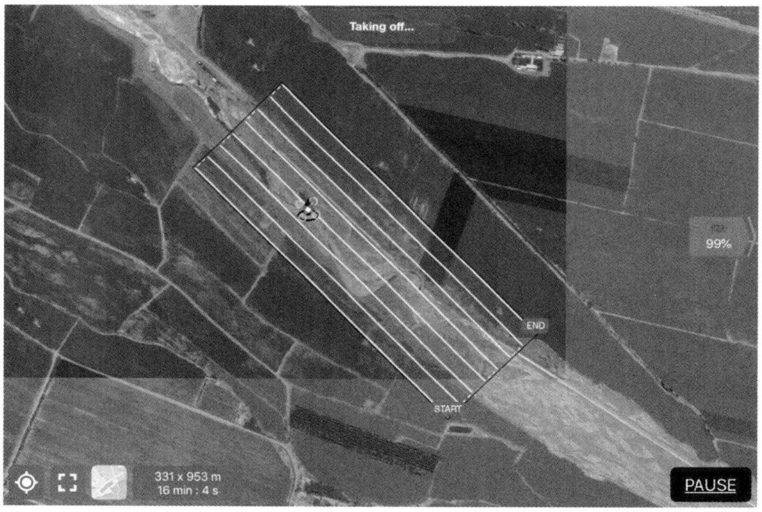

图 4–2 无人机断面测量飞行航线规划图

2. 执行任务

数据获取过程采用的无人机控制平台，设定好飞行任务实现自动化的起飞、巡航、降落；无人机在巡航工作过程中，会按照既定的距离间隔或重叠度按序拍摄并储存影像。

3. 数据导出

无人机返航后，进行数据导出与检查工作，包括检查数据数量和质量，对满足使用要求的数据进行编号备份，不满足使用要求的将重新采集。

（二）无人机数据处理

常用的无人机影像处理有 AMP 系列（含 Pix 系列）、WMC、Paparizza、OpenPilot 等。依据操作的成熟性和产品之间的契合性，数据获取及处理程序选取相应公司的软件作为低空遥感数据的预处理平台。在信息采集阶段，可以按照预先设置好的航高、航线、航向和重叠度自动控制飞机的姿态与航迹，保证飞机稳定、精确地获取地形数据；在后期处理阶段，配套电脑端软件能够快速、全自动的处理无人机影像数据，输出丰富的低空遥感影像成品数据。处理流程可概括为数据导入、初始化处理、点云加密，以及数字表面模型（DSM）和数字正射影像图（DOM）生成。其中 DOM 用于分离水岸边界、分析河流类型、区别河床情况及观察河道周围信息，DSM 用于查询精确河道地形高度。

二、河川断面水文与水力参数测量

（一）河道水深测量

水深测量主要包括涉水测量、声呐探测、人工船测等方法。涉水测量主要适用河道较为平缓、水深不超过 50 cm 的河流，具体测量方法包括测杆实测和目视判别。声呐探测主要适用流速较为缓慢、水深超过 50 cm 的河流，将声呐探测器垂直置于水面，可自动获取水深数据。人工船测主要适用于河宽较大，水深较深的大型河流，具体测量方法可结合测杆与声呐技术。水深测量要求在河面中心与岸边 1/4 处最少测量 3 个位置水深数据，每个位置至少测量 3 次以求得均值（图 4−3）。

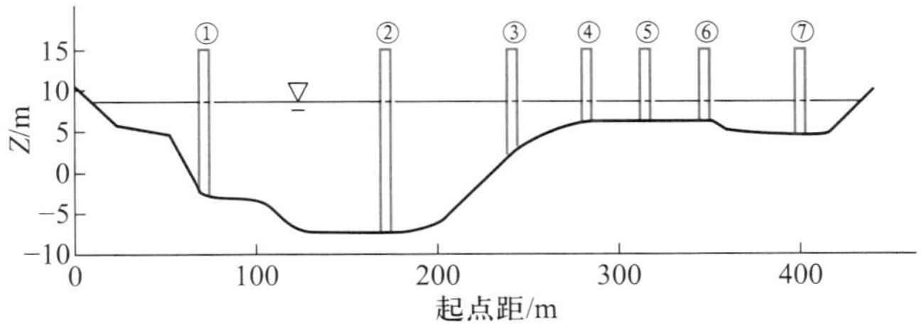

图 4−3　水深测量示意图

（二）河道坡降测量

河道坡降选取单站 RTK 卫星定位测量方法，通过单个移动站 RTK 与卫星信号的结合，能够在野外实现快速便捷地测量河道高程与位置，同时保证实时的精度达到厘米级。具体测量时应在河岸边与水面接触部分的河岸进行测量，测量河岸必须设定在无人机飞行航带内，沿测流断面顺流方向布设 200～250 m 测量线，每 30～50 m 布设一个点位进行测量。

（三）河道糙率测量

糙率根据工程实践经验和实验资料制成的 n 值表选定，尽量参照本地和外地同类型的渠道实测资料。参考值如表 4−1 所示。其他河道状态糙率取值原则是：河道较大时（汛期水面宽大于 30 m），取值范围为 0.025～0.100；复式河道时（过水断面含滩地与植被），取值范围为［0.025，0.200］；人工渠道糙率，视护面与衬砌的光滑程度，取值范围为［0.010，0.030］，一般低于 0.015。

表 4-1 天然河道糙率查找表

类型	河段特征			糙率
	糙率河床及床面特征	断面及水流形态	岸壁特征	
1	沙质，床面平整	河段顺直，断面规整，水流通畅	土质或土沙质，形状较整齐	0.020～0.024
2	岩石，砂砾石或卵石组成，床面较平整	河段顺直，断面规整，水流畅通	土沙或石质，形状较整齐	0.022～0.026
3	沙质，河底不太平顺	上游顺直，下游接缓弯，水流不够通畅，有局部汇流	黄土，有杂草	0.025～0.026
	沙砾或卵石，底坡较均匀，床面较平整	河段顺直段较长，断面较规整，水流较通畅，基本无死水、斜流或回流	砂土、岩石，略有杂草、小树，形状较整齐	0.025～0.029
4	细砂，河底有稀疏水草或生物植物	河段不够顺直，上下游附近弯曲，水流不通畅	岸壁坍塌为锯齿状，有杂草与灌木	0.030～0.034
	砾石或卵石，底坡较均匀，床面不平整	顺直段距上弯段不远，断面较规整，水流较通畅，斜流或回流不明显	石质或砂土，坡陡，形状较整齐，有杂草、小树	0.030～0.034
5	卵石、块石，底坡较均匀，床面不平整	顺直段夹于两弯道之间，断面尚规整，有斜流、回流或死水	石质，坡陡，形状较整齐，有杂草、小树	0.035～0.040
6	卵石、块石、乱石、大石块，床面不平整，底坡有凹凸状	河段不顺直，不整齐，水流不通畅，落差大，水流急	岩石或沙石，有杂草、树木，崎岖不平整	0.040～0.070

第四节 数字河道构建与程序设计

数字河道构建主要是通过无人机获取的 DSM 数据，生成河道水面宽度的水力半径 R（图 4-4）。从图中可见，随着河道水面宽度的变化，湿周 S 和河流断面面积 A 变化，从而导致水力半径 R 变化。在数字河道构建的算法中，首先确定河道最低点，然后从最低点开始寻找两岸对应高度的两个河道断面点，计算满足确定水面宽度的距离，从而得到给定河流水面宽度的湿周 S、河流断面面积 A 和水力半径 R。

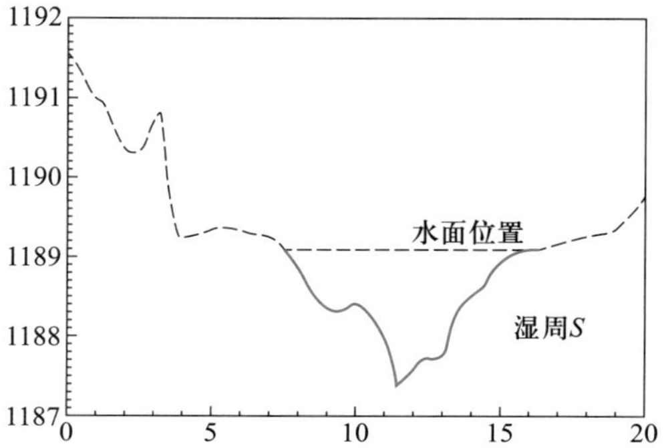

图 4-4 数字河道构建示意图

数字河道生成的程序核心代码如下：

```
;function findOtherSidepoint ,x ,index,increment,index_Min
  ;*************************************************************
  ; 说明：
  ;    该函数通过将河流最低点划分左右岸，给定一岸点的下标，查找对岸相同水位点的下标
  ;*************************************************************
  ; 输入说明：
  ;1. x: 河流断面高程数组，为一维，按断面某一个方向（左右）排列
  ;2. index: 给出水位值后对应点的下标数
  ;3. increment: 判断左右岸，为 1 或 -1
  ;4. index_min: 河流最低点的下标
  ;
  ; 输出说明：
  ;     farthpointindex: 河流对岸对应 index 点水位相同点的下标
  ;*************************************************************
  ;*************** 寻找对岸水位相同点的下标 **********
  ;------------------ 取河流最低点的左右岸数据 ------------------------
  if increment EQ 1 then begin
    xx=x[index_min:*]              ; 最高点在左岸，取右岸数据放在 xx 数组中
  endif else begin
    xx=x[0:index_min]              ; 最高点在右岸，取左岸数据放在 xx 数组中
  endelse
  if x[index] LE max(xx) then begin    ; 对岸点的水位低于该点时开始查找
    xx_temp = min(ABS(xx-x[index]),OtherSide_index)   ; 找出对岸点水位最相近的点的下标放在 otherside_index 中
    if increment EQ 1 then begin
      farthpointindex=(n_elements(x)-1)-((n_elements(xx)-1)-otherSide_index);     最高点在左岸；取右岸数据下标放在 farthpointindex
    endif else begin
      farthpointindex=otherside_index                ; 最高点在右岸，
      ; 取左岸数据数据下标放在 farthpointindex
    endelse
  endif else begin
    farthpointindex=index             ; 对岸没有点时返回原来的点下标
```

```
    ；用于错误纠错，这样 index 至对岸距离为 0
  endelse
  return, farthpointindex            ；返回与 index 点相同水位的对岸点下标
End
;*****************************************************************
```

第五节　河道水面宽度遥感反演与程序设计

河流水面宽度反演是基于 NDWI（Normalized Difference Water Index，归一化水体指数）提取水体表面宽度，构建河流宽度提取的标准数据，利用线性混合像元分解方法计算水面阈值，实现计算河流宽度。NDWI 基于近红外波段和绿波段增强水体特征，同时可以消除土壤和陆地植被特征（McFeeters，1996），其表达式如下：

$$NDWI=(Green-NIR)/(Green+NIR) \tag{4-6}$$

式中：*Green* 和 *NIR* 分别是绿波段和近红外波段的表面反射率。

虽然卫星遥感具有较高的时间分辨率，但卫星遥感的空间分辨率有限，对于狭窄的河流，很难直接计算其宽度。遥感影像中一个像元的光谱是该像元覆盖的几种地标物的混合体，通过线性混合像元分解的方法来确定遥感影像中水体像元所占面积的比例，达到提升数据精度的目的（Keshava 和 Mustard，2002）。在确定处理的河谷范围分别建立水面（water）、陆地（land）、河谷（valley）和河长（length）四个训练区。水面和陆地的训练区应选取水体和陆地的纯像元，以保证像元纯净，用完全约束最小二乘法分解混合像元，使误差最小，得到每个像元中 water 和 land 所占面积的百分比。其计算公式如下：

$$R(i)=\sum_{j=1}^{N} f(i)Re(i,j)+\varepsilon(i) \tag{4-7}$$

$$\sum_{j=1}^{N} f(j)=1 \qquad 0<f(j)<1 \tag{4-8}$$

式中：*i* 为光谱波段，*j* 为地物类型；*R* 为影像上得到的地表反射率；*Re* 为地物参考反射率；*f* 是地物的面积百分比；*ε* 为误差。根据水面像元面积大于 70% 和陆地像元面积小于 30% 的阈值统计水面百分比，最终实现河流水面宽度的反演。程序设计的核心代码如下：

```
 Pro EcoHAT_RS_waterarea_event, event
;*****************************************************************
  ；说明：
  ；    该过程事件利用 ENVI 中训练区数据，通过像元比例计算河道水面积
;*****************************************************************
  ；输入说明：
```

```
;1. land:河岸陆面训练区名
;2. water:河流水面训练区名
;3. valley: 河道训练区名
;4. length: 河道长度训练区名
;
;输出说明:
;1. result:河流水面宽度,以及反演过程中的各类参数阈值
;其他说明:
;      输入数据为栅格,计算河道长度时在程序中进行角度校正
;*****************************************************************
;************水面面积计算开始******************************
; 公共数据说明:标准数据, 计算数据,训练区数据,像元单位,  训练区文件名
 common EcoHAT_RS_RiverWidth_data, raster0, raster1,  rois,
pixelsize_origin,filename_roi
 WIDGET_CONTROL, Event.Top, GET_UVALUE= RW_pState
 WIDGET_CONTROL, (*RW_pState).experience_section, GET_uVALUE=
threshold
 COMPILE_OPT IDL2
  e = ENVI(/current)
  ;--------------数据准备过程显示-------------------------------
   ENVI_REPORT_INIT, 'Data Propare...', title="EcoHAT Group.CWS.
BNU", base=base ,/INTERRUPT
   ENVI_REPORT_INC, base, 100
 ;-----------------------------------------------------
 ; 获取各文件名
   filename=raster0.URI
   filename0= strmid(filename, strpos(filename,'\',/reverse_search)+1)
;从影像层获取标准河谷文件名
   filename=raster1.URI
   filename1= strmid(filename, strpos(filename,'\',/reverse_search)+1)
;从影像层获取计算河谷文件名
   Fn_Station=strmid(filename_roi, strpos(filename_roi,'\',/
reverse_search)+1)  ;从 roi 获取遥感水文站名称
   Fn_Station=strmid(Fn_Station,0,strlen(Fn_Station)-4)
        ;------------按河长角度校正像元单位---------------------------
      length_index=long(rois[i].PixelAddresses(raster0))
```

```
;long 将无符号长整型转换为长整型
        length_index_size=size(length_index)
        ;由 roi 像元的行列标号确定 x 和 y 轴的距离，从而确定 length 的角度和长度
        length_index_x= max(length_index[0,*])-min(length_index[0,*])
        length_index_y= max(length_index[1,*])-min(length_index[1,*])
        length_angle_temp=180*atan(length_index_x,length_index_y)/!pi
;计算出角度，西向为 0 度，顺时针角度变大
        length_Angle = length_angle_temp mod 90          ;90 度是转换
周期，ENVI 测量北向为 0 度，东向为 90 度
        if length_Angle gt 45 then begin                 ;45 度是转换
点，小于 45 度时，由 0 度顺时针计算，当大于 45 度时，从 90 度逆时针计算
          length_Angle= (90-length_Angle)*!pi/180        ;转换为弧度制
        endif else begin
          length_Angle = length_Angle*!pi/180
        endelse
        pixelsize=pixelsize_origin   ;/cos(length_Angle)     ;像元
单位按测量角度进行转换，像元单位校正完毕
         ;------------河长角度校正结束----------------------
water_length=SQRT(float(length_index_x*pixelsize_origin[0])^2+float
(length_index_y*pixelsize_origin[0])^2)   ;计算河流长度
        endif
    endfor
  ;------------------获取标准、计算影像水面与河谷数据值----------------
  data0_0 = rasterWithMask0_0.GetData(PIXEL_STATE=pixelStateValues)
  goodIndices0_0 = WHERE(pixelStateValues  eq 0,count)   ;标准 land
数据值编号
  ENVI_REPORT_STAT,base, 50, 100                          ;进度显示
  data0_1 = rasterWithMask0_1.GetData(PIXEL_STATE=pixelStateValues)
  goodIndices0_1 = WHERE(pixelStateValues eq 0,count)    ;标准
water 数据值编号
  ENVI_REPORT_STAT,base, 60, 100                         ;进度显示
   ;获取计算 影像水面与河谷数据值
  data1_0 = rasterWithMask1_0.GetData(PIXEL_STATE=pixelStateValues)
  goodIndices1_0 = WHERE(pixelStateValues  eq 0,count)  ;计算 land
数据标号
```

```
 ENVI_REPORT_STAT,base, 70, 100                         ; 进度显示
data1_1 = rasterWithMask1_1.GetData(PIXEL_STATE=pixelStateValues)
goodIndices1_1 = WHERE(pixelStateValues  eq 0,count) ; 计算
water 数据标号
ENVI_REPORT_STAT,base, 80, 100                         ; 进度显示
R0=CORRELATE(data0_0[goodIndices0_0], data1_0[goodIndices1_0])
; 陆面相关系数
R1=CORRELATE(data0_1[goodIndices0_1], data1_1[goodIndices1_1])
; 水面相关系数
envi_report_init, base=base, /finish                    ; 进度销毁
 iplot, indgen(n_elements(data0_1[goodIndices0_1])),data0_1
[goodIndices0_1],color=[0,0,150],SYM_INDEX=6,WINDOW_TITLE='EcoHAT.
CWS.BNU',$
       INSERT_LEGEND=[1,0],name='Standard Water',xtitle='Pixels',
ytitle='NDWI', View_title='EcoHAT Station:'+Fn_station
; 标准水面数据
iplot, indgen(n_elements(data1_1[goodIndices1_1])),data1_1
[goodIndices1_1],color=[100,100,255],/overplot,$
INSERT_LEGEND=[1,0],name='Caculated Water',SYM_INDEX=5
; 计算水面数据
iplot, indgen(n_elements(data0_0[goodIndices0_0])),data0_0
[goodIndices0_0],color=[0,150,0],/overplot,$
       INSERT_LEGEND=[1,0],name='Standard Land',SYM_INDEX=6
; 标准陆面面数据
iplot, indgen(n_elements(data1_0[goodIndices1_0])),data1_0
[goodIndices1_0],color=[100,255,100],/overplot,$
       INSERT_LEGEND=[1,0],name='Caculated
Land',SYM_INDEX=5                             ; 计算陆面数据
Med0_0_temp=mean(data0_0[goodIndices0_0]) ; 标准陆地均值
Med0_1_temp=mean(data0_1[goodIndices0_1]) ; 标准水面均值
Med1_0_temp=mean(data1_0[goodIndices1_0]) ; 计算陆地均值
Med1_1_temp=mean(data1_1[goodIndices1_1]) ; 计算水面均值

;----------------- 处理标准河谷区像元 ----------------------------------
origData0= rasterWithMask0_2.GetData()             ; 获取标准数据
```

```
    origData0_index1=where(origData0 ge Med0_1)      ;水面标号：大于
水体指数均值取为水面
    origData0_index0= where(origData0 Le Med0_0)     ;陆面标号：小于
陆面水体指数均值取为陆面
    origData0_index0and1=where((origData0 lt Med0_1) and (origData0
gt Med0_0)) ;混合像元标号：水体指数小于水面均值，大于陆面均值
    ENVI_REPORT_STAT,base, 10, 100.                  ;进度显示
        origData0[ origData0_index1]=pixelsize[0]*pixelsize[1]
;大于水体指数均值取为水面，像元水面比例转换为像元面积
    origData0[origData0_index0] = 0.0
;小于陆面水体指数均值取为陆面，像元陆面比例为像元面积 0
    origData0[origData0_index0and1] = $
abs((origData0[origData0_index0and1]-Med0_0)/(Med0_0-Med0_1))*
pixelsize[0]*pixelsize[1] ;valley 中混合像元光谱比例计算，且转换为像元
面积比率
     ENVI_REPORT_STAT,base, 20, 100.             ;进度显示
    newfile0 = e.GetTemporaryFilename()
    new_raster0 = ENVIRaster(origData0, URI=newfile0,INHERITS_FROM=
raster0)
    new_raster0.Save
    new_raster0_temp = ENVISubsetRaster(new_raster0,SUB_RECT=valley_
extent0)                                         ;剪切河谷数据
    new_raster0mask =  ENVIRoiMaskRaster(new_raster0_temp, rois
[valley_i])                                      ;建立河谷标准区域数据
    New_raster0mask.name = 'Mask'+filename0      ;建立河谷标准区域文件名
    ; Display the subset
    view=e.GetView()
    layer9=view.CreateLayer(new_raster0mask)     ;显示河谷标准区域数据
     ENVI_REPORT_STAT,base, 30, 100.             ;进度显示
    ; 计算标准河谷水面宽度
    resultData0 = new_raster0mask.GetData(PIXEL_STATE=pixelStateValues)
    ;print,pixelStateValues
    ;Exclude any pixels that have no data or mask combinations
    goodIndices0_2 = WHERE(pixelStateValues  eq 0,count)
    water_area0_index=where(resultData0[goodIndices0_2] GE waterarea_
```

```
standard,count0)  ; 查出水面面积大于阈值的像元
  water_area0=count0*pixelsize[0]*pixelsize[1]
  water_width0 = water_area0/water_length   ; 计算出水面平均宽度
  ;--------------- 处理计算河谷像元 ------------------------------------
   ENVI_REPORT_STAT,base, 50, 100.            ; 进度显示
  origData1= rasterWithMask1_2.GetData()      ; 获取计算 valley 数据
  origData1_index1= where(origData1 ge Med1_1)          ; 水面标号
  origData1_index0= where(origData1 Le Med1_0)          ; 陆面标号
  origData1_index0and1=where((origData1 lt Med1_1) and (origData1
gt Med1_0)) ; 混合像元标号
   ENVI_REPORT_STAT,base, 60, 100.                      ; 进度显示
  origData1[origData1_index1]=pixelsize[0]*pixelsize[1]     ; 水面
  origData1[origData1_index0] = 0.0                         ; 陆面
  origData1[origData1_index0and1] =$
     abs((origData1[origData1_index0and1]-Med1_0)/(Med1_0-Med1_1))*
pixelsize[0]*pixelsize[1] ; 光谱比例计算
  ENVI_REPORT_STAT,base, 70, 100.                       ; 进度显示
  newfile1 = e.GetTemporaryFilename()
  new_raster1 = ENVIRaster(origData1, URI=newfile1,INHERITS_FROM=
raster1)
  new_raster1.Save
  ENVI_REPORT_STAT,base, 80, 100.             ; 进度显示
  new_raster1_temp = ENVISubsetRaster(new_raster1,SUB_RECT=valley_
extent1)                                      ; 剪切河谷数据
  new_raster1mask =  ENVIRoiMaskRaster(new_raster1_temp, rois
[valley_i])
  New_raster1mask.name = 'Mask'+filename1     ; 建立河谷计算区域文件名
  view=e.GetView()
  layer10=view.CreateLayer(new_raster1mask)
  ENVI_REPORT_STAT,base, 90, 100.                       ; 进度显示
  ; 计算河谷水面宽度
  resultData1 = new_raster1mask.GetData(PIXEL_STATE=pixelStateValues)
  ;print,pixelStateValues
  ;Exclude any pixels that have no data or mask combinations
  goodIndices1_2 = WHERE(pixelStateValues  eq 0,count)
```

```
   water_area1_index=where(resultData1[goodIndices1_2] GE waterarea_
standard,count1)  ; 查出水面面积大于阈值的像元
   water_area1=count1*pixelsize[0]*pixelsize[1]
   water_width1 = water_area1/water_length        ; 计算出水面平均宽度
    envi_report_init, base=base, /finish          ; 进度销毁

 END
```

第六节　流量计算与程序设计

依据曼宁公式，在数字河道构建和河道水面宽度遥感反演结果数据的基础上，读入各水力参数调整阈值，计算出河流流量，其程序设计的核心代码如下：

```
Pro EcoHAT_RS_RiverWidthtoFlow_Batch, MMValue=MMValue,SSValue=SSV
alue,VVValue=VVValue,$          ; 糙率调整比例，坡降调整比例，流速调整比例
sw_riverwidth=sw_riverwidth,sw_smooth=sw_smooth,fn=fn,$
; 河宽误差调整， 断面圆滑系数，数字河道文件名
 Max_distance=Max_distance,Caculate_data_name=Caculate_data_name,$
; 最大河槽宽度，监测时间
  error_message1= error_message1, error_message2= error_message2
; 错误信息输出

;*****************************************************************
  ; 说明：
  ;    该过程通过数字河道和河流水面宽度遥感反演结果数据计算河道流量
;*****************************************************************
; 输入说明：
;1. 数字河道计算结果
;2. 河流水面宽度遥感反演结果
;
; 输出说明：
;       流速、流量、水位和水深等
; 其他说明：
            ;Q: 流量，V：流速，nn：糙率系数，A：河流横断面面积，L：湿周，S：水
力坡度
```

```
        ;输出内容还包括未计算出河流流量的原因
 ;****************************************************************
  ;---------- 已知河宽计算流量公共数据 --------------
  common EcoHAT_RS_flow_data, X,Y,nn,S,River_width_standrd,Q,V,
water_level,h,distance  ;河流计算数据传入
  common EcoHAT_RS_flow_originaldata, section_data    ;数字河道断面
（UAV 断面数据）
  common EcoHAT_RS_flow_paramenter, section_area, section_length, R
;模型参数：断面面积，湿周长度，水力半径
  common EcoHAT_RS_flow_RiverWaterLevel_data, River_WaterLevel_
standrd                    ;河流水位（来源于交汇河道流量计算结果文件）
  common EcoHAT_control_draw_uValue,Section_draw_uValue,Envi_
draw_uValue          ;计算中河流断面绘制、ENVI 绘图控制
 x=section_data[*,1]        ;高程赋给 x
 y=section_data[*,0];       计算断面空间距离，仅输入 Y 值是像元数时使用
 x=smooth(x,sw_smooth/2)    ;圆滑高程，并赋给 x
 y=smooth(y,sw_smooth)      ; 计算断面空间距离，仅输入 Y 值是像元数时使用
 ;********* 从河流断面最低点将河流分为左右两岸 ******************
 X_min=min(x,Index_min)                    ;河流断面最低点
 X_max=max(x,Index_max)                    ;河流断面最高点
 if index_max lt index_min then Increment=1.0 else Increment=
-1.0  ;确定河流最低划分计算对岸方向
 ;1:高点在左岸，-1:最高点在右岸
 ;********************* 计算最大河宽 ******************************
 if Increment EQ 1.0 then begin            ; 最高点在左，即从左向右计算
   farthpoint_index=findOtherSidepoint__batch(x,n_elements(x)-1,
-1,Index_min)
 Max_distance=sqrt((x[n_elements(x)-1]-x[farthpoint_index])^2+
(y[n_elements(x)-1]-y[farthpoint_index])^2)
 endif else begin                          ; 最高点在右，即从右向左计算
   farthpoint_index=findOtherSidepoint__batch(x,0,1,Index_min)
   Max_distance=sqrt((x[0]-x[farthpoint_index])^2+(y[0]-
y[farthpoint_index])^2)
 endelse
  if River_width_standrd le Max_distance then begin
```

```
; 满槽河宽校正，水位线以下
    ;******** 建立计算控制，以及断面宽度与给定实际宽度的误差控制 ******
    ; 当河流断面数据点过稀疏或给定实际宽度不存在时，将没有计算结果
    ; 此时应对河流断面数据插值，或检查给定河流宽度是否实际存在。
    sw=0                                   ; 用于检验河流是否有所设宽度
    SW_error=River_width_standrd*sw_riverwidth/100.0
; 用于检验所设河流宽度与实际宽度误差
     ;************ 从最高点开始查找开始计算 **********************
      for i=Index_max,Index_min,Increment do begin
; 从最高点向最低点开始计算
     farthpoint_index=findOtherSidepoint__batch(x,i,Increment,
Index_min)     ; 寻找对岸相对应水位的点
     distance=sqrt((x[i]-x[farthpoint_index])^2+(y[i]-
y[farthpoint_index])^2)     ; 计算两个相同水位点的距离
     ;------ 满足给定河流宽度后即可以计算断面水力学特征和流速流量等 -------
     if ABS(distance-River_width_standrd) LE SW_error  then begin
; 判断给河宽与实际河宽的允许误差
        if farthpoint_index EQ 1 or farthpoint_index EQ n_elements
(X)-2 then stop                        ; 小于 SW_error，但已满槽
        if Increment EQ 1.0 then begin  ; 最高点在左，即从左向右计算
          start_index = i & end_index = farthpoint_index
         endif else begin                ; 最高点在右，即从右向左计算
          start_index = farthpoint_index & end_index = i
         endelse
       ;---- 调整计算控制，调整断面宽度与给定实际宽度的误差 --------------
       sw=1
       sw_error=sw_error/2          ; 符合误差后，按 1/2 比例缩小误差范围
       ;-------------------- 校正出露水位线以上的面积 ------------------
       Xout_levelindex=where(x gt x[start_index],complement=Xunder_
levelindex)  ; 水面以上的 x
       Xunder_levelindex_index=where((Xunder_levelindex ge start_
index) and $
         (Xunder_levelindex LE end_index))         ; 将从起点至终点的
水面以下的 x 点下标取出
       Xunder_levelindex=Xunder_levelindex[ Xunder_levelindex_index ]
```

```
; 从而得到水面以下点的下标，不在超出水面点的下标
        Yunder_levelindex=Xunder_levelindex      ; 同时也建立水面以下
的 Y 点的下标，校正完毕
        ;--------------- 计算有关水力学参数 ---------------
        section_area=Poly_area(x[Xunder_levelindex],y[Yunder_
levelindex])                    ; 过水断面面积
       section_length=Crvlength(y[Yunder_levelindex],x[Xunder_
levelindex])                    ; 计算湿周长度
        ;------------- 用曼宁公式计算 ----------------------------------
         R=section_area/section_length                    ; 水力半径
        v=((1+VVValue)/(nn+MMvalue))*(R^(2.0/3.0))*sqrt(S+SSValue)
; 流速
        Q = v*section_area                                ; 流量
                ;------------- 结果输出 --------------------------------
          water_level=x[start_index]        ; 水位
          h=x[start_index]- X_min           ; 水深
          ;result_message=[ 'EcoHAT- 遥感水文站名称：',' '+ fn,' ',$
          ;  '                计算节点数：'+STRTRIM(STRING(i),2),$
          ;  '                  河流宽度：'+STRTRIM(STRING(distance),2),$
          ;  '                  过流面积：'+STRTRIM(STRING(section_
                                area),2),$
          ;  '                  湿周长度：'+STRTRIM(STRING(section_
                                length),2),$
          ;  '                     流速： '+STRTRIM(STRING(v),2),$
          ;  '                     流量： '+STRTRIM(STRING(Q),2),$
          ;  '                     水位： '+STRTRIM(STRING(water_
                                   level),2),$
          ;  '                     水深： '+STRTRIM(STRING(h),2)]
      endif
    endfor
END
```

第七节 河川流量监测模型应用案例

一、案例背景

长白山位于亚欧大陆东缘的中国东北地区（图 4-5），地理位置介于北纬 41° 23′—42° 36′，东经 127° 55′—129° 00′，最高峰海拔可达 2 749 m。作为中国东北地区重要的水系发源地，长白山地区水资源丰富，中小河流众多，是鸭绿江、松花江和图们江的发源地。由于水文站在长白山地区数量稀少且分布不均，难以反映长白山地区河流径流量的总体变化趋势，因此，通过在长白山的主要河流上建立遥感水文站以实时地监测河流径流量的变化，对长白山地区的水资源利用与开发具有重要意义。

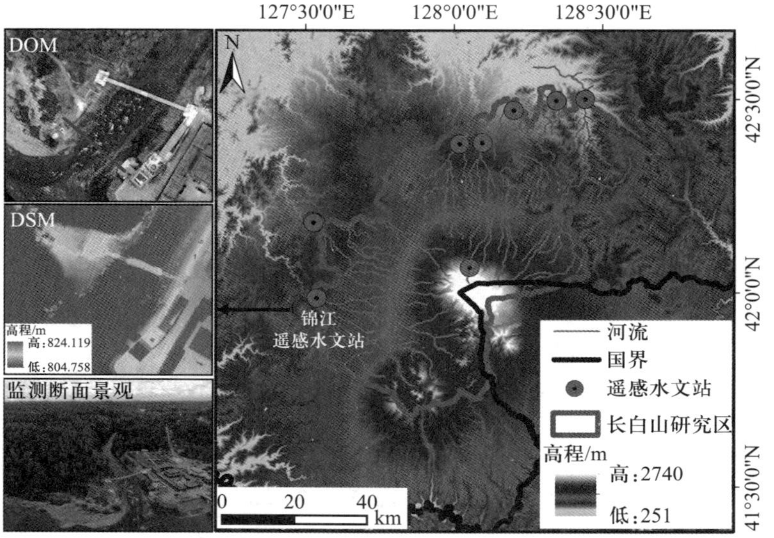

图 4-5 长白山研究区及遥感水文站空间分布

锦江发源于长白山西坡，是头道松花江的重要支流之一。水务部门在锦江和头道松花江的交汇处建设了一处遥感水文站，用以计算并监测锦江注入头道松花江的河流流量大小及其变化。

二、数据准备

输入数据主要分为三类：卫星遥感数据、无人机数据和地面实测数据（表 4-2）。具体如下：

卫星遥感数据：归一化差异水体指数 NDWI 数据，在 Google Earth Engine 平台上对 Sentinel-2 卫星数据通过去云、影像的月尺度合成及波段运算获取。

无人机数据：主要包括数字正射影像 DOM 和数字表面模型 DSM。DOM 和 DSM 可通过在 Pix4d 软件上对目标河流断面的航拍相片处理生成。

地面实测数据：包括河道糙率和实测河流流速数据。两种实测数据皆由野外测量和调查获取。

表 4-2　遥感水文站输入示例数据

输入数据名称	输入数据含义	输入数据类别
河道糙率 .txt	河道糙率	文本数据
坡降数据 .txt	坡降数据	文本数据
起始岸数据 .txt	起始岸数据	文本数据
实测河流流速 .txt	实测河流流速	文本数据
水面数据 .txt	水面数据	文本数据
遥感水文站河道数字模型 .txt	遥感水文站河道数字模型	文本数据
终止岸数据 .txt	终止岸数据	文本数据
DOM	DOM 影像数据	影像参数数据
DSM	DSM 影像数据	影像参数数据
NDWI	NDWI 标准数据与计算数据	影像参数数据

三、技术流程与计算结果

应用 EcoHAT 河流径流估算程序计算各断面的流量数据，即应用 EcoHAT_UAV_RiverParameter 和 EcoHAT_RS_Flow 确定数字河道及参数，EcoHAT_RS_RiverWidth 计算水面宽度，EcoHAT_Runoff_Batch 自动连续反演输入断面影像的河宽，得到流速、流量等水文参数，实现连续时段流量的批量计算。

（一）数字河道

1. 河道断面

首先将断面 DOM 和 DSM 数据导入 ENVI 软件，将 DOM 作为可视层，DSM 作为编辑层，利用测量工具沿河流流向测量记录坡度角度，并将测量数据保存为 ASCII 文件。在横断面位置，用同样的方法测量断面角度，由起始岸向终止岸方向分别测量起始岸、水面以及终止岸数据并保存为 ASCII 文件。

将 EcoHAT_UAV_RiverParameter.sav 文件复制至 \ENVI\extensions 下，重启 ENVI，进入 EcoHAT_UAV_RiverParameter，按步骤计算，建立遥感水文站河流数字断面模型（图 4-6）。

（1）读入无人机 DSM。从 ENVI 中读入无人机生成的 DSM 数据，获取地表形态参数和地理参数等。

（2）计算河流坡降。从文件夹中读取“一、坡降测量”中生成的文件，可以多个文件一起读入，将计算出坡降平均值。

（3）断面计算。断面计算分为两种类型，方式 1 是有水断面计算，方式 2 是无水断面计算，二者选其一后，软件将锁定计算方式，不能再选择另一种方式，直到保存计算结果文本或退出。

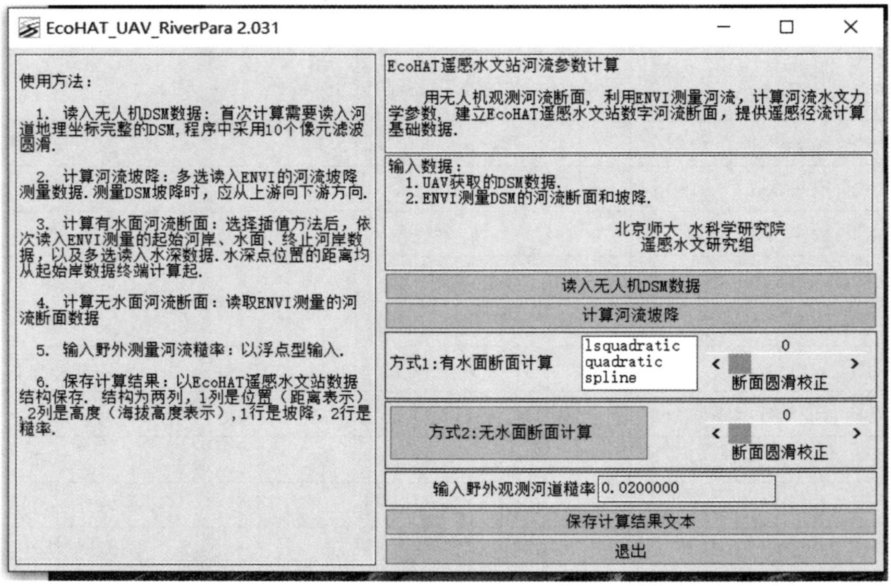

图 4-6 EcoHAT RiverPara 计算界面

（a）方式 1：有水断面计算。将按程序提示读入“二、有水断面测量”中相关数据，算法有三种，程序将自动拟合河道断面。计算过程中，可进行断面圆滑校正，选择计算方式，重复计算，提高断面与实际的误差。

（b）方式 2：无水断面计算。将按程序提示读入“三、有水断面测量”中相关数据，计算过程中，可进行断面圆滑校正，重复计算，提高断面与实际的误差。

（4）输入野外贯彻河道糙率系数。按野外记录输入。

（5）保存计算结果文本。程序将计算结果按河道数字模型方法构建，保存为文本文件，以提供给 EcoHAT_RS_Flow 建立数字河道模型使用。

计算河道坡降和河流断面如图 4-7 与图 4-8 所示。

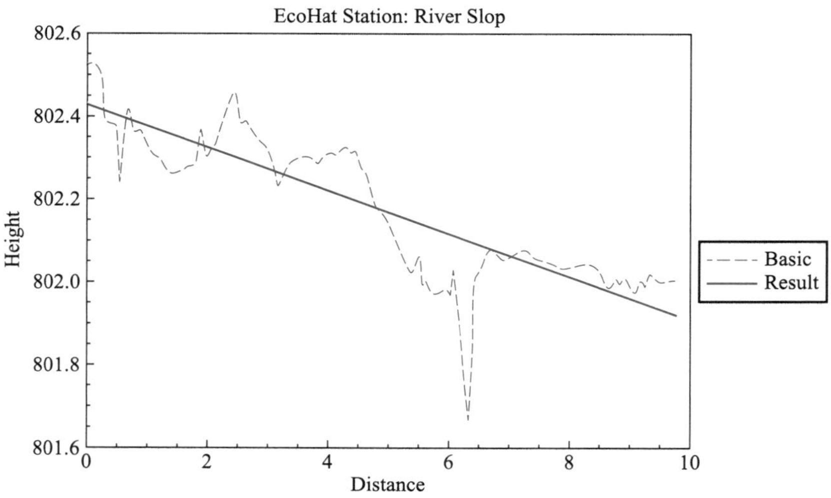

图 4-7 坡降平均值结果

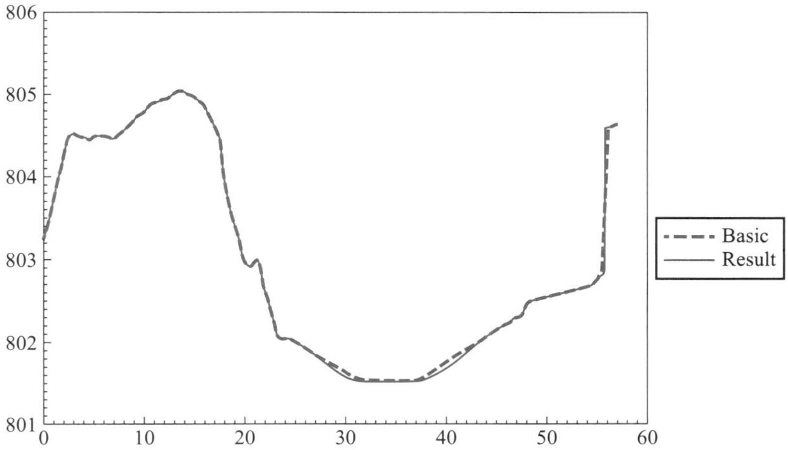

图 4-8　断面计算结果

2. 河道水力参数

将 EcoHAT_RS_Flow.sav 文件复制至“..\ENVI\extensions”目录下，启动 ENVI，在 extensions 中运行 EcoHAT_RS_Flow，按照说明计算即可（图 4-9）。

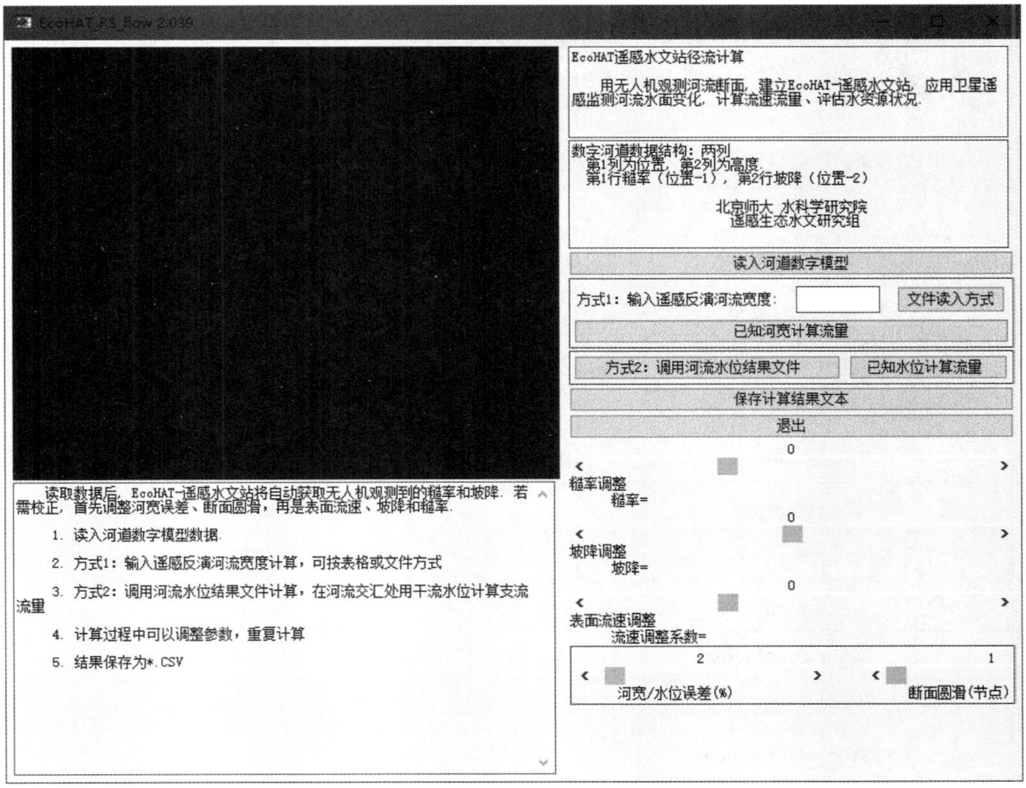

图 4-9　EcoHAT RS flow 计算界面

（1）读入河道数字模型。生成监测点的遥感水文站河道数字模型。

（2）已知河流宽度计算流量，可通过表格输入实地测量的河流宽度，开始“已知河宽计算流量”。在计算过程中可以做糙率、坡降、流速调整系数、河宽误差河断面圆滑调整。并以实测流速为标准，调整水力参数阈值。

（3）保存计算结果文本。将计算结果保存，结果中包含所有参数和结果，如图 4-10、表 4-3 所示。

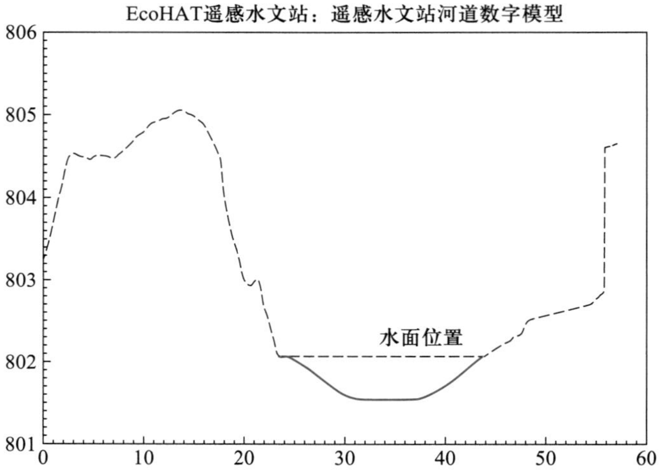

图 4-10　水位图

表 4-3　河道水力参数计算结果文本

参量	数值
RS river width	0
slop	0.003 87
adjusted slop	0.003 87
roughness coefficient	0.042 4
adjusted roughness coefficient	0.042 4
water level	802.078 3
water depth	0.538 27
velocity of flow	0.733 792
runoff	5.338 049
factor of velocity	1
width error%	2
section smooth factor	1
section area	7.274 604
wetted perimeter length	20.567 62
hydraulic radius	0.353 692

（二）河道水面宽度

河道水面宽度反演用 ENVI 训练区建立先验知识和河流宽度计算等（建议输入数据为水体指数 NDWI）。具体步骤包括：

（1）建立 land 训练区。用于计算陆地纯像元，训练区中命名必须有“land”字符。

（2）建立 water 训练区。用于计算水面纯像元，训练区必须有字符“water”，水面可在河谷中寻找，当河谷水面不足一个像元宽度时，也可以在河谷附近水域寻找，用于代表一定水深的水面纯像元。

（3）建立 valley 训练区。用于计算河谷水面面积，训练区必须有字符“valley”，且保证河长方向距离大于宽度方向。

（4）建立 length 训练区。用于计算 valley 训练区中河流的长度，训练区必须有字符“length”，且必须为线型，长度正好与 valley 训练区长度一致。

（5）保存训练区文件。选择 land、water、valley 和 length 训练区保存，保存为训练区文件“.xml”，文件名应为数据所在的遥感水文站名。

在 ENVI 中建立了训练区文件后，将 EcoHAT_UAV_Riverwidth.sav 文件复制到 \ENVI\extensions 下，重新打开 ENVI，运行 EcoHAT_RS_RiverWidth，并按程序指示顺序执行（图 4-11）。

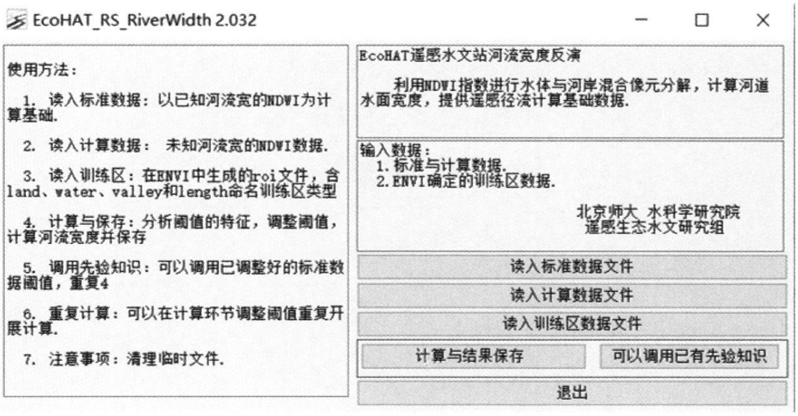

图 4-11　EcoHAT RiverWidth 计算界面

（1）读入标准数据。已知或确定了河流宽度的数据作为标准数据文件（standard data）。

（2）读入计算数据。需要反演河流宽度的数据作为计算数据文件（calculate data）。

（3）读入训练区文件开始计算。

（4）计算与结果保存。

（a）以标准数据为依据反演河道水面宽度，过程中可以对 land、water、waterarea 的阈值进行调整，按软件信息栏说明调整陆地、水面和水面面积的阈值。若不调整，将按水体指数的训练区均值进行计算，水面面积将按像元陆面小于 30%（水面大于 70%）阈值统计。相关系数表示训练区是否选取合适，相关系数较大时反演结果更可靠。

（b）计算结果输出与保存。界面中已经给出河流宽度，保存计算结果将保存程序计算阈值参数和结果等。

（c）文件中记录了全部计算过程参数，以及标准数据的河流宽度和计算数据的河流宽度，单位为数据地理投影的长度单位，如示例中为“meter”。

（5）可以调用已有先验知识。河流宽度反演采用了亚像元分解算法，训练区的选择与参数确定影响到反演精度。利用该功能，可以调用已经计算好且在同一断面上反演精度符合要求的计算结果，将这一计算结果的参数作为先验知识，再重复“（4）计算与结果保存”。此时，在阈值调整界面可以看到各阈值设定已经按标准数据的阈值确定下来，可直接运行得到结果如图 4-12、图 4-13 所示。

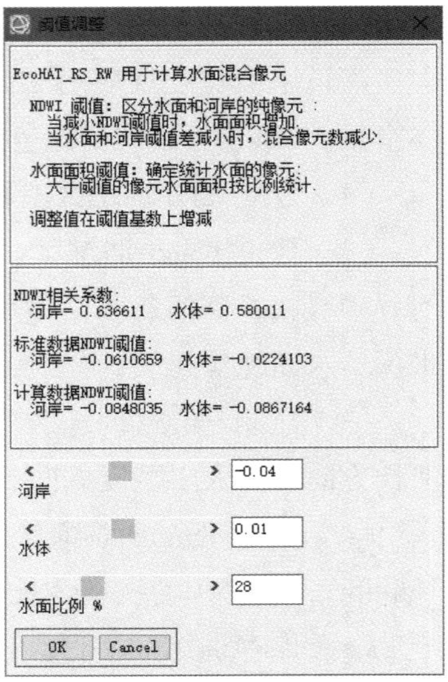

图 4-12 阈值调整示例

（三）河道流量

将 EcoHAT_RS_Runoff_Batch.sav 文件复制至“..\ENVI\extensions”目录下。启动 ENVI，在 extensions 中运行 EcoHAT_ Runoff_Batch，按照说明计算即可（图 4-14）。

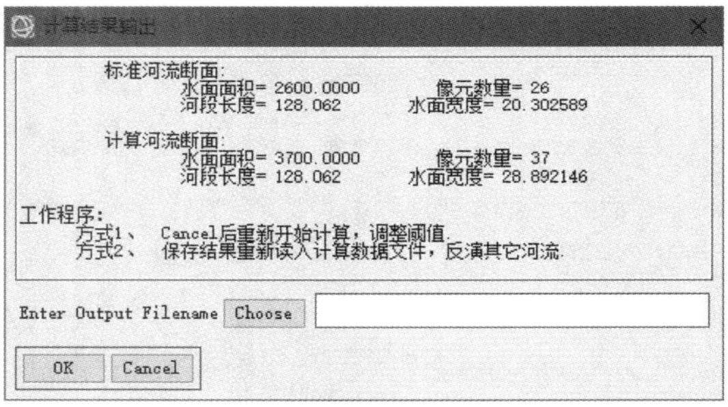

图 4-13 河流宽度提取结果示例

操作步骤如下：

（1）河道数字模型。UAV 建立的河道断面。

（2）数字河道参数。读取已完成流量计算结果的参数（*.CSV）。

（3）应用遥感反演河宽计算流量。

（a）标准数据：已知河宽的遥感数据（ENVI，GeoTIFF，enp）作为反演标准；

（b）训练区：在断面上建立的 land、water、valley 和 length 的 roi（*.xml）；

（c）先验知识：读取已完成遥感反演河宽结果的反演参数阈值（*.CSV）；

（d）计算数据：需要反演河宽的遥感数据（ENVI，GeoTIFF，enp）；

（e）反演河宽计算流量：自动连续反演输入计算数据的河宽，并计算断面流速流量等水文参量；以河道数字模型文件名 + 计算数据文件名，自动命名保存于 \result\，*.CSV 为正确结果，*.TXT 为错误信息。

（4）利用相邻河流水位计算流量。

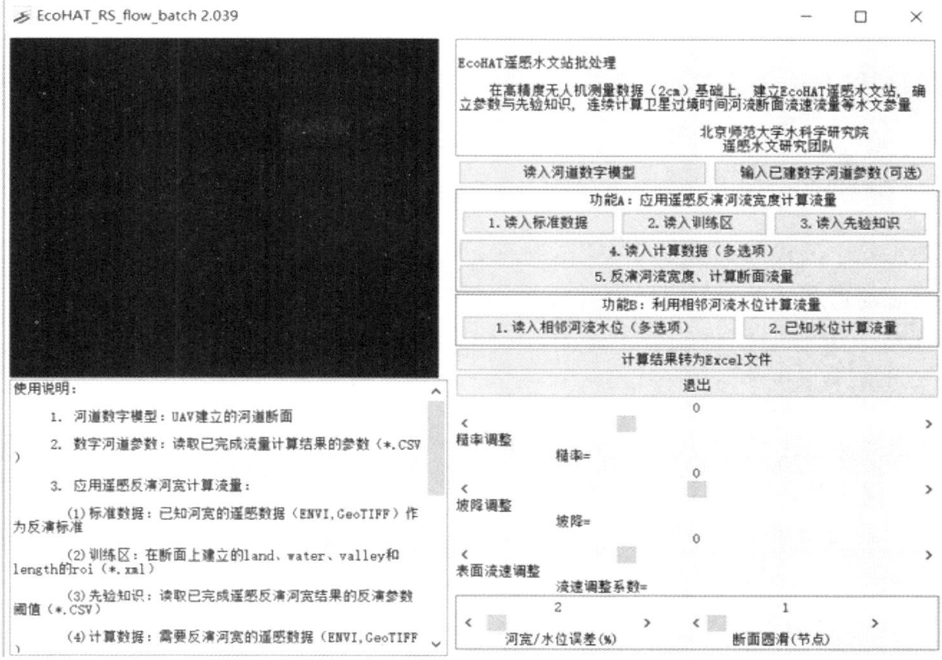

图 4-14　EcoHAT RS flow batch 计算界面

（a）相邻河流水位：自动读取结果文件中水位参量（*.CSV）计算流量，用于河流交汇处已知一条河流结果，计算另一条河流的水文参量；

（b）已知水位计算流量：确定水位算另流量；以河道数字模型文件名 + 相邻河流文件名，自动命名保存于 \result\，*.CSV 为正确结果，*.TXT 为错误信息。

（5）计算结果转为 Excel 文件：输入 \result\ 中的计算结果（*.CSV），转换为站点卫星过境时间连续多次监测的结果，包括流量、流速、水位、水深和河宽等。

遥感水文站计算河流流量的示例结果如图 4-15 所示。

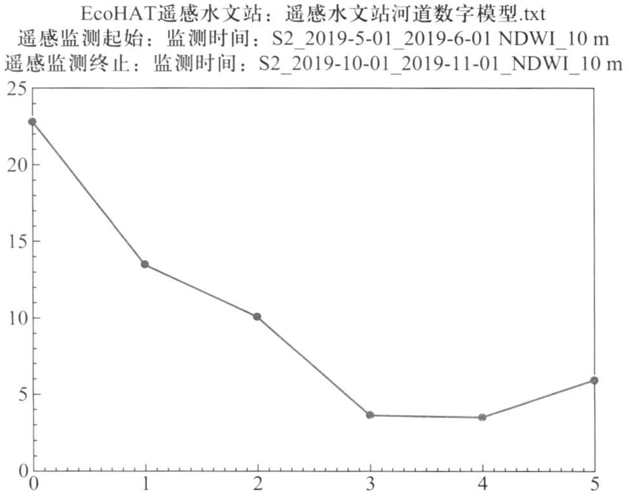

图 4-15　河道径流量批处理提取结果

复习思考题

一、基础部分

1. 熟悉曼宁公式，依据公式说明影响河流流速的各个参数。
2. 绘制河道断面示意图，标识出河道水面宽度、水位、水深、湿周和过水断面。

二、操作实践

1. 下载 EcoHAT 遥感水文站操作手册和教学示例数据，阅读理解教学示例数库的文件结构，运行示例数据。

2. 选择河流断面（最好选择家乡或学校所在地的河流），开展无人机飞行，按照河川径流野外实测内容开展实验，掌握河川流量遥感监测的方法。

第5章

降雨径流模型

降雨经过截留、填洼、下渗、蒸发等，在流域内形成地表径流、壤中流和地下径流，再经过坡面汇流和河道汇流，形成流域出口流量的过程，即为降雨径流过程。暴雨作为一种历时短、强度大的降雨类型，其形成的径流容易引发洪涝、崩塌、滑坡、泥石流等多种自然灾害。运用降雨径流模型对暴雨径流过程开展模拟，已成为雨洪管理、水利设施建设、防灾减灾研究的重要内容。

本章在简要回顾降雨径流模型研究现状的基础上，介绍降雨径流模型 LCM（Land Cover Mode for Hydrology）的原理，并以 EcoHAT 模型中的 LCM 模块为案例，介绍模型开发与计算过程。

第一节 降雨径流模型研究现状

20 世纪 60 年代以来，欧美发达国家先后提出了一批降雨径流模型。随着理论方法和技术的不断进步，这些模型得到不断发展和丰富，在流域降雨过程评价管理、城市排水防洪等方面发挥了重要作用。其中，具代表性的模型有 HEC-HMS、MIKE II、SCS 和 SWMM 等。

HEC-HMS（the Hydrological Engineering Center's Hydrological Modeling System）是由美国陆军工程兵团水资源机构下属的水文工程中心开发的具有物理概念的半分布式降雨径流模型。该模型充分考虑了降雨空间分布不均匀性和下垫面条件非均一性，将流域划分成若干子流域（或网格单元），之后根据下垫面条件选定参数开展子流域降雨径流过程模拟，进而计算获取流域出口径流。MIKE II 是丹麦水力研究所开发的软件系统，功能较为齐全，包括多种模型，可用于模拟河流流量、水位、泥沙输送等。SCS 模型是美国农业部水土保持局（Soil Conservation Service，SCS）开发的一种小型集水区径流模拟模型。该模型结构简单，所需参数少，能够反映土壤类型、土地利用方式及前期土壤含水量对降雨径流的影响，可应用于水土保持与防洪、城市水文等诸多方面。

第二节 降雨径流模型原理和构建

一、EcoHAT LCM模型原理

LCM（Land Cover Mode for Hydrology）模型是在刘昌明等（1965）采用人工模拟降雨方法，在陕西黄龙水土保持站的试验流域开展了 300 余次实验之后，基于降雨径流关系构建的，已先后被 HIMS（刘昌明等，2008）和 EcoHAT（刘昌明等，2009）系统集成，并在应用中取得了较好的效果。该模型的主要计算公式有：

根据能量守恒定律，从土壤水入渗的重力、阻力和毛管力分析得到渗水运动速度方程：

$$f=\frac{\rho g(y+H+h_c)}{vy} \tag{5-1}$$

入渗水量平衡方程：

$$q\mathrm{d}t=\omega\cdot\mathrm{d}z \tag{5-2}$$

式中：f 为湿润锋面运动速度；ρ 为水的密度；g 为重力加速度；y、H、h_c 分别为重力水、表层积水、毛管力水头；v 为阻力系数；q 为流量，ω 为入渗孔隙面积，t 为时间，z 为土壤深度。

将式（5-1）、式（5-2）联立可得入渗量为：

$$q=\omega\cdot f=\omega\frac{\mathrm{d}z}{\mathrm{d}t}=\omega\frac{\rho g(y+H+h_c)}{vy} \tag{5-3}$$

在产流过程中对于确定土壤，ω 一定，ρ、g、v 为常量，q 则与 H、h_c 成正比，而水头 H 又取决于雨强（i），因此，式（5−3）可以近似地用式（5−4）表达：

$$f=R\cdot i^{r} \tag{5-4}$$

式（5−4）已通过大量坡地人工降雨实验进行了验证（刘昌明，钟骏襄，1978），其中的两个参数（R、r）曾由陕西、山西、甘肃、四川及湖南、江西等省级行政区的流域资料综合分析确定。

由式（5−4）可得降雨径流量的计算公式：

$$h_y=i-f=i-R\cdot i^{r} \tag{5-5}$$

可以看出，产流强度的大小与降雨强度密切相关，同时入渗强度也随雨强的增大而增大，这是超渗产流的一个重要特点。此外，不需要预测前期土壤含水量而直接确定降雨径流量，这成为了降雨径流关系的一个优点（刘昌明等，1965）。

二、EcoHAT LCM模型构建

随着数据资料可获取性的提高，将水文模型与 GIS、RS 技术相结合，实现模型的分布式构建。在降雨径流关系基础上，LCM 模型通过计算单元的空间离散化，实现对流域单元 LCM 模型分布式模拟，反映暴雨中心变化对降雨径流过程的影响，进而获取流域出口的降雨径流量。LCM 模型构建流程如图 5−1 所示。

LCM 模型产流和汇流的计算方法如下：

（1）产流过程：按地表径流、壤中流和地下径流三部分计算。

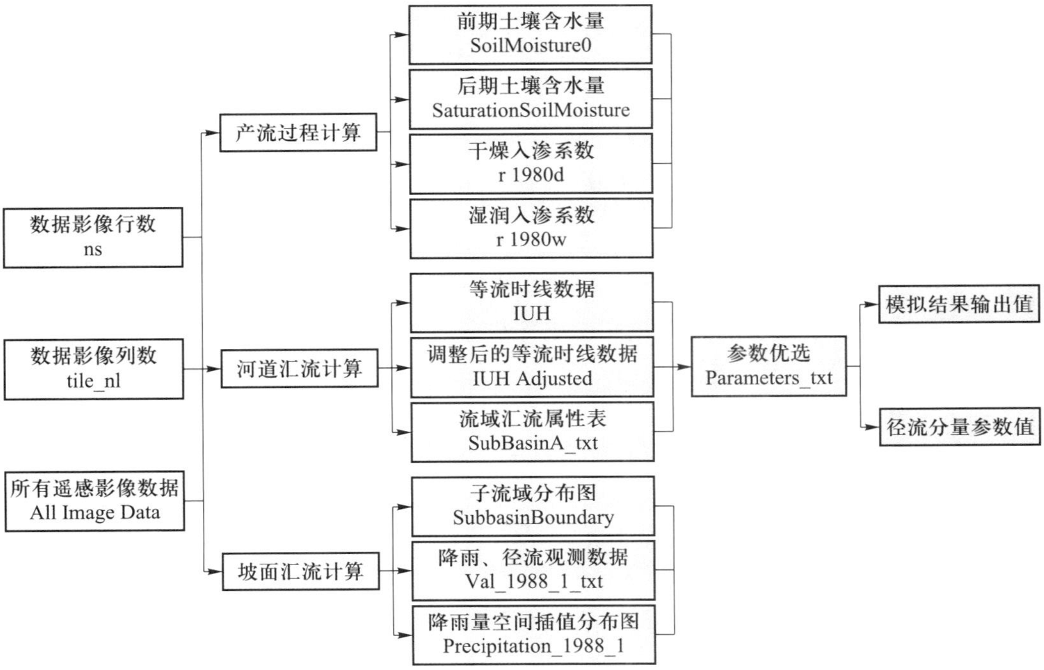

图 5−1　EcoHAT LCM 模型计算流程图

（2）坡面汇流：各子流域运用等流时线法进行坡面汇流。

（3）河道汇流：连接各子流域的河道运用马斯京根法进行河道汇流。

第三节 产流过程计算与程序设计

LCM 模型中产流部分将整个过程分为地表层、土壤层和地下水层三部分。

1. 地表径流

土壤下渗量是计算地表径流的基础，运用经验公式计算：

$$f=R\cdot P \tag{5-6}$$

$$R=0.8781\cdot\ln(r)+1.3422 \tag{5-7}$$

式中：f 为下渗量，mm；P 为降雨量；R、r 为雨强初损系数，是计算下渗量的关键，与土地利用 / 覆盖和土壤水含量有关。r 值可参照表 5-1 获取。

表 5-1 入渗系数 r 值查找表

土壤及编码 / 土地利用及编码	含水土地 1	城市 2	荒地 3	耕地 4	草地 5	森林 6
黏土 1	0.56	0.63	0.63	0.68	0.7	0.71
沙质粉土 2	0.56	0.63	0.64	0.69	0.71	0.74
壤土 3	0.56	0.65	0.68	0.75	0.76	0.8
沙土 4	0.56	0.67	0.71	0.78	0.85	0.9

根据水量平衡方程，地表径流量等于降水量减去下渗量：

$$Q_d=P-f=P-R\cdot P \tag{5-8}$$

2. 壤中流量

计算壤中流量时，考虑壤中流与土壤湿润度、降水入渗量成正比，其公式为：

$$Q_l=L_a\cdot\left(\frac{W_s}{W_{sm}}\right)\cdot f \tag{5-9}$$

式中：L_a 为壤中流量系数；W_s 为非饱和土壤含水量，mm；W_{sm} 为土壤最大蓄水量，mm；Q_l 为壤中流量，mm。

3. 地下水补给量与基流

地下水补给量与基流的计算同样基于水量平衡方程，其公式为：

$$REC=R_c\cdot\left(\frac{W_s}{W_{sm}}\right)\cdot(f-Q_l) \tag{5-10}$$

$$Q_b=K_b\cdot(GW_s+REC) \tag{5-11}$$

式中：REC 为地下水补给量，mm；R_c 为地下水补给系数；K_b 为基流系数；GW_s 为地下水储量，mm。

产流过程计算程序如下：

```
;**************************** 源代码信息 **************************
; Name: EcoHAT_LCM_infiltration_Procedure.PRO
; *************************************************************

;**************************** 输入说明 **************************
; 输入参数
;1. rain 二维栅格格式，浮点型，此时刻小时面雨量，单位：mm
;2. rr1d 二维栅格格式，浮点型，土壤干燥状态下 r 值空间分布，单位：-
;3. rr1w 二维栅格格式，浮点型，土壤湿润状态下 r 值空间分布，单位：-
;4. Wsm 二维栅格格式，浮点型，流域饱和土壤含水量，单位：mm
;5. w h 二维栅格格式，浮点型，前一小时土壤含水量，单位：mm
;6. w 二维栅格格式，浮点型，此时刻小时土壤含水量，单位：mm
;7. GW h 二维栅格格式，浮点型，前一小时地下水储量，单位：mm
;8. GW 二维栅格格式，浮点型，此时刻小时地下水储量，单位：mm
;9. subbasin 二维栅格格式，浮点型，子流域范围，单位：-
;*************************************************************

;**************************** 输出说明 **************************
; 输出参数
;1. Qi 二维栅格格式，浮点型，每小时径流总量，单位：mm
;2. w 二维栅格格式，浮点型，每小时土壤含水量，单位：mm
;3. GW 二维栅格格式，浮点型，每小时地下水含量，单位：mm
;*************************************************************

;**************************** 其他说明 **************************
;10. P txt 数组，浮点型，模型参数，单位：-
;*************************************************************

;**************************** 算法设置 **************************
pro EcoHAT_LCM_infiltration_Procedure, Rainfall, r_wet, r_dry,
Wsm, w_h, w, GW_h, GW, subbasin, P, $
  Result1=Result1,Result2=Result2,Result3=Result3

  ; 获取输入数据
```

```
rain = rainfall;
rr1d = r_dry;
rr1w = r_wet;
Wsm = Wsm;
w_h = w_h;
w = w;
GW_h = GW_h;
GW = GW;
subbasin = subbasin;
La = P[1];
Rc = P[2]
Kb = P[3]

Rain[where(subbasin eq 0.0)] = 0.0; 子流域边界以外降雨全部为 0
Wsm[where(subbasin eq 0.0)] = 0.0; 子流域边界以外饱和土壤含水量全部为 0
rr1 = rr1w+(1.0-w_h/Wsm)*(rr1d-rr1w); 入渗调节算法
rr1 = rr1*p[11]; 入渗系数外部调节参数，以保证模型计算灵活性
rr2 = 0.8781*ALOG(rr1)+1.3422;R，通过 r 计算而得
rr2[where(rr2 lt 0.0)] = 0.0; 使得小于 0 的部分为 0，保证模拟参数合理性
f = rr2*rain^rr1;LCM 入渗计算核心公式
f[where(f gt rain)] = rain[where(f gt rain)]; 入渗量要小于降雨量
f[where(wsm - w_h lt 0.001)] = 0.0; 如果前一时段土壤含水量达到饱和，
入渗停止
f[where(f+w_h gt Wsm)] = Wsm[where(f+w_h gt Wsm)] - W[where(f+w_h
gt Wsm)]; 计算最大入渗量
f[where(f lt 0.0)] = 0.0; 入渗量不能小于 0

; 下渗过程
Qd = rain-f; 地表径流量计算
Qd[where(Qd lt 0.0)] = 0.0; 降雨量不能小于 0
Ql = La*(W_h/Wsm)*f; 计算壤中流，La 为壤中流出流系数
Ql[WHERE(Ql LT 0.0)] = 0.0; 壤中流不能小于 0
REC = Rc*(W_h/Wsm)*(f-Ql); 计算地下水补给量，Rc 为地下水补给系数
REC[WHERE(REC LT 0.0)] = 0.0; 地下水补给量不能小于 0
Qb = Kb*GW_h; 计算基流，Kb 为基流系数，GW 为地下水储量，GW 需要事先声明
```

```
    GW = GW_h+REC-Qb; 计算地下水储量
    W = W_h+f-Ql-REC; 计算此时刻土壤含水量

    W[where(W lt 0.0)] = 0.0; 土壤含水量不能小于 0
    W[where(W gt Wsm)] = Wsm[where(W gt Wsm)]; 土壤含水量不能超过饱和土
壤含水量
    Qd[where(subbasin le 0.0)] = 0.0
    Ql[where(subbasin le 0.0)] = 0.0
    Qb[where(subbasin le 0.0)] = 0.0

    Qi = Qd+Ql+Qb; 径流总量

    ; 输出数据设置
    Result1 = Qi
    Result2 = W
    Result3 = GW
END
```

第四节　坡面汇流计算与程序设计

运用等流时线法进行坡面汇流。将流域内在同一时间段内达到流域出口的产流面积，经过概化固定下来，基于流速不变的假设，根据不同空间位置到流域出口距离的差异，即可算出每一点汇集到流域出口的时间。假定栅格上的水质点相互独立，即不同栅格上水流速度与周围栅格水流速度没有相互影响，且不随时间变化，则利用曼宁公式计算流速。

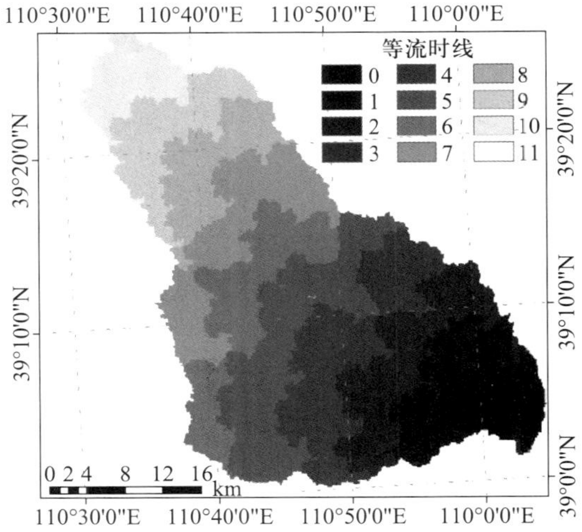

图 5-2　子流域等流时线划分

将流域内同时到达出口断面的水质点所处的位置画一条连线（图 5-2），然后由相邻两条等流时线间的面积，作出面积 - 流时曲线（又称面积分配曲线）以代表汇流曲线。

设每相邻两条等流时线间的面积（等流时面积）分别为 ΔA_1, ΔA_2, …, ΔA_n，其相应的汇流时间分别为 τ_1, τ_2, …, τ_n。根据等流时线的概念（汇流时间），有 $\tau_m = \tau_n$，τ_m 为流域汇流时间，取 $\Delta\tau_i = \tau_i - \tau_{i-1} = \Delta\tau = \Delta t$（$i = 1, 2, \cdots, n$）。设 m 为净雨时段数，ΔR_j（$j = 1, 2, \cdots, m$）为时段净雨

量，则流域出口断面的流量对于 $n \geqslant m$ 有：

$$Q_i = \frac{1}{\Delta t}\sum_{j=1}^{k} \Delta R_j \Delta A_{i,\ j+1} \quad (i=1,\ 2,\ 3,\ \cdots,\ n+m-1) \tag{5-12}$$

当 $i<m$ 时，$k=i$；当 $i \geqslant m$ 时，$k=m$，且 $i-1+1>n$ 时，先有 $\Delta A=0$。对于 $n<m$，有：

$$Q_i = \frac{1}{\Delta t}\sum_{j=1}^{k} \Delta A_j \Delta R_{i,\ j+1} \quad (i=1,\ 2,\ 3,\ \cdots,\ n+m-1) \tag{5-13}$$

当 $i<n$ 时，$k=i$；当 $i \geqslant n$ 时，$k=n$，且 $i-1+1>m$ 时，$\Delta R=0$。

式（5-12）、式（5-13）是径流成因公式的离散化（有限差）形式。

等流时线法计算出的流域出口断面流量过程线常称为漫流过程线，它具有如下特点：

流域出口汇流过程线的底长 $T=(m+n-1)\Delta t$，即汇流时长为 $m+n-1$ 个时段。

若 $n>m$，当流量序数 $i<m$ 或 $i>n$ 时，流域内只有部分等流时面积和部分净雨量参加汇流；当 $m \leqslant i \leqslant n$ 时，流域内只有部分等流时面积和全部净雨量参加汇流，且一般最大径流会在这段时间内形成。

若 $n=m$，流量序数 $i=m=n$ 时，全流域和全部净雨量都参加汇流（全面汇流）一般会形成最大流量，当 $i<m$ 或 $i>n$ 时，均为部分等流时面积和部分净雨量参加汇流。

若 $n<m$，当流量序数 $i<n$ 或 $i>m$ 时，流域内只有部分等流时面积和部分净雨量参加汇流；当 $n \leqslant i \leqslant m$ 时，全流域和部分净雨量参加汇流。一般在这段时间内形成最大流量。

若 $n=1$，则漫流过程为净雨量过程的同倍比放大，漫流过程线的底宽就是净雨历时，最大流量出现的时刻就是最大净雨量出现的时刻。

若 $m=1$，则漫流过程线为流域面积分配曲线的同倍比放大，最大流量及其出现的时间与流域面积分配曲线相吻合。

利用等流时线方法计算坡面汇流过程程序如下：

```
;**************************** 源代码信息 ****************************
; Name: EcoHAT_Slope_Concentration_Procedure.PRO
;********************************************************************


;**************************** 输入说明 ***************************
; 输入参数
;1. number_lines 子流域数量，整型，单位：-
;2. subbasin 二维栅格格式，浮点型，子流域范围，单位：-
;3. route_data 一唯数组，浮点型，汇流顺序，单位：-
;4. dt 数值，浮点型，时间分辨率，单位：小时
;5. m 数值，浮点型，子流域最大汇流时长，单位：小时
;6. i 数值，浮点型，降雨时刻，单位：小时
;7. Qi 二维栅格格式，浮点型，总径流量，单位：mm
```

```
;8. iuh_adjusted 二维栅格格式，浮点型，调整后等流时线，单位：小时
;9. PIXEL_SIZE 数值，浮点型，像元大小，单位：m
;10. n 数值，降雨历时，单位：小时
;11. P 数组，模型参数，单位：-
;**************************************************************

;*************************** 输出说明 **************************
;输出参数；
;Qsim 二维数组，浮点型，子流域出口径流量，单位：m³/s
;**************************************************************

;*************************** 其他说明 **************************
; P txt 数组，浮点型，模型参数，单位：-
;**************************************************************

;*************************** 算法设置 ***************************
pro EcoHAT_Slope_Concentration_Procedure, number_lines, subbasin,
route_data, dt, m, i, Qi, iuh_adjusted, PIXEL_SIZE, n, P, $
  Result1 = Result1

  ;获取输入数据
  number_lines = number_lines ;
  subbasin = subbasin
  dt = dt
  i = i
  Qi = Qi
  iuh_adjusted = iuh_adjusted
  pixel_size = PIXEL_SIZE
  n = n
  ID = route_data[0,*]
  FlowD = route_data[4,*]
  path_Qc = 'C:\Windows\Temp\Qc.txt'
  path_Qsim = 'C:\Windows\Temp\Qsim.txt'

  ;数据读取
```

```
  if i eq 1 then begin
    ts = make_array(number_lines,/float)
    for j=number_lines-1,0,-1 do begin
       ts[j] = max(iuh_adjusted[where(subbasin eq ID[j])])-min(iuh_
adjusted[where(subbasin eq ID[j])])
    endfor
    m = ceil(ts)
    Qc = make_array(n,number_lines,max(m)+1,/float); 建立以最长汇流时
长为边界的汇流矩阵
    Qsim = make_array(n,number_lines,/float)
  endif else begin
    test_read_3d_txt, path_Qc, result1 = result1
    Qc = result1
    test_read_3d_txt, path_Qsim, result1 = result1
    Qsim = result1
  endelse

  ; 子流域循环
  for ln=number_lines-1,0,-1 do begin

    ; 等流时面循环
    for i1=0,m[ln] do begin
      Qc[i,ln,i1]=total(Qi[where(subbasin eq ID[ln] and iuh_adjusted
eq i1)])*(PIXEL_SIZE/1000.0)^2/(3.6*dt); 计算每一等流时面的流量
    endfor

    if i le min([m[ln],n]) then begin
      for i1=1,i do begin
        Qsim[i,ln]=Qsim[i,ln]+Qc[i1,ln,i-i1+1]
      endfor
    endif else begin
      if m[ln] ge n then begin
        if i le m[ln] then begin
          for i1=1,n do begin
            Qsim[i,ln]=Qsim[i,ln]+Qc[i1,ln,i-i1+1]
```

```
          endfor
        endif else begin
          for i1=i-m[ln]+1,n do begin
            Qsim[i,ln]=Qsim[i,ln]+Qc[i1,ln,i-i1+1]
          endfor
        endelse
      endif else begin
        if i le n then begin
          for i1=i-m[ln]+1,i do begin
            Qsim[i,ln]=Qsim[i,ln]+Qc[i1,ln,i-i1+1]
          endfor
        endif else begin
          for i1=i-m[ln]+1,n do begin
            Qsim[i,ln]=Qsim[i,ln]+Qc[i1,ln,i-i1+1]
          endfor
        endelse
      endelse
    endelse

  endfor

  ;变量写入
  openw,lun,path_Qc,/Get_lun,Width = 800;/append 防止数据覆盖
  printf,lun,Qc;format=" 可定义格式
  free_lun, lun
  openw,lun,path_Qsim,/Get_lun,Width = 800;/append 防止数据覆盖
  printf,lun,Qsim;format=" 可定义格式
  free_lun, lun

  ;输出数据设置
  Result1 = Qsim
END
```

第五节 河道汇流计算与程序设计

运用马斯京根方法计算河道汇流。马斯京根方法假定流域内部入流量与出流量之间存在某种线性组合关系，并与河槽调蓄量呈单值关系，通过联立求解方程组的方式进行推导：

$$Q' = xI + yO \tag{5-14}$$

式中：Q' 为示储流量，m^3/s；x, y 为流量比重系数；I 为入流量，m^3/s；O 为出流量，m^3/s。

若水流呈稳定流时，则 $Q' = I = O = Q_w$，由式（5-14）得：

$$y = 1 - x \tag{5-15}$$

将式（5-15）代入式（5-14）得：

$$Q' = xI + (1-x)O \tag{5-16}$$

式中：x 为流量比重系数。

根据上述假定，用示储流量表示的槽蓄方程为：

$$W = KQ' = K[xI + (1-x)O] \tag{5-17}$$

在实际流量计算中，一次洪水的槽蓄流量不为零，根据简化圣维南方程可得：

$$W_2 - W_1 = \frac{I_2 - I_1}{2} \cdot \Delta t - \frac{O_2 - O_1}{2} \cdot \Delta t = (\bar{I} - \bar{O}) \cdot \Delta t \tag{5-18}$$

联立方程，求解可得：

$$O_2 = C_0 \cdot I_2 + C_1 \cdot I_1 + C_2 \cdot O_1 \tag{5-19}$$

$$C_0 + C_1 + C_2 = 1 \tag{5-20}$$

式中：I_1，I_2 分别为上一时刻和当前入流量，O_1，O_2 分别为上一时刻和当前出流量，C_0，C_1，C_2 为比例系数，计算公式为：

$$C_0 = \frac{\Delta t - 2K \cdot x}{2K - 2K \cdot x + \Delta t}, C_1 = \frac{\Delta t + 2K \cdot x}{2K - 2K \cdot x + \Delta t}, C_2 = \frac{2K - \Delta t - 2K \cdot x}{2K - 2K \cdot x + \Delta t} \tag{5-21}$$

式中：K 为蓄流流量关系曲线坡度；x 为流量比重系数；Δt 为选定演算时段。

利用马斯京根方法计算河道汇流过程程序如下：

```
;*************************** 源代码信息 ***************************
; Name: EcoHAT_Channel_Routing_Procedure.PRO
; ***************************************************************


;*************************** 输入说明 ***************************
; 输入参数
;1. i 数值，浮点型，降雨时刻，单位：小时
;2. Qsim 二维数组，浮点型，子流域出口径流量，单位：m3/s
```

```
;3. n 数值，降雨历时，单位：小时
;4. number_lines 子流域数量，整型，单位：-
;5. route_data 一维数组，浮点型，汇流顺序，单位：-
;*************************************************************

;*************************** 输出说明 **************************
;输出参数;
; Q 一维数组，浮点型，各个时刻流域出口径流量，单位：m^3/s
;*************************************************************

;*************************** 其他说明 **************************
; P txt 数组，浮点型，模型参数，单位：-
;*************************************************************

;*************************** 算法设置 ***************************
pro EcoHAT_Channel_Routing_Procedure, i, Qsim, n, number_lines,
route_data, P,$
  Result1=Result1

  ;获取输入数据
  i = i
  Qsim = Qsim
  n = n
  number_lines = number_lines
  ID = route_data[0,*]
  FlowD = route_data[4,*]
  c0 = p[4]
  c1 = p[5]
  c2 = 1-c1-c0
  path_input = 'C:\Windows\Temp\input.txt'
  path_Q = 'C:\Windows\Temp\Q.txt'
  path_Qout_cum = 'C:\Windows\Temp\Qout_cum.txt'

  ;数据读取
  if i eq 1 then begin
```

```
    input = make_array(n,number_lines,/float); 建立以最长汇流时长为边
界的汇流矩阵
    Q = make_array(n,number_lines,/float)
    Qout_cum = make_array(n,/float)
  endif else begin
    test_read_3d_txt, path_input, result1 = result1
    input = result1
    test_read_3d_txt, path_Q, result1 = result1
    Q = result1
    test_read_3d_txt, path_Qout_cum, result1 = result1
    Qout_cum = result1
  endelse

  ; 汇流计算
  for ln=number_lines-1,0,-1 do begin
    if ln ne 0 then begin
      if total(FlowD eq ID[ln]) eq 0 then begin
        Q[i,ln] = Qsim[i,ln]
        input[i,FlowD[ln]-1] = input[i,FlowD[ln]-1]+Q[i,ln]
      endif else begin
        Q[i,ln] = C0*INput[i,ln]+C1*INput[i-1,ln]+C2*Q[i-1,ln]+
Qsim[i,ln]
        input[i,FlowD[ln]-1] = input[i,FlowD[ln]-1]+Q[i,ln]
      endelse
    endif else begin
      Q[i,ln] = C0*INput[i,ln]+C1*INput[i-1,ln]+C2*Q[i-1,ln]+
Qsim[i,ln]
      Qout_cum[i] = Q[i,ln]; 可以写成 Q[*,0] 的形式
    endelse
  endfor

  ; 数据输出
  openw,lun,path_input,/Get_lun,Width = 800;/append 防止数据覆盖
  printf,lun,input;format=" 可定义格式
  free_lun, lun
```

```
    openw,lun,path_Q,/Get_lun,Width = 800;/append 防止数据覆盖
    printf,lun,Q;format=" 可定义格式
    free_lun, lun
    openw,lun,path_Qout_cum,/Get_lun,Width = 800;/append 防止数据覆盖
    printf,lun,Qout_cum;format=" 可定义格式
    free_lun, lun
    result1 = Qout_cum
END
```

第六节　降雨径流模型应用

一、案例背景

孤山川流域位于黄河中游西岸，东经 110°31′16″—111°4′56″，北纬 39°0′11″—39°27′16″，流域面积有 1 263 km^2，海拔为 795～1 406 m。流域 90% 以上地区为黄土所覆盖。由于土层深厚、质地疏松、植被稀少，这里土壤侵蚀严重，沟谷发育，是典型的黄土丘陵沟壑区。多年平均气温 8.5 ℃；降水年际变化大，年均降雨量为 435.5 mm，多发生在夏季，常以暴雨形式出现。流域内部及周边共有 14 个雨量站，包括高石崖、孤山、新庙、新民镇、秦家沟和土墩则塌等。高石崖水文站是孤山川流域出口流量控制站。案例获取孤山川流域及周边 14 个雨量站 1988 年的次降雨数据，应用 LCM 模型模拟计算孤山川流域的降雨径流量。

二、数据准备

LCM 模型所需数据主要包括三种：降雨数据、下垫面数据，以及地形数据。具体如下：

降雨数据：雨量站次降水数据需要经过时间、空间插值处理后生成面雨量数据，作为模型的输入变量。

下垫面数据：包括土地利用和土壤质地数据，土地利用数据是遥感影像目视解译产品，土壤质地数据通过世界土壤数据库 HWSD 获取。

地形数据：地形数据来源于美国国家航空航天局（NASA）和国防部国家测绘局（NIMA）联合测量并发布的 SRTM-DEM 数据。该数据集的空间分辨率有 30 m 和 90 m 两种，案例中选用 90 m 分辨率数据。

表 5-2、表 5-3 中展示了运行 LCM 模型所需准备的示例数据，主要包括：保存于 Precipitation_1988_1 文件夹中的降雨量空间插值分布图；由下垫面数据生成的土壤干燥下渗系数 r_1980d 和土壤湿润下渗系数 r_1980w；由 SRTM-DEM 数据生成的等流时线 IUH 数据、调整后的等流时线 IUH_Adjusted 数据、子流域分布图 SubbasinBoundary 数据，以及流域汇流属性表 SubBasinA_txt.txt。此外，示例的输入数据中还包括了参数优选 Parameters_txt.

txt 文档，用以确定 LCM 模型中部分算法参数的取值；降雨、径流观测数据 Val_1988_1_txt.txt，用于验证 LCM 模型的模拟精度。

表 5-2 LCM 模型示例输入数据

输入数据名称	输入数据含义	输入数据类别
Precipitation	1988 年降雨量空间插值图	影像参数数据
IUH	由 DEM 数据生成的等流时线	影像参数数据
IUH_Adjusted	调整后的等流时线	影像参数数据
Parameter_txt	参数优选	文本数据
r_1980d	土壤干燥下渗系数	影像参数数据
r_1980w	土壤湿润下渗系数	影像参数数据
SaturationSoilMoisture	饱和土壤含水量	影像参数数据
SoilMoisture0	前期土壤含水量	影像参数数据
SubBasinA_txt	流域汇流属性表	文本数据
SubbasinBoundary	子流域分布图	影像参数数据
Val_1988_1_txt	降雨、径流观测数据	文本数据

表 5-3 Precipitation_1988_1 文件夹中部分次降水数据情况

输入数据名称	输入数据含义	输入数据类别
1988080320	1988 年 8 月 3 日 20 时次降水数据	影像参数数据
1988080321	1988 年 8 月 3 日 21 时次降水数据	影像参数数据
1988080322	1988 年 8 月 3 日 22 时次降水数据	影像参数数据
1988080323	1988 年 8 月 3 日 23 时次降水数据	影像参数数据
1988080400	1988 年 8 月 4 日 0 时次降水数据	影像参数数据
1988080401	1988 年 8 月 4 日 1 时次降水数据	影像参数数据
1988080402	1988 年 8 月 4 日 2 时次降水数据	影像参数数据
1988080403	1988 年 8 月 4 日 3 时次降水数据	影像参数数据
1988080404	1988 年 8 月 4 日 4 时次降水数据	影像参数数据
……	逐小时数据	影像参数数据
1988080606	1988 年 8 月 6 日 6 时次降水数据	影像参数数据

三、计算流程

LCM 模型采用栅格作为计算单元，以子流域坡面等流时面积作为最小汇流单元。LCM 模型的主要计算流程包括：水文气象预处理、下垫面数据叠加分析、地形数据空间分析，以及分布式 LCM 模型计算。

（一）水文气象数据预处理

雨量站记录次降雨过程的方式方法不同，导致次降雨数据记录时间序列不规范。为了使雨量站次降雨数据在时间和空间上与模型计算结构保持一致，应用该模块对降雨和径流数据进行时间插值处理，将其处理为 1 小时等时间间隔数据，同时利用 IDW（Inverse Distance Wight）反距离插值方法，获得流域面雨量空间分布数据。

（二）下垫面数据叠加分析

下垫面的下渗能力受土地利用和土壤质地的影响。通过土地利用数据获取水体、城市、荒地、耕地、草地及森林空间分布图；通过查询世界土壤数据库 HWSD 的 1∶100 万土壤属性图制作土壤质地分布图。通过空间叠加操作，确定空间上连续、下垫面条件有所差异的入渗系数 r 值空间分布图（图 5-3）。

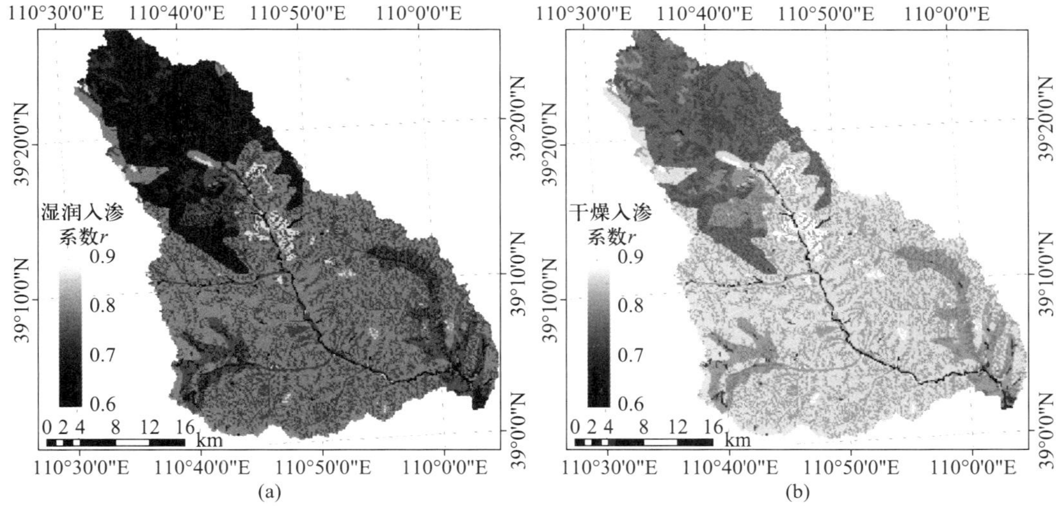

图 5-3　土壤湿润入渗系数 r 空间分布图（a）和土壤干燥入渗系数 r 空间分布图（b）

（三）地形数据空间分析

DEM 是反映流域地形地貌信息的重要数据。结合地形数据空间分析，可以对水系及汇流信息进行演算，实现子流域的划分。然后，根据子流域间的拓扑关系确定汇流顺序，在子流域内部运用等流时线进行坡面汇流。进入河道后通过马斯京根方法进行汇流。输出数据包括等流时线图，子流域分布图，流域汇流属性表，以及调整后子流域内部的等流时线图（图 5-4）。

（四）分布式 LCM 模型计算

在完成前期数据准备的基础之上，进入分布式 LCM 模型计算环节。输入的数据包括了子流域文件：SubbasinBoundary 数据；降雨插值数据——示例数据中的 Precipitation_1988_1 文件夹；等流时线——IUH 数据；调整后的等流时线——IUH_Adjusted 数据；前期土壤含水量——SoilMoisture0 数据；饱和土壤含水量数据：SaturationSoilMoisture 数据；湿润入渗系数——

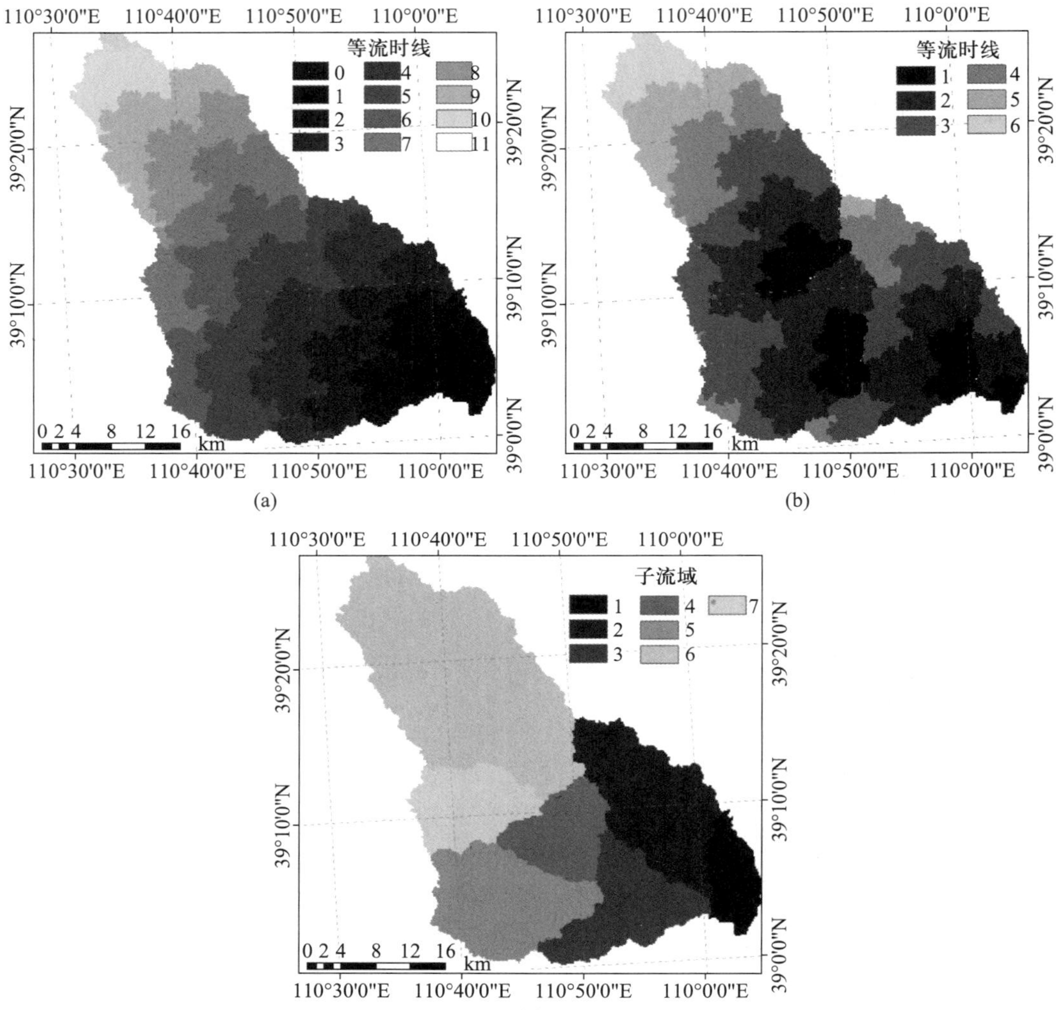

(c)

图 5-4　地形数据空间分析输出结果：
（a）流域等流时线图；（b）调整后的流域等流时线图；（c）子流域分布图

r_1980w 数据；干燥入渗系数——r_1980d 数据；降雨、径流观测数据——Val_1988_1_txt.txt；SubBasinA——SubBasinA_txt.txt。在获得参数优选文件 Parameters_txt.txt 之后，将其与 LCM 数据集一同代入“分布式 LCM 模型计算程序”当中进行降雨径流过程模拟（图 5-5）。

四、模拟结果

按照操作步骤分别计算并获得 LCM 模型的输入数据集，在准备好 LCM 模型输入数据的基础上，调用 LCM 模型计算程序，对研究区降雨径流过程进行模拟。LCM 模型的输出结果为研究区各个时刻的流域出口径流量。

LCM 模型的模拟结果和卡口站观测的径流量过程线对比结果如图 5-6 所示。

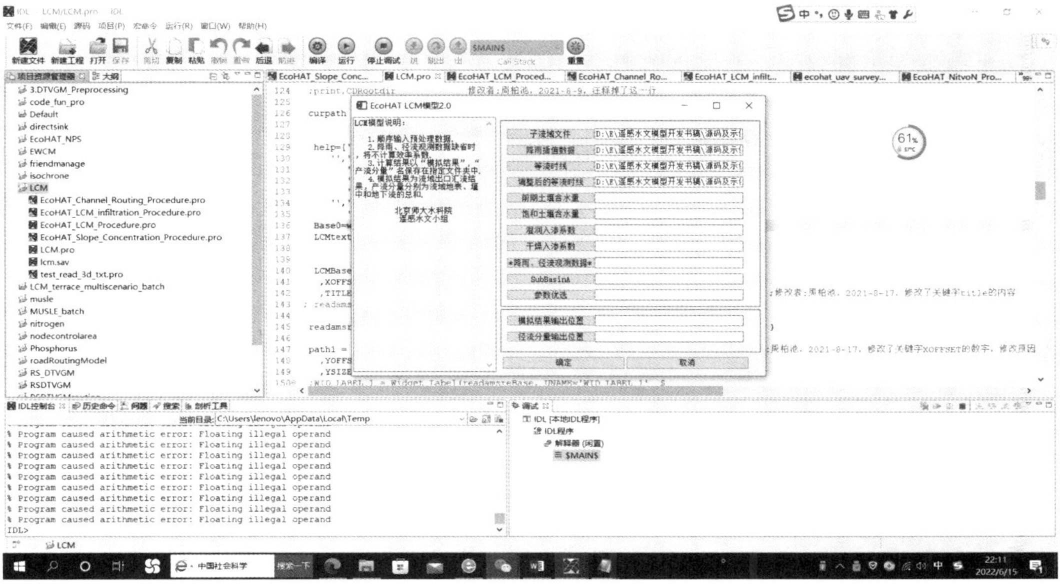

图 5-5　LCM 模拟计算模块界面

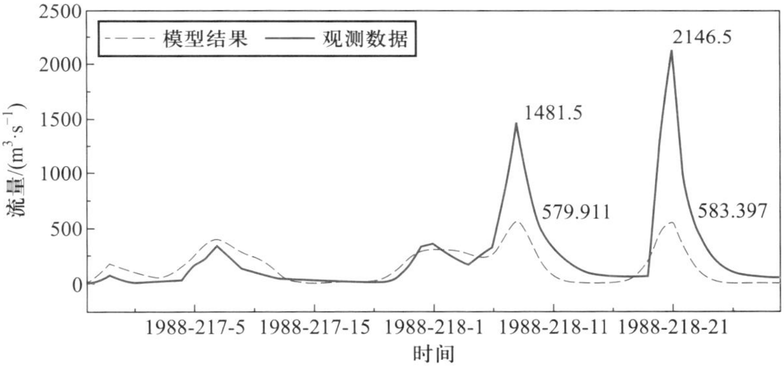

图 5-6　LCM 模型模拟结果过程线

复习思考题

一、基础部分

1. 什么是降水入渗？

2. LCM 模型中降水入渗算法是什么？其中 R 和 r 参数取值范围的反映出土地利用的什么规律？

二、操作实践

1. 下载次降雨径流模型的源代码，阅读程序并勾画出 LCM 模型降水入渗算法和产流算法的语句。

2. 下载教学示例数据，阅读理解教学示例数库的文件结构，并运行示例数据。

3. 选择研究区（最好以家乡或学校所在地），参照教学示例数据中各文件，在公共平台下载遥感数据，运行 LCM 开展研究区模拟计算。

第6章

流域水文模型

流域水资源总量计算是科学管理和分配水资源的先决条件，流域水文模型是模拟评价区域水资源的有效工具。全球陆地范围有大面积的高山、荒漠，环境条件恶劣，这些地区水文测站稀少，水文资料缺乏，开展缺资料流域的水文过程模拟，发展缺少测站地区流域水文分析理论和方法是前沿热点问题之一。

本章以EcoHAT中RS-DTVGM（Remote Sensing Distributed Time Variant Gain Model）模型为案例，阐述遥感驱动流域水文模型原理、构建及应用案例，为缺资料流域的水资源计算与管理提供可靠的技术手段。

第一节 流域水文模型原理与构建

随着社会经济发展，水资源短缺矛盾和水安全问题的日益突出。20 世纪 90 年代以后，联合国教科文组织（UNESCO）、国际水文科学协会（IAHS）和世界气象组织（WMO）等都重视缺资料地区的气象和水文研究工作，实施了一系列国际水科学计划，如 IHD、HIP、WCRP、PUB 等。其中 PUB（Prediction in Ungauged Basins）是 IAHS 于 2001 年提出，2003 年 7 月正式启动的研究计划，它是针对发展中国家水文观测资料不全，甚至无测站流域水文预报的科学计算，旨在探索水文模拟的新方法。缺资料地区水文预报新理论包括灰色系统理论、人工神经网络、几何分析、小波分析等；新技术包括计算机技术、遥感与地理信息系统技术等。

一、EcoHAT RS-DTVGM 模型原理

在 20 世纪 70 年代末，爱尔兰的 J. Dooge 基于理论假设提出了水文系统线性理论，纳什（Nash）教授以此为基础提出了总径流线性响应模型（TRM）和线性扰动模型（LPM），通过引入水文系统增益因子来简化和表达离散的降雨－径流关系。然而水文系统是一个巨大的复杂的非线性系统，即相同的系统输入并不能产生完全相同的模型结果，非线性和不确定性是水文系统的固有特性。夏军通过对比分析不同国家和地区的 40 多个流域站点实测水文数据序列发现，水文系统的增益因子不应该是一个常数，而是流域某个状态变量的函数，并由此提出了时变增益模型（Time Variant Gain Model，TVGM）的概念，即降雨和产流之间的关系是非线性的。产流过程中土壤水分变化影响着产流量，由此将地表径流重新表达为地表有效降雨量和系统增益因子的乘积，如下：

$$R_{i,t}=G\cdot P_{i,t} \tag{6-1}$$

式中：$P_{i,t}$ 为有效降雨；$R_{i,t}$ 为地表产流量；G 为时变增益因子。G 可以理解为整个流域的产流系数，取值范围在 0～1 之间，其可以进一步表达为流域当前土壤湿度的公式：

$$G=g_1\left(\frac{S_{i,t}}{W_{i,t}}\right)^{g_2} \tag{6-2}$$

式中：g_1 和 g_2 为模型参数；$S_{i,t}$ 为饱和土壤含水量；$W_{i,t}$ 为土壤实际含水量。TVGM 可表达为整体非线性的 Volterra 非参数系统响应模型的形式，即：

$$Y(t)=\int_0^m H_1(\tau)X(t-T)\mathrm{d}i+\iint_0^m H_2(\tau,\sigma)X(t-T)X(t-\sigma)\mathrm{d}\tau\mathrm{d}\sigma \tag{6-3}$$

式中：$H_1(\tau)$，$H_2(\tau,\sigma)$ 为水文系统响应函数；$H_1(\tau)$ 表示线性系统而 $H_2(\tau,\sigma)$ 表示线性系统；m 为记忆长度；τ 为时间积分变量。TVGM 模型在国内外多个流域进行了应用，结果表明其在半湿润、半干旱环境下，对于中小尺度流域的模拟效果最好，这也表明 TVGM 能以相对

简单的形式模拟得到与复杂泛函级数相同的计算效果。

夏军于 2003 年在 TVGM 的基础上，引入了系统水文学和物理水文学方法，提出了新的分布式时变增益水文模型（Distributed Time Variant Gain Model，DTVGM）。DTVGM 以 GIS/DEM 为基础，利用 GIS 手段提取坡度、坡向、水流路径、河流网格、流域边界等地形地貌信息，而在水文物理过程上，采用了分布式水文模型构建的通用模式，即以水量平衡方程为核心，将水文循环中各个过程（融雪、蒸散发、地表径流、壤中流、地下径流、汇流等）整合，进一步引入地表覆被因子表达不同的下垫面状况对地表径流的影响，提出了月、日、时 3 个时间尺度的子模型。

二、EcoHAT RS-DTVGM模型结构

RS-DTVGM 是遥感驱动的分布式时变增益模型（Distributed Time Variant Gain Model）。加强 DTVGM 与遥感数据的耦合，模型输入变量与参数尽可能通过遥感技术获取，以减少对地面数据的需求。RS-DTVGM 模型的总体结构包括以下四个方面（图 6-1）。

（1）有效降雨：对栅格总产流量的计算从有效降雨计算开始，有效降水等于降水经过植

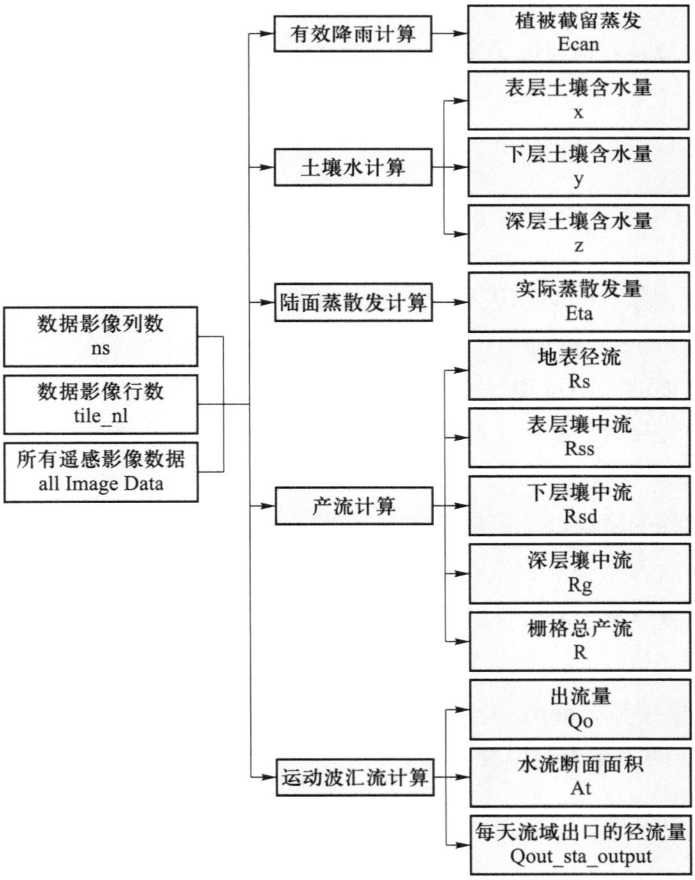

图 6-1　EcoHAT RS-DTVGM 计算流程图

被截留消耗后的值。

（2）地表径流：有效降水到达下垫面表层后，通过下渗作用进入土壤，改变地表、中间和下层土壤的水分含量而产生。

（3）总产流量：通过综合地表径流和多层壤中流计算得到。

（4）流域出口断面径流：通过运动波汇流模型，结合栅格总产流进行模拟。

其中有效降雨计算、土壤水计算和陆面蒸散发计算模型见第 3 章中相应的水文因子遥感反演模型及程序设计。

第二节　产流计算与程序设计

产流模块是 RS-DTVGM 的核心模块，其通过时变增益因子优先计算地表径流，并耦合水量平衡方程，以牛顿迭代法求算土壤湿度，再求算各个水文分量。

1. 地表径流

降雨经林冠截留后到达表层土壤，一部分在表面发生地表径流，剩余部分进入表层土壤补充土壤含水量。地表径流采用 TVGM 模型计算，模型认为地表径流与有效降雨呈非线性关系，这种关系通过时变增益因子表示。时变增益因子通过表层土壤水分求算，同时增加下垫面覆被状况对产流状况的影响，通过地表覆被因子 C 来表达，其主要与植被生长状况有关。地表径流模型的计算公式如下：

$$Rs = g_1\left(\frac{AW_u}{WM_u \cdot C}\right)^{g_2} \cdot P' \qquad (6-4)$$

式中：Rs 为地表径流量，mm；AW_u 为表层土壤湿度，%；WM_u 为表层土壤饱和含水量，%；P' 为有效降雨量，mm，反映降雨经过截留和融雪作用后降于地表的有效值，为降雨量扣除林冠截留后到达地面的净雨量和融雪量之和；g_1 和 g_2 是有关参数（$0<g_1<1$，$g_2>1$），其中 g_1 为土壤饱和后径流系数，g_2 为土壤水影响系数；C 为覆被影响参数。

2. 表层壤中流

扣除地表径流外的降雨以一定的速率下渗进入土壤。一部分保存在土壤中，使土壤含水量增大。另一部分沿着土壤空隙流动，从坡侧土壤空隙流出，转换为地表径流，注入河槽的部分径流称为表层壤中流，采用自由水蓄水库线性出流计算，公式如下：

$$Rss = AW_u \cdot Kr \cdot Thick \qquad (6-5)$$

式中：Rss 为表层壤中流，mm；AW_u 为表层土壤含水量，%；Kr 为表层土壤水出流系数；$Thick$ 为研究中划定的表层土壤厚度，mm。在实际计算时，土壤湿度取时段起止土壤湿度的平均值：

$$AW_u = \frac{AW_{ui} + AW_{ui+1}}{2} \qquad (6-6)$$

式中：AW_{u_i} 和 $AW_{u_{i+1}}$ 分别为时段开始和结束时的土壤含水量，%。

3. 深层壤中流与地下径流

深层壤中流和地下径流计算方式类似于表层壤中流，即

$$Rds = AW_d \cdot Kd \cdot Thick\_s \tag{6-7}$$

$$Rg = AW_g \cdot Kg \cdot Thick\_g \tag{6-8}$$

式中：Rds 为深层壤中流，mm；AW_d 为深层土壤含水量，%；Kd 为深层土壤出流系数，$Thick\_s$ 为研究中划定的深层土壤土体厚度。地下径流计算公式符号参照深层壤中流公式。

4. 单元总产流

单元网格上的总产流量 R 为地表径流 Rs、壤中流 $Rss+Rsd$、地下径流 Rg 之和：

$$R = Rs + Rss + Rsd + Rg \tag{6-9}$$

地表径流计算程序的代码如下

```
;************************** 源代码信息 **************************
; Name: EcoHAT_Runoff_Procedure.PRO
;****************************************************************

;*************************** 输入说明 **************************
; 输入参数
;1. SoilCoe_txt 数组，浮点型，土壤径流系数，单位：-
;2. Thickness_txt 数组，浮点型，土壤厚度参数，单位：-
;3. AWui 二维栅格格式，浮点型，为日初表层土壤含水量，单位：%
;4. AWdi 二维栅格格式，浮点型，为日初下层土壤含水量，单位：%
;5. AWgi 二维栅格格式，浮点型，为日初深层土壤含水量，单位：%
;6. AWu 二维栅格格式，浮点型，为表层土壤含水量，单位：%
;7. AWd 二维栅格格式，浮点型，为下层土壤含水量，单位：%
;8. AWg 二维栅格格式，浮点型，为深层土壤含水量，单位：%
;9. WCS 二维栅格格式，浮点型，表层土壤饱和含水量，单位：%
;10. WCS_S 二维栅格格式，浮点型，下层和深层土壤饱和含水量，单位：%
;11. WCW 二维栅格格式，浮点型，表层土壤萎蔫含水量，单位：%
;12. WCW_S 二维栅格格式，浮点型，下层和深层土壤萎蔫含水量，单位：%
;13. WCF 二维栅格格式，浮点型，表层土壤田间持水量，单位：%
;14. Pe 二维栅格格式，浮点型，地面有效降雨，单位：mm
;****************************************************************

;*************************** 输出说明 **************************
; 输出参数
```

```
;1. Rs 二维栅格格式，浮点型，地表径流，单位：mm
;2. Rss 二维栅格格式，浮点型，表层壤中流，单位：mm
;3. Rds 二维栅格格式，浮点型，下层壤中流，单位：mm
;4. Rg 二维栅格格式，浮点型，深层壤中流，单位：mm
;5. R 二维栅格格式，浮点型，栅格总产流，单位：mm
;*************************************************************
;*************************** 算法设置 ***************************
PRO EcoHAT_Runoff_Procedure,SoilCoe_txt,Thickness_txt,AWui,AWdi,AWgi,
AWu,AWd,AWg,WCS,WCS_S,WCW,WCW_S,WCF,Pe,$
  Result1=Result1,Result2=Result2,Result3=Result3,Result4=Result4,
Result5=Result5

  ;定义参数
  ;地表径流模块参数，全文统一替换去除
  g1=SoilCoe_txt[0]
  g2=SoilCoe_txt[1]

  ;壤中流模块参数，调参对象
  Kr=SoilCoe_txt[2]; 定义表层土壤出流系数
  Kr2=SoilCoe_txt[3]; 定义下层土壤出流系数
  Kg=SoilCoe_txt[4]; 定义深层出流系数

  ;土壤属性参数
  Thick=Thickness_txt[0];表层土壤厚度（mm）
  Thick2=Thickness_txt[1];下层土壤厚度（mm）
  Thick_S=Thickness_txt[2];深层土壤厚度（mm）

  ;计算地表径流量
  CASE 1 OF
    AWu lt WCS: begin
      Rs=g1*Pe*(AWu/WCS)^g2
    end

    AWu ge WCS:begin
      Rs=g1*Pe+(AWu-WCS)*Thick
```

```
    AWu=WCS
  end
ENDCASE

; 计算表层壤中流
CASE 1 OF

  ; 无土壤水出流，也无下渗
  AWu le WCW: begin
    Rss=0.0
  end

  ; 土壤水线性出流，并以稳定速率下渗
  AWu gt WCW and AWu le WCF: begin
    Rss=Kr*AWu*Thick
  end

  ; 土壤水线性出流，剩余水量以壤中流和下渗形式流出（各 1/2）
  AWu gt WCF: begin
    Rss=Kr*AWu*Thick
  end
ENDCASE

; 计算下层壤中流
CASE 1 OF

  ; 壤中流停止
  AWd le WCW_S:begin
    Rds=0.0
  end

  AWd gt WCW_S:begin;
    Rds=kr2*AWd*Thick2
  end
ENDCASE
```

```
; 计算地下径流
CASE 1 OF

  ; 壤中流停止
  AWg le WCW_S:begin
    Rg=0.0
  end

  AWg gt WCW_S:begin
    Rg=Kg*AWg*Thick_S
  end
ENDCASE

; 计算一天末土壤含水量，对表层壤中流、下层壤中流、地下径流进行修正
End_AWui=2*AWu-AWui
if End_AWui gt WCS then begin; 控制土壤含水量不大于饱和土壤含水量，多余的水分出流
  Rss=Rss+(End_AWui-WCS)*Thick
endif
End_AWdi=2*AWd-AWdi
if End_AWdi gt WCS_S then begin
  Rds=Rds+(End_AWdi-WCS_S)*Thick2
endif
End_AWgi=2*AWg-AWgi
if End_AWgi gt WCS_S then begin
  Rg=Rg+(End_AWgi-WCS_S)*Thick_S
endif

; 计算总产流
R=Rs+Rss+Rds+Rg

; 输出数据设置
Result1=Rs
Result2=Rss
```

```
Result3=Rds
Result4=Rg
Result5=R
END
```

第三节　运动波汇流计算与程序设计

运动波理论最早由莱特希尔（Lighthill）和惠瑟姆（Whitham）提出，是一种对一维圣维南方程的简化处理。运动波理论提出后出现了很多关于这方面的研究。汇流过程坡面与河道两个汇流阶段，单元上产生的径流经过坡面的汇流运动流入河道内，然后由河道逐级汇流到流域出口。因此，汇流计算的第一步是确定径流的汇集途径（坡面或河道）。河道可基于 DEM 数据，利用 ArcGIS 中水文模块进行提取，对于栅格性质的判断（坡面栅格或河道内栅格）可通过每个栅格的汇流累计面积进行判断，设定阈值为 N，大于该阈值的认为是河道栅格，小于该阈值的则认为是坡面栅格。

1. 坡面汇流

径流深度 h：

$$h=\frac{A}{w} \tag{6-10}$$

式中：h 为径流深度，即水流断面平均深度，m；A 为断面面积，m^2；w 为断面平均宽度，m。

假定栅格上的水质点相互独立，即不同栅格上水流速度不与周围栅格水流速度相互影响，且不随时间变化，则可以利用曼宁公式计算流速：

$$v=\frac{1}{n}\cdot R^{\frac{2}{3}}S_0^{\frac{1}{2}} \tag{6-11}$$

式中：v 为流速，m/s；n 为地表曼宁糙率系数；R 为水力半径，m，坡面汇流过程中可用 h 代替；S_0 为坡面比降。

得出水流速度后，水流断面流量 Q（m^3/s）为水流断面面积与流速的乘积，即：

$$Q=A\cdot v \tag{6-12}$$

$$w=\Delta x \tag{6-13}$$

式中：w 为断面平均宽度，m；Δx 为网格宽度，m。

联立方程式（6-10）、式（6-11）、式（6-12）和式（6-13）得：

$$Q=\alpha\cdot A^{\beta} \tag{6-14}$$

$$\alpha=\frac{1}{n}\Delta x^{\frac{2}{3}}S_0^{\frac{1}{2}},\ \beta=\frac{5}{3} \tag{6-15}$$

2. 河道汇流

首先假设断面形状为三角形，断面平均宽度随水流深度变化而改变，并且假定断面平均宽度与水流平均深度呈线性关系，即

$$w = a \cdot h \tag{6-16}$$

式中：w 为断面平均宽度，m；a 为参数，由河道属性决定；h 为径流深度，m；w_0 为河底宽度，若断面为三角形，则 w_0 为零。

联立方程式（6-10）、式（6-16）得：

$$h = \frac{A}{ah} \tag{6-17}$$

联立方程式（6-10）、式（6-11）、式（6-12）、式（6-16）得：

$$Q = \frac{1}{n} a^{-\frac{1}{3}} S_0^{\frac{1}{2}} A^{\frac{4}{3}} = \alpha \cdot A^{\beta} \tag{6-18}$$

$$\alpha = \frac{1}{n} a^{-\frac{1}{3}} S_0^{\frac{1}{2}}, \beta = \frac{4}{3} \tag{6-19}$$

3. 汇流量计算

河道中的水流属于明渠非恒定渐变流，其连续性方程为：

$$\frac{\partial A}{\partial t} + \frac{\partial Q}{\partial x} = q \tag{6-20}$$

式中：A 为水流断面面积，m^2；t 为时间，s；Q 为流量，m^3/s；x 为流程，m；q 为侧向入流，m^3/s。

上式可转化为：

$$\frac{\Delta A}{\Delta t} + \frac{\Delta Q}{\Delta x} = q$$

即

$$\Delta A \Delta x + \Delta Q \Delta t = q \Delta x \Delta t \tag{6-21}$$

对于单个栅格而言，侧向入流主要是单元产流，则

$$\Delta A \Delta x + \Delta Q \Delta t = R \cdot Area \tag{6-22}$$

对于 t 时刻：

$$\Delta A = A_t - A_{t-1}, \Delta Q = Q_O - Q_I \tag{6-23}$$

式中：$Area$ 为节点面积，m^2；A 为断面面积，m^2；t 为时间，s；Q_I 为栅格入流量，m^3/s；Q_O 为栅格出流量，m^3/s。

流入栅格的流量 Q_I 等于上游汇入的网格流出流量的和，流出栅格的流量 Q_O 可由下式计算：

$$Q_O = \alpha \cdot \left(\frac{A_t + A_{t-1}}{2} \right)^{\beta} \tag{6-24}$$

然后通过牛顿迭代法求出 A_t，即可计算出栅格的出流量 Q_O。对于每一个栅格，均可计

算出一个出流量，流域出口处栅格单元的出流量即该时段内流域内的总径流量。

流域出口流量计算程序如下：

```
;************************** 源代码信息 **************************
; Name: EcoHAT_RSDTVGMrouting_Procedure.PRO
;***********************************************************

;*************************** 输入说明 **************************
; 输入参数
;1. startyear 数值，整形，模拟的起始年份，单位：-
;2. startday 数值，整形，模拟的年积日，单位：-
;3. path1 字符串，字符型，河网数据文件的根目录，单位：-
;4. path2 字符串，字符型，产流数据文件的根目录，单位：-
;5. savepath 字符串，字符型，输出路径，单位：-
;***********************************************************

;*************************** 输出说明 **************************
; 输出参数
;1. Qo 二维数组，浮点型，出流量，单位：m3
;2. At 二维数组，浮点型，水流断面面积，单位：m2
;3. Qout_sta_output 文本，浮点型，每天流域出口的径流量，单位：m3
;***********************************************************

;*************************** 其他说明 **************************
;path1 中包含的输入数据：
;1. boundary 二维数组，整形，研究区边界，单位：-
;2. Subbasin 二维数组，整形，子流域分布图，单位：-
;3. SubBasinA 文本，浮点型，子流域属性，单位：-
;
;path2 中包含的输入数据：
;1. R 二维数组，浮点型，栅格产流量，单位：m3
;***********************************************************

;*************************** 算法设置 ***************************
FORWARD_FUNCTION envi_init_tile
FORWARD_FUNCTION envi_get_map_info
```

```
FORWARD_FUNCTION envi_get_tile

pro EcoHAT_RSDTVGMrouting_Procedure,startyear,startday,path1,path2,
savepath

  COMPILE_OPT IDL2
  ENVI,/RESTORE_BASE_SAVE_FILES,/NO_STATUS_WINDOW
  ENVI_BATCH_INIT, log_file='batch.txt'

  ;打开影像数据
  dir=path1
  filedir=path2
  savedir=savepath

  fstartyear=float(startyear)
  fstartday=float(startday)

  path=savedir+'At1\'                                    ;
  if file_test(path,/directory) lt 1 then begin
    file_mkdir, path
  endif
  path2=savedir+'Qo\'
  if file_test(path2,/directory) lt 1 then begin
    file_mkdir, path2
  endif

  ;打开流域边界图
  ENVI_OPEN_FILE, dir+'boundary.tif', r_fid=fid,/no_realize;directory
and file name, to be modified
  ENVI_FILE_QUERY,fid,ns= ns,nl= nl,nb= nb,dims= dims
  pos=lindgen(nb)
  boundary=float(ENVI_GET_DATA(fid=fid,dims=[-1, 0, ns-1, 0, nl-1],
pos=pos))
  map_info = envi_get_map_info(fid=fid)
```

```
;打开子流域图
ENVI_OPEN_FILE, dir+'Subbasin.tif', r_fid=fid,/no_realize;directory
and file name, to be modified
ENVI_FILE_QUERY,fid,ns= ns,nl= nl,nb= nb,dims= dims
pos=lindgen(nb)
subbasin=float(ENVI_GET_DATA(fid=fid,dims=[-1, 0, ns-1, 0, nl-1],
pos=pos))

;打开每日单元总产流量图，并将年数据存入一个 3 维数组
filenames=file_search(filedir,'R_*.hdr')

;打开文本数据
openfilename=dir+'SubBasinA.txt'
OPENU,unit1,openfilename,/GET_LUN

;计算文件中的列数和行数
Header="
READF,unit1,Header
Header=STRSPLIT(Header, /EXTRACT) ;把 Header 中的字段提取出来，转成
一个矩阵
number_samples = SIZE(Header,/N_elements);获取字段数目，即列数
number_lines=0
data_middle="
WHILE NOT EOF(unit1) DO BEGIN
  number_lines=number_lines+1;获取行数
  READF,unit1,data_middle
ENDWHILE

;读取文本文件到矩阵
route_data=MAKE_ARRAY(number_samples,number_lines,/float)
;确定文件的行数之后，将文件指针重新置到文件的开头，准备读数据
POINT_LUN,unit1,0
;第一行为文本行，读到字符变量中
data_middle="
READF,unit1,data_middle
```

```
READF,unit1,route_data
free_lun,unit1

;定义参数及数组
u=25000.0;U为单位转换系数，可将径流深转化为流量，即从栅格单元mm/d转化为m3/d(1mm/d*1000m*1000m=1000m3/d)
dT=86400.0;本模型中时间尺度为天，因此dT取值24.0h

fm_net=200.0;河道形状系数
rn_net=0.1;河道曼宁糙率系数

MaxNo=1000;牛顿迭代法最大次数
MaxErr=0.00001;牛顿迭代法最大误差

Qi=make_array(n_elements(filenames),number_lines,/float);定义天数、子流域个数的二维矩阵存放每天、各子流域的入流量，初始值为0
Qo1=make_array(ns,nl,/float);定义ns行，ns列的二维矩阵存放每天、各栅格的出流量，初始值为0
At1=make_array(ns,nl,/float)
At0=make_array(ns,nl,/float)

;创建一维数组用于存储每天流域出口的径流量
Qout_sta=make_array(1,n_elements(filenames),/string)

;进入计算
;计算汇流模型中的参数alpha、beta
for d=0,N_elements(filenames)-1 do begin

  ENVI_OPEN_FILE,filenames[d],r_fid=fid,/no_realize
  if (fid eq -1) then begin
    envi_batch_exit
    return
  endif

  ENVI_FILE_QUERY,fid,ns=ns,nl=nl,nb=nb,dims=dims
```

```
R=float(ENVI_GET_DATA(fid=fid,dims=[-1, 0, ns-1, 0, nl-1],pos=pos))
Runoff=R[*,*]

cal_date=strmid(filenames[d],strpos(filenames[d],'.HDR')-7,7)
cal_day=strmid(filenames[d],strpos(filenames[d],'.HDR')-3,3)
cal_year=strmid(filenames[d],strpos(filenames[d],'.HDR')-7,4)
day=float(cal_day)
year=float(cal_year)

if day eq fstartday and year eq fstartyear then begin
  At0=make_array(ns,nl,/double); 存放每天初、各像元的水流断面面积
endif else begin

  if day eq 1 then begin
    if (fix(year)-1) mod 4 eq 0 then begin
      fore_day=strmid(strtrim(string(year-1),2),0,4)+'366'
    endif else begin
      fore_day=strmid(strtrim(string(year-1),2),0,4)+'365'
    endelse
  endif else begin
    fore_day=strmid(strtrim(string(double(cal_date)-1),2),0,7)
  endelse

  select_At1=path+'At1'+'_'+fore_day+'.tif'
  ENVI_OPEN_FILE,select_At1,r_fid=fid,/no_realize
  if (fid eq -1) then begin
    return
  endif

  ENVI_FILE_QUERY,fid,ns=ns,nl=nl,nb=nb,dims=dims
  At1=float(ENVI_GET_DATA(fid=fid,dims=[-1, 0, ns-1, 0, nl-1],pos=
pos))
  At0[*,*]=At1[*,*]
endelse
```

```
;设置每天流域出口的初始值为 0,经过计算得到每天流域出口流量
Qout_cum=0.0

;初始化计算进度条
envi_report_init,'计算进程',title="Eco-HAT生态水文模拟系统",
base=base, /INTERRUPT

for ln=number_lines-1,0,-1 do begin

  num_ln=route_data[3,ln];子流域内栅格个数
  pixelwidth_ln=route_data[7,ln]*1000;子流域的流程长
  gradient_ln=route_data[6,ln];子流域的坡降

  ;日时间尺度下默认子流域内按照河道汇流,不进行坡面汇流
  alpha_ln=1.0/rn_net*fm_net^(-1.0/3)*gradient_ln^(0.5)
  beta_ln=4.0/3

  m=0
  R_sum_ln=0.0

  ln_index=where(subbasin eq route_data[0,ln])
  At0_ln=At0[ln_index[0]]
  R_sum_ln=n_elements(ln_index)*mean(Runoff[ln_index])

  ;用牛顿迭代法求算日末水流断面面积
  x=At0_ln
  Fx=0.0D
  Fx1=0.0D
  MyErr=100.0D
  K=1

  while (K le MaxNO and abs(MyErr) gt MaxErr) do begin

    if (x+At0_ln)/2 ge 0.000001 then begin
      Fx=1.0*(Qi[d,ln]-alpha_ln*((x+At0_ln)/2)^beta_ln)*dT/
```

```
pixelwidth_ln+R_sum_ln*u/pixelwidth_ln-x+At0_ln; 子流域汇流
          Fx1=-0.5*alpha_ln*beta_ln*((x+At0_ln)/2)^(beta_ln-1)*
dT/pixelwidth_ln-1
        endif else begin
          Fx=Qi[ln]*dT/pixelwidth_ln+R_sum_ln*u/pixelwidth_ln
          Fx1=-1.0
        endelse

        if abs(Fx1) gt 0.000001 then begin
          x1=x-Fx/Fx1
        endif else begin
          x1=x
        endelse

        MyErr=x1-x
        K++
        x=x1

      endwhile

      At1_ln=x>0.0
      Qo_ln=alpha_ln*((At1_ln+At0_ln)/2)^beta_ln

      if ln ne 0 then begin

        To_index=float(route_data[4,ln])-1
        Qi[d,To_index]=Qi[d,To_index]+ Qo_ln

        if ln eq 802 then begin; 输出指定水文站控制流域的出流量
          Qout_cum=Qo_ln
        endif
      endif

      ; 将汇流结果数组赋值
      At1[ln_index]=At1_ln
```

```
        Qo1[ln_index]=Qo_ln

        ；显示计算进度
        envi_report_stat, base, number_lines-1-ln, number_lines-1,
    cancel=cancel
      endfor

      ；关闭进度条
      envi_report_init, base=base, /finish

      ；将统计结果输出到字符串矩阵中
      Qout_sta[0,d]=strtrim(string(Qout_cum),2)

      ；将计算结果写出并赋投影信息
      OutName1=savedir+'Qo\'+'Qo_'+cal_date+'.tif'
      OutName2=savedir+'At1\'+'At1_'+cal_date+'.tif'

      openw,unit1, OutName1, /get_lun
      openw,unit2, OutName2, /get_lun

      writeu,unit1,Qo1[*,*]
      writeu,unit2,At1[*,*]

      free_lun,unit1,unit2

      ；对输出结果赋原始投影信息
      ENVI_SETUP_HEAD, fname=OutName1, $
        bnames='Qo_'+cal_date, $
        ns=ns, $
        nl=nl, $
        nb=1, $
        map_info=map_info,$
        interleave=0,data_type=4, $
        offset=0, /write, /open
```

```
    ENVI_SETUP_HEAD, fname=OutName2, $
      bnames='At_'+cal_date, $
      ns=ns, $
      nl=nl, $
      nb=1, $
      map_info=map_info,$
      interleave=0,data_type=4, $
      offset=0, /write, /open,R_FID=fid; 添加返回 fid

  endfor

  Qout_sta_output=Qout_sta[0,*]

  ; 输出每天流域出口的径流量统计文本
  fileName=savedir+'Qout_sta_.txt'
  OPENW,unit3,fileName,/GET_LUN
  printf,unit3,Qout_sta_output
  free_lun,unit3
END
```

第四节　流域水文模型应用

一、案例背景

伊犁河流域面积约为 15×10^4km^2（74° E—85° E，42° N—47° N）。该河发源于天山西部哈萨克斯坦境内，向东流入中国新疆伊犁地区后转向西再次进入哈萨克斯坦，并最终注入哈萨克斯坦境内的巴尔喀什湖。伊犁河流域上中游山地有较为丰富的降水，年均降水量可达 600～1 000 mm，有冰川和高山积雪，而在伊犁河流域的下游和三角洲地区降水稀少，年均降水量只有 150 mm 左右，几乎不产生径流，是流域主要的水资源消耗区。

二、数据准备

RS-DTVGM 模型的产流模块主要用到遥感公共平台数据。表 6-1 展示了 RS-DTVGM 模型所需输入数据，包括由全球土壤数据库 HSWD 数据处理生成的土壤表层、深层的田间持水量 WCF_T 和 WCF_S、萎蔫含水量 WCW_T 和 WCW_s、饱和含水量 WCS_T 和 WCS_S 数据；由 MODIS 产品处理生成的积雪覆盖 Snow 数据、叶面积指数 LAI 数据、土地利用类型 Landuse 数据；由 FY-2 及 TRMM 卫星数据处理生成的降水 Precipitaion 数据；由遥感反演过程获得的潜在蒸散发 ETp 数据、融雪 MeltWater 数据、根系深度 RootDepth 数据、大气温度 Tair 数据，以及植被覆盖度 VegCover 数据。此外，输入的数据中还包含了蒸散发参数文本 ETpara_txt.txt、土壤径流系数文本 SoilCoe_txt.txt、土壤厚度参数文本 SoilCoe_txt.txt、日末表层土壤含水量 End_AWui 数据、日末下层土壤含水量 End_AWdi 数据，以及日末深层土壤含水量 End_AWgi 数据。

表 6-1　RS-DTVGM 模型产流模块示例输入数据

参数类型	输入参数	内容
文本参数	SoilCoe_txt.txt	土壤径流系数
	ETpara_txt.txt	蒸散发参数
	Thickness_txt.txt	土壤厚度参数
影像参数	Landuse	土地利用
	Boundary	研究区边界
	WCF_T	上层土壤田间持水量
	WCF_S	下层土壤田间持水量
	WCW_T	上层土壤萎蔫含水量
	WCW_S	下层土壤萎蔫含水量
	WCS_T	上层土壤饱和含水量
	WCS_S	下层土壤饱和含水量
	ETp	蒸散发
	LAI	叶面积指数
	P	降水
	RootDepth	根系深度
	Snow	积雪覆盖
	MeltWater	融雪
	Tair	大气温度
	Vegcover	植被覆盖度
	Pre_SWC	初始土壤含水量
	Pre_SWCd	初始深层土壤含水量
	Pre_SWCg	初始表层土壤含水量

此外，表 6-2 展示了运动波汇流模型的输入数据，包括由 RS-DTVGM 模型输出并且存放于 R 文件夹下的栅格总产流数据、子流域（Subbasin）数据、子流域属性表（SubBasinA）文本，以及研究区边界 Boundary 数据。

表 6-2　运动波汇流模型示例数据

输入参数	内容
R	栅格总产流数据
Subbasin	子流域数据
SubBasinA	子流域属性表文本
Boundary	研究区边界数据

三、计算流程

RS-DTVGM 模型是基于栅格影像数据计算的，并且在处理流程中进行了分块处理，大大提高了模型计算效率，降低了系统资源消耗。RS-DTVGM 模型系统主要包括数据预处理、遥感参数估算、分布式水文模拟和数据统计 4 个处理流程，其具体功能如下：

（一）数据预处理

由于 RS-DTVGM 需要大量的时空数据作为模型输入因子，并且数据来源不尽相同，因此在数据处理过程中有大量时 / 空尺度匹配的工作，使得具有不同数据格式、时空分辨率和投影方式的多源遥感数据产品能够进行规范化和标准化的处理，大大简化了模型输入参数的准备工作；而对于时空变化较小的基础输入参数，则可在 ArcGIS 或 ENVI 软件中完成（图 6-2）。

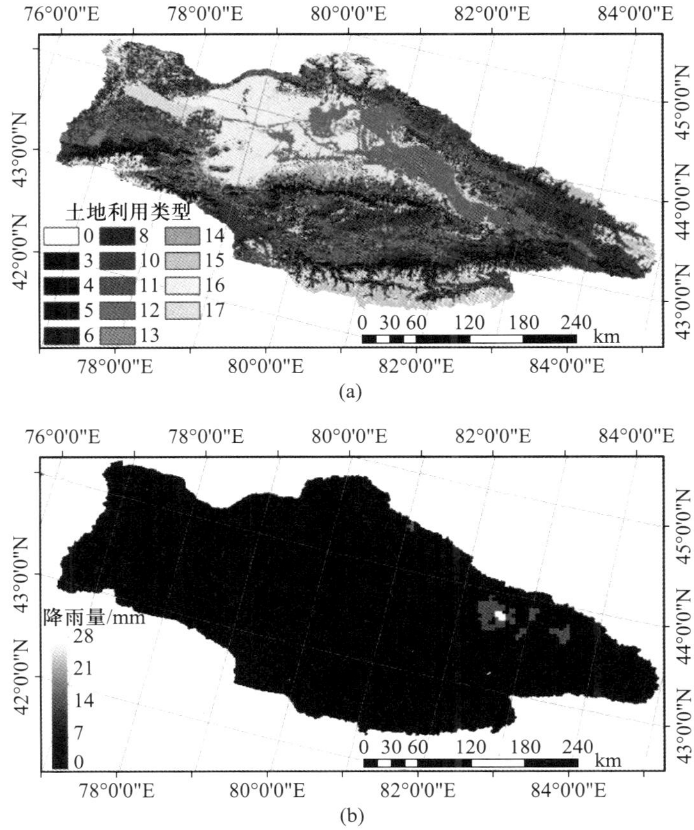

图 6-2　数据预处理模块结果示例：（a）土地利用类型数据；（b）降雨量数据

（二）水文模拟

1. RS-DTVGM 模型产流计算

RS-DTVGM 模型栅格总产流计算界面如图 6-3 所示。模型的数据输入需在输入路径一项中，通过指定示例数据文件夹的根目录，实现对模型参数数据的一键输入。其中，输入 RS-DTVGM 模型的数据主要为两类，一类是以文本形式输入的数据，包括土壤径流系数 SoilCoe_txt.txt、蒸散发系数 ETpara_txt.txt，以及土壤厚度参数 Thickness_txt.txt。另一类则是以遥感栅格图输入的数据，包括土地利用 Landuse、研究区边界 Boundary、各个土壤层的田间持水量 WCF、萎蔫含水量 WCW、饱和含水量 WCS，以及其他未展示在模型输入界面上的数据。

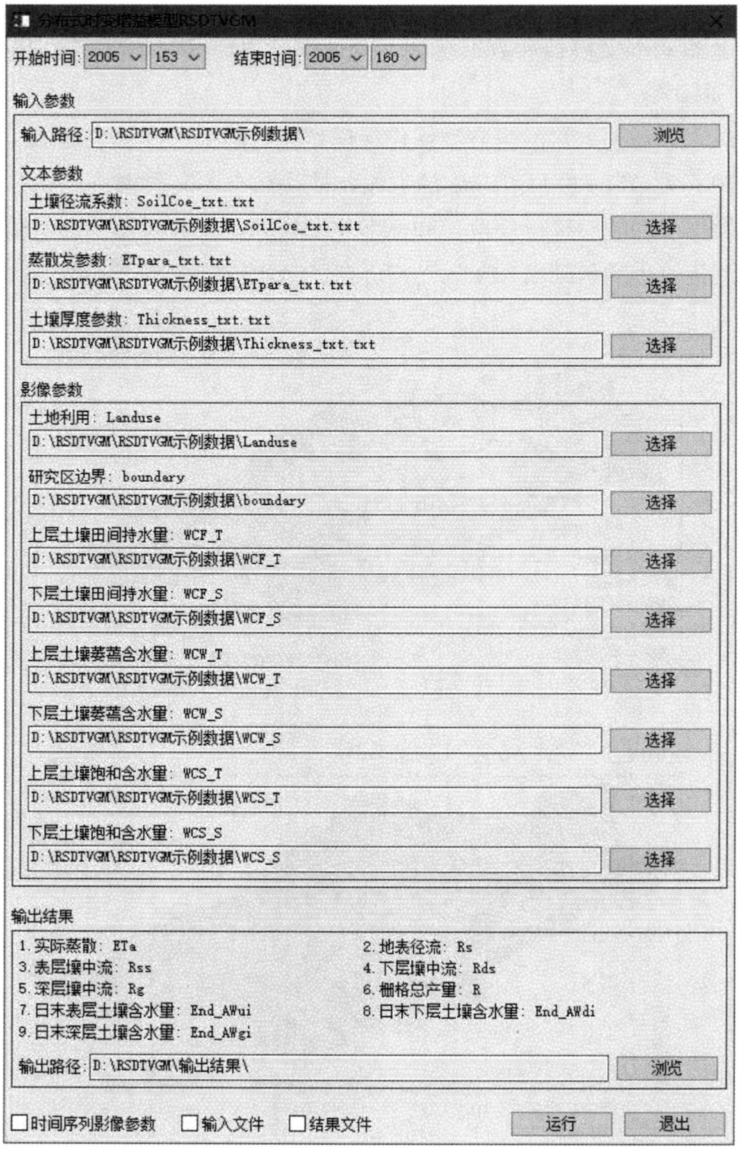

图 6-3　RS-DTVGM 模型产流计算界面

2. 运动波汇流计算

运动波汇流模型是以 RS-DTVGM 模型输出的单元总产流为输入数据，并基于子流域数据、子流域属性文本，以及研究区边界数据，完成单元产流向流域出口运动的汇流过程，输出结果为流域出口处的径流量。运动波汇流模型的计算界面如图 6-4 所示，模型输入的数据参数包括：汇流模拟的起始日期，可从产流数据名称中获取；河网数据文件路径，即汇流示例数据的根目录，包括研究区边界（Boundary）数据、子流域图（Subbasin），以及子流域属性（SubBasinA.txt）；产流数据文件路径，即示例数据中文件夹 R 的路径。

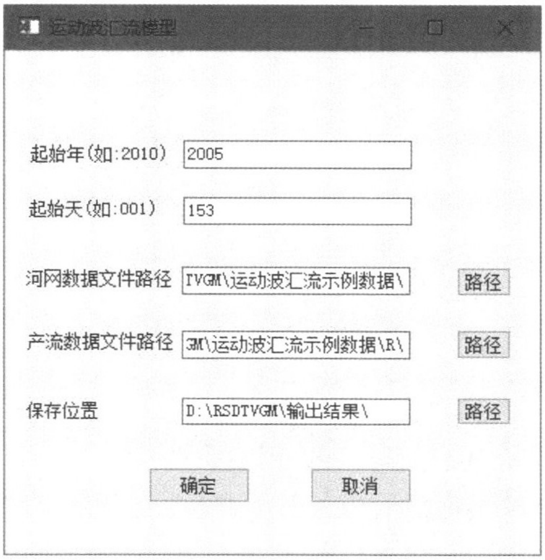

图 6-4 运动波汇流模型计算界面

四、模拟结果

笔者的研究基于多源遥感数据平台，通过数据预处理及遥感反演两个过程，获取了 RS-DTVGM 模型的多种输入参数数据。在完成了数据准备的基础上，模拟了伊犁河流域日尺度的栅格产流及汇流过程。图 6-5 展示了模拟时段中 2015 年第 154 天（日历天・后同）至第 156 天的日尺度栅格总产流及汇流结果。

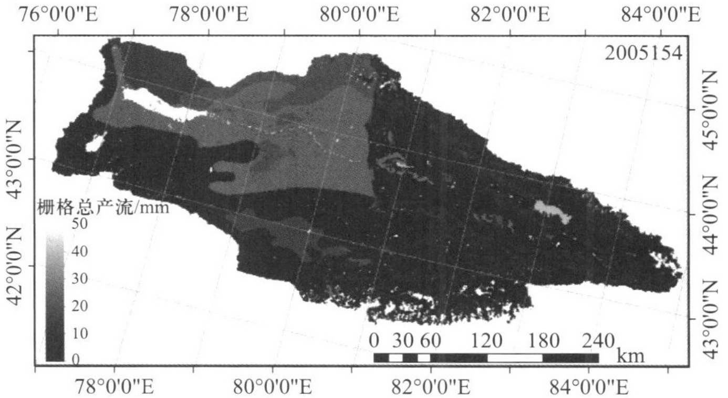

(a)

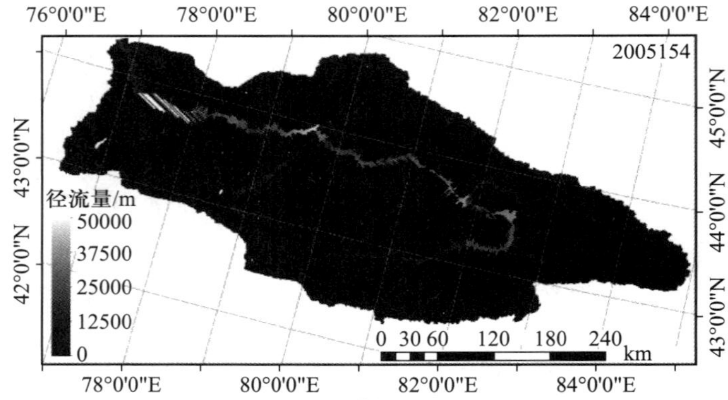

(b)

图 6-5 水文过程模拟结果示例：（a）栅格总产流；（b）经流量

复习思考题

一、基础部分

1. 什么是有效降雨？请简述有效降雨的计算过程。
2. RS-DTVGM 模型中地表产流需重点考虑哪些水文参数？

二、操作实践

1. 下载程序源码，阅读土壤水、蒸散发、运动波计算的程序语句。
2. 在学校或家乡附近寻找一定研究区域，根据教程方案，准备 RS-DTVGM 模型输入数据，计算研究区出口流量过程。
3. 比较 RS-DTVGM 模型与 LCM 模型输入数据的异同，输入数据差异的原因是什么？

第7章

区域水循环模型

水循环指地球上的水在太阳辐射和地心引力等作用下，以蒸发、降水和径流等方式进行周而复始的运动过程。从海洋蒸发出来的水蒸气，被气流带到陆地上空，凝结为雨、雪、雹等降落到地面，一部分被蒸发返回大气，其余部分成为地面径流或地下径流等，最终回归海洋，这种海洋和陆地之间水的往复运动过程，称为水的大循环。仅在局部地区（陆地或海洋）进行的水循环称为水的小循环。发生在陆地与陆地上空之间的水分交换过程称为陆地小循环，是区域水循环研究的重点内容。

本章概述水循环的能量因子、水分因子和地表因子遥感观测现状，依据土壤－植被－大气连续体的水分传输原理，并以 EcoHAT 中 SVAT（Soil Vegetation Atmosphere Transfer）为案例，分别介绍水循环模型的能量来源、植被截留、土壤蒸发、植被蒸腾和土壤水运动等关键过程的模拟算法。该模型主要应用在大尺度区域，不再分析汇流过程，因此本书称之为区域水循环模型。

第一节　水循环因子遥感观测现状

水循环因子是影响水循环过程的能量因子、水分因子和地表因子的统称。能量因子是水循环的基本动力，控制着水循环中水分通量的大小和水循环过程的强弱；水分因子是水循环过程的基本组分，通过水循环组分可揭示生态环境系统中各种水分的状况和数量；地表因子或称下垫面因子，是水分在地表再分配的控制性因素。长期以来人们为了揭示水循环的机理，在实验室或野外试验场开展了许多研究，包括观测、计算小范围的水循环组分。遥感技术是开展区域水循环分析的重要手段，不仅能提供丰富的空间信息，还能提供许多常规方法难以观测的水循环数据。

通过遥感技术可以观测地表温度、辐射状况、显热通量和潜热通量等。如用 GOES 遥感数据计算短波入射辐射的能量通量和地表反照率；在晴空条件下，当均匀表面光谱数据已知，地表反照率可以通过覆盖可见光和近红外波段的遥感数据计算出来，通过热红外波段遥感数据反演的地表温度可用于地面长波辐射的计算；显热通量可通过地表阻抗法和近地边界层方法计算；用热红外波段遥感数据可以进行区域蒸散的计算。

第二节　区域水循环模型原理与构建

一、SVAT模型原理

1966 年水文学家菲利普（Philip）指出水分由土壤到达植物根表皮，进入根系后通过植物的茎到达叶片，再由叶片气孔扩散到宁静的空气层中，最后参与大气的湍流交换，形成一个统一的、动态连续系统，即土壤－植被－大气连续体（Soil-Plant-Atmosphere Continuum，SPAC）。SPAC 理论为水循环研究指明了方向，促进了水文学的跨学科研究。国际地圈生物圈计划（IGBP）的水循环生物圈方面主要聚焦土壤－植被－大气中的水分传输问题，世界气候研究计划（WCRP）的全球能量与水循环实验通过通量观测揭示地表 / 植被与大气间的相互作用。早在 20 世纪 90 年代我国就开始土壤－植物－大气连续体水分运移田间试验研究（康绍忠，1990），开展了土壤－植物－大气连续体中的蒸散发计算，建立 WAVES 模型模拟华北平原农田蒸散与土壤蒸发，揭示出冬小麦生长状况与土壤－植物－大气连续体水热运移的耦合关系等。完整的 SPAC 系统水流运动模型一般包括农田棵间蒸发模型、植物蒸腾模型、作物根系吸水模型、大气边界层阻力模型、作物表面阻力模型，以及植物截留降水模型、获取土壤物理参数的经验模型等。

二、SVAT模型构建

基于 SPAC 原理，构建了区域水循环模型（图 7-1）。该模型主要有植被截留模块、蒸散发模块和土壤水分运移模块（杨胜天，2015）。植被截留模块输入降水量和叶面积指数，用 Aston 公式计算截留量。降雨经植被截留后得到净雨量，再经入渗成为土壤水分运移的输入上边界条件。蒸散发模块先用 Priestly-Taylor 模型计算出潜在蒸散发后，再用 Richie 公式和叶面积指数分解出潜在土壤蒸发和潜在植被蒸腾，将潜在土壤蒸发经土壤水分胁迫后换算成为实际土壤蒸发，潜在植被蒸腾经根系吸水作用后成为实际植被蒸腾。表土蒸散发强度的反向作用成为时段末土壤水分运移的输出上边界条件。土壤水分运移模块是衔接降水入渗和蒸散发的核心环节，用具有物理机制的一维垂向 Richards 方程模拟土壤水运移过程，时段初的土壤含水量是土壤水分运移的初始条件，模拟土层向下无限深处的土壤含水量是土壤水分运移的下边界条件。

其中能量因子计算、植被因子计算和潜在蒸散发计算模型见第 3 章中相应的水文医子遥感反演模型及程序设计。

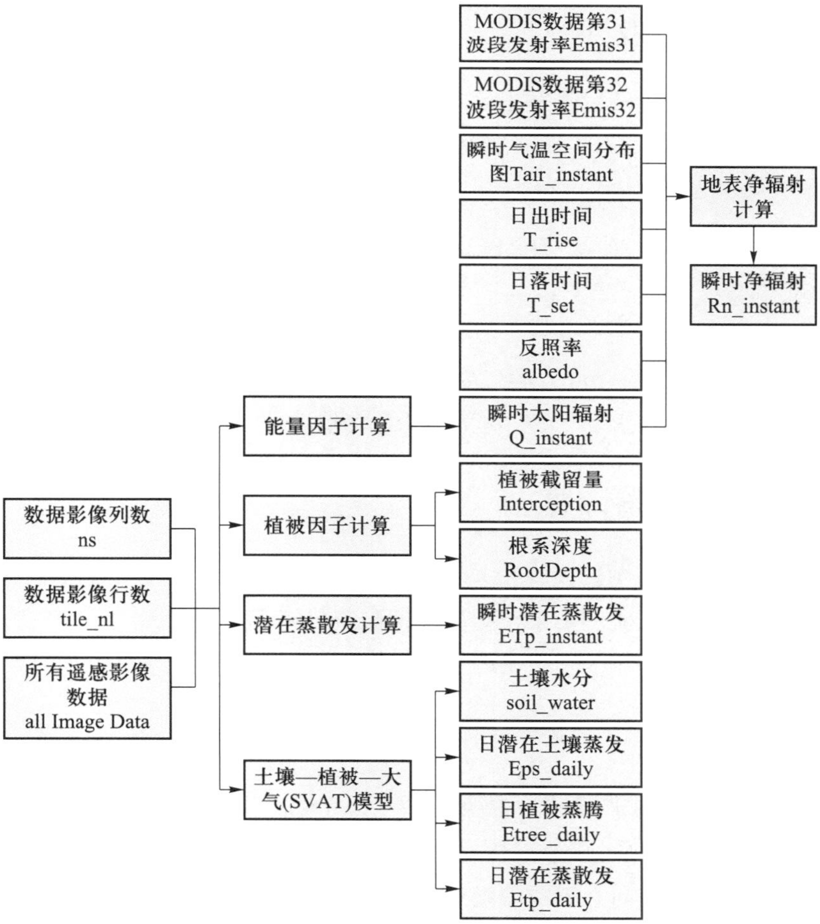

图 7-1　EcoHAT SVAT 计算流程图

第三节 土壤—植被—大气传输模型及程序设计

一、潜在蒸散发

由任一时刻的潜在蒸散发，可计算对应时刻的潜在水分蒸散发，公式为：

$$EP_s=\begin{cases}ET_p\times(1-0.43\times LAI) & LAI\leqslant 1\\ ET_p/1.1\times\exp(-0.4\times LAI) & 1<LAI<3\\ 0 & LAI>3\end{cases} \tag{7-1}$$

$$EP_v=\begin{cases}(ET_p-EP_s)\times LAI/3 & 0\leqslant LAI\leqslant 3\\ ET_p & LAI>3\end{cases} \tag{7-2}$$

式中：EP_s 为潜在土壤蒸发；ET_p 为潜在蒸散发；LAI 为叶面积指数，可通过 MODIS 数据获取；EP_v 为潜在植被蒸腾。

二、实际土壤蒸发计算

水循环模型中实际土壤蒸发是在土壤水分胁迫条件下蒸发损失的水分，即

$$EP_{sa}=EP_s\times K_{ss} \tag{7-3}$$

$$K_{ss}=\begin{cases}0 & \theta<\theta_w\\ (\theta-\theta_w)/(\theta_j-\theta_w) & \theta_w<\theta\leqslant\theta_j\\ 1 & \theta\geqslant\theta_j\end{cases} \tag{7-4}$$

$$\theta_j=\theta_f\times 0.75 \tag{7-5}$$

式中：EP_{sa} 为实际土壤蒸发，mm；EP_s 为潜在土壤蒸发，mm；K_{ss} 为水分胁迫系数；θ 为土壤含水量，%；θ_w 为萎蔫含水量，%；θ_j 为毛管断裂含水量，%；θ_f 为田间持水量，%。

三、实际植被蒸腾计算

水循环模型中实际植被蒸腾是在根系吸水条件下蒸腾消耗的水分。假定各层土壤中的植被蒸腾与根系密度呈线性正比例关系，则各层植被蒸腾计算公式为：

$$EP_{va\_n}=EP_v\times RDF \tag{7-6}$$

$$RDF=\frac{\mathrm{e}^{AROOT\times Z_2}-\mathrm{e}^{AROOT\times Z_1}}{\mathrm{e}^{AROOT\times L_R-1}} \tag{7-7}$$

式中：EP_{va_n} 为第 n 层土壤中的实际植被蒸腾量，mm；EP_v 为总的潜在植被蒸腾量，用式（7-1）计算；RDF 为根系分布函数；$AROOT$ 为描述根系分布的参数，取值为 0.1；z_1、z_2 分别为所求各层土壤垂直方向上的两端坐标，m；L_R 为根系深度，m。

模型在运算时，需要根据研究区的土壤特性来设置合理的模拟土体深度及相应的各层

土壤厚度。例如：将模拟的 2 m 土体，划分成 20 层，每层土壤厚度为 10 cm 时，$z_1=0.10$，$z_2=0$，联立求出 0～10 cm 土壤中的植被蒸腾，记为 EP_{va_s}。

根系深度是计算实际蒸腾的重要参数，可用取样观测或模型模拟的方法获得。Andersen 等指出不同土地覆盖类型的根系深度与叶面积指数有统计关系。假定多年生乔木的根系在年内不会发生变化，一年生草本或作物的根系与叶面积指数变化趋势一致，根系深度计算公式为：

$$Rd_i=Rd_{\max}\frac{LAI_i}{LAI_{\max}} \tag{7-8}$$

式中：Rd_i 为时段 i 的根系深度，m；$Rd_{\max}$ 为最大根系深度，m；LAI_i 为时段 i 的叶面积指数；$LAI_{\max}$ 为最大叶面积指数。

四、日蒸散发计算

由于卫星遥感数据为瞬时或近似瞬时扫描成像所得，前面用遥感数据计算的模型输出量均为瞬时值，因此需要经过时间尺度转换后才能得到日、月或年的输出值。天气晴朗时太阳辐射的各分量和农田蒸散量在一日内均呈正弦曲线变化趋势，用 MODIS 数据估算的地表净辐射也呈正弦曲线变化趋势，农田蒸散率在日出后一小时和日落前一小时均为零。因此，水循环模型中耦合遥感数据计算的蒸散发呈如图 7-2 所示的正弦曲线变化趋势，用正弦函数来进行时间尺度转换的公式为：

$$ET_{p-\max}=\frac{IN(ET_p)}{\sin\left[\left(\frac{t_{\text{pass}}-(t_{\text{rise}}+1)}{t_{\text{set}}-t_{\text{rise}}-2}\right)\pi\right]} \tag{7-9}$$

$$ET_p(t)=ET_{p-\max}\sin\left[\left(\frac{t_{\text{pass}}-(t_{\text{rise}}+1)}{t_{\text{set}}-t_{\text{rise}}-2}\right)\pi\right] \tag{7-10}$$

$$\overline{ET_p}=\frac{2IN(ET_p)}{\pi\sin\left[\left(\frac{t_{\text{pass}}-t_{\text{rise}}}{t_{\text{set}}-t_{\text{rise}}}\right)\pi\right]} \tag{7-11}$$

式中：$ET_{p-\max}$ 为日最大潜在蒸散发，出现在正午时刻；$IN(ET_p)$ 为卫星过境时刻潜在蒸散发；t_{pass} 为卫星过境时刻；t_{rise} 和 t_{set} 为日出和日落时间，通过纬度和年份、日期计算得到；$ET_p(t)$ 为任意时刻 t 的潜在蒸散发；$\overline{ET_p}$ 为日平均潜在蒸散发。

五、土壤水分特征曲线概化

土壤水分特征曲线是反映土壤基质势和土壤含水量间关系的曲线，是模拟水分在非饱和土壤中运移的关键参数，可通过实验求得或通过经验函数模拟。较常用的土壤水分特征曲线经验公式有 Brooks-Corey 模型、Gardner 模型、Gardner-Russo 模型和 Van Genuchten 模型

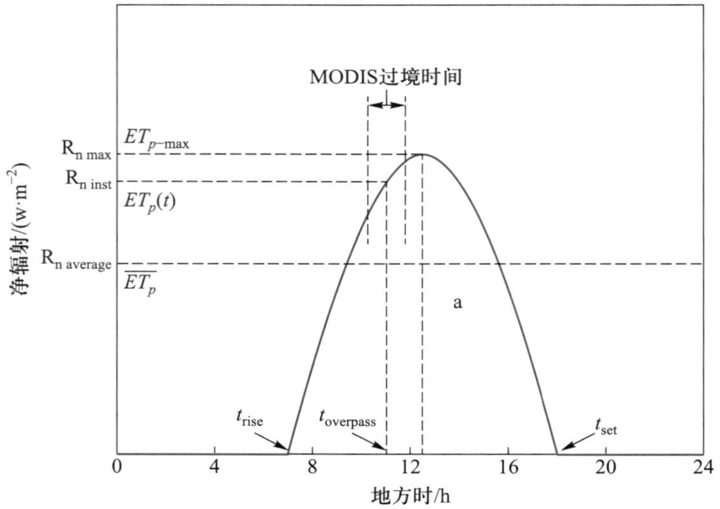

图 7-2 潜在蒸散发日变化过程示意图

等。吴擎龙等参照 Vereecken 等对从重黏土到沙土的 40 种比利时土壤研究成果，据压力入渗仪测定导水率实验，将 Van Genuchten 模型概化为（吴擎龙等，1993）：

$$\theta=\begin{cases}\dfrac{P_1\times P_2}{P_2+|\psi_m|^{P_3}}+P_4 & \psi_m<0\\ \theta_s & \psi_m\geqslant 0\end{cases} \tag{7-12}$$

式中：θ 为土壤含水量；ψ_m 为基质势；P_1、P_2、P_3 和 P_4 是概化参数（表 7-1）；θ_s 为饱和含水量，$\theta_s=P_1+P_4$。

表 7-1 土壤水分运移概化参数（吴擎龙，1993）

土壤质地	P_1	P_2/cm	P_3	P_4	K_s/（cm · min^{-1}）	R_f/cm^{-1}
重黏土	0.28	70.030	0.66	0.27	0.000 006	0.005
轻黏土	0.28	50.159	0.63	0.16	0.000 06	0.005
粉质黏土	0.31	175.995	0.80	0.11	0.000 6	0.005
壤土	0.32	186.441	0.86	0.09	0.006	0.005
轻沙壤	0.28	247.682	0.92	0.09	0.06	0.005
壤质沙土	0.32	377.408	1.21	0.09	0.2	0.005
沙土	0.35	1 617.929	1.68	0.04	0.6	0.005

吴擎龙等进一步证实，如果初始土壤含水量改变，重黏土的概化参数最大相对差异为 5.2%，壤土的相对差异为 6.4%～22.0%，沙土的相对差异为 0.6%～15.3%。只有在低吸力条件下，初始含水量才对沙土和壤土的概化参数有一定影响，而在田间常见的水分范围内影响并不大。因此，模型中用吴擎龙等概化的 Van Genuchten 模型参数来模拟土壤水分特征曲线。

求出土壤基质势后，即可用式（7-13）来求解比水容量，用 Gardner 等推荐的公式（7-14）来计算非饱和导水率。

$$C(\theta)=\mathrm{d}\theta/\mathrm{d}\psi_m \tag{7-13}$$

$$K(\psi_m)=\begin{cases}K_s\times\exp(\alpha\times\psi_m) & \psi_m<0\\ K_s & \psi_m\geqslant 0\end{cases} \tag{7-14}$$

式中：$C(\theta)$ 为比水容量；θ 为土壤含水量；ψ_m 为基质势；α 为拟合参数，取值为 0.05；K_s 为饱和导水率。

六、一维垂向理查兹（Richards）方程

土壤水分运移过程可用含物理机制的 Richards 方程模拟。Richards 方程的基本微分方程为：

$$\frac{\partial\theta}{\partial t}=\frac{\partial}{\partial x}\left[K(\theta)\frac{\partial\psi_m}{\partial x}\right]+\frac{\partial}{\partial y}\left[K(\theta)\frac{\partial\psi_m}{\partial y}\right]+\frac{\partial}{\partial z}\left[K(\theta)\frac{\partial\psi_m}{\partial z}\right]\pm\frac{\partial K(\theta)}{\partial z} \tag{7-15}$$

式中：θ 为土壤含水量；x、y 为水平方向坐标；z 为垂直方向坐标；t 为时间坐标；ψ_m 为基质势；$K(\theta)$ 为非饱和导水率。

若只考虑一维垂向土壤水分运动，则以土壤含水量 θ 为因变量的 Richards 方程如式（7-16）所示。

$$\frac{\partial\theta}{\partial t}=\frac{\partial}{\partial z}\left[D(\theta)\frac{\partial\theta}{\partial z}\right]-\frac{\partial K(\theta)}{\partial z} \tag{7-16}$$

式中：$D(\theta)$ 为土壤水扩散率。

当忽略土壤温度势和溶质势，假设土壤各向均质同性，不计土壤水侧向流动，不考虑地下水交换量，只发生自由入渗和蒸发时，则用一维垂向 Richards 方程计算实际土壤水运动的定解条件如式（7-17）所示。

$$\begin{cases}\dfrac{\partial\theta}{\partial t}=\dfrac{\partial}{\partial z}\left[D(\theta)\dfrac{\partial\theta}{\partial z}\right]-\dfrac{\partial K(\theta)}{\partial z} & \\ \theta(z,0)=\theta_0(z) & 0\leqslant z\leqslant L_z\\ \left[D(\theta)\dfrac{\partial\theta}{\partial z}-K(\theta)\right]_{z=0}=\begin{cases}ET_a(t)\\ -Q(t)\end{cases} & t>0\\ \theta(L_z,t)=\theta_1(t) & t>0\end{cases} \tag{7-17}$$

式中：θ 为土壤含水量；z 为空间（垂直方向）坐标；t 为时间坐标；$K(\theta)$ 为非饱和导水率；$D(\theta)$ 为土壤水扩散率；$\theta_0(z)$ 为土壤初始含水量；$ET_a(t)$ 为表土蒸发强度；$Q(t)$ 为降雨或灌溉入渗强度；L_z 为模拟土体垂向总深度；$\theta_1(t)$ 为向下 L_z 深处的土壤含水量。

一维垂向 Richards 方程的求解方法主要是有限元法和有限差分法。有限差分法将偏微分方程变换为差分方程，原理及方法相对简单，在土壤水分运移计算中应用得较广泛，本模型中也用有限差分法来求解 Richards 方程。

合并实际土壤蒸发、实际植被蒸腾和每日蒸散发计算，以及土壤水分特征曲线计算和 Richards 方程的求解，构建土壤—植被—大气（SVAT）传输模型，计算程序如下：

```
;*************************** 源代码信息 ***************************
; Name: EcoHAT_Richards_Water_Movement_Process.PRO
;**************************************************************

;**************************** 输入说明 ***************************
; 输入参数
;1. ns 数值，浮点型，数据影像的列数，单位：-
;2. tile_nl 数值，浮点型，数据影像的行数，单位：-
;3. allImageData 三维数组，浮点型，输入的所有遥感影像数据，单位：-
;**************************************************************

;**************************** 输出说明 ***************************
; 输出参数
;1. soil_water 二维数组，浮点型，土壤水分，单位：%
;2. Eps_daily 二维数组，浮点型， 日潜在土壤蒸发，单位：mm
;3. Etree_daily 二维数组，浮点型， 日植被蒸腾，单位：mm
;4. Etp_daily 二维数组，浮点型， 日潜在蒸散发，单位：mm
;**************************************************************

;**************************** 算法设置 **************************
; 土壤水计算
pro EcoHAT_Richards_Water_Movement_Process,current_soil_property,
Model_init,number_depth,Precipitation,soil_type,LAI,Etp,Rootdepth,$
  soil_water,Interception,T_rise,T_set,ViewTime,soil_water_new =
soil_water_new,Etp_daily_new=Etp_daily_new,$
  Eps_daily_new=Eps_daily_new,Etree_daily_new=Etree_daily_new

  COMPILE_OPT IDL2

  time_interval=double(Model_init[2,0]); 时间间隔 min
  Precipitation_time = double(Model_init[3,0]); 降雨时间

  ; 初始化
  A=make_array(Number_depth,/double)
  B=make_array(Number_depth,/double)
```

```
G=make_array(Number_depth,/double)
H=make_array(Number_depth,/double)
R1=float(Model_init[2,0])/(float(Model_init[1,0]))^2 ;the temporay
parameter to calculat B and G
R3=float(Model_init[2,0])/(2*(float(Model_init[1,0])));the temporay
parameter to calculat B and G

p1 = double(current_soil_property[1,0])
p2 = double(current_soil_property[2,0])
p3 = double(current_soil_property[3,0])
p4 = double(current_soil_property[4,0]); 残余含水量
p5 = p4+0.02; 设定一个临界值，如果含水量小于此值重新赋值
k = make_array(Number_depth+1,/double); 导水率
C=make_array(Number_depth+1,/double); 比水容量
matrix_potential=make_array(Number_depth+1,/double); 基质势

soil_water_half=make_array(Number_depth,/double); 节点处土壤水分
matrix_potential_half=make_array(Number_depth,/double); 节点处基质势
k_half=make_array(Number_depth,/double); 节点处导水率
c_half=make_array(Number_depth,/double); 节点处比水容量


Ks = double(current_soil_property[5,0]); 读取饱和导水率
Rf = double(current_soil_property[6,0]); 读取计算导水率系数
swfc = double(current_soil_property[7,0]); 读取田间持水量
sww = double(current_soil_property[8,0]); 读取萎蔫持水量
swf = double(current_soil_property[9,0]); 读取饱和持水量
swp = swfc*0.75; 临界含水量，即毛管断裂含水量

Ksoil = make_array(number_depth,/float)
rain_time = 0

Time_start=T_rise+1
Time_end=T_rise+1+time_interval/60.0
```

```
  Etp_max=Etp*(10.0)^(-6)/sin(!Pi*(ViewTime-T_rise-1)/(T_set-T_rise-2))  ;计算出潜在蒸散发日最大值

  aroot=0.1;描述根分布的参数，取值为 0.1，计算表层根系密度用
  Eps_daily_new=0.0
  Etree_daily_new=0.0
  Etp_daily_new=0.0

  index=where(soil_water lt p5,count)
  if count ne 0 then soil_water[index]=sww
  ;初始化结束

  while Time_end le (T_set-1) do begin

    ;计算基质势
    for i =0,Number_depth do begin
      matrix_potential[i] = -(abs(p1*p2/(soil_water[i]-p4)-p2)^(1/p3))
      if matrix_potential[i] lt 0.0 then begin
        k[i]=Ks*exp(Rf*matrix_potential[i])
        C[i]=(p1*p2*p3*(-matrix_potential[i])^(p3-1))/(p2+(-matrix_potential[i])^p3)^2
      endif else begin
        k[i]=Ks
        C[i]=0.0
      endelse
    endfor
    k[Number_depth]=0.0

    ;计算节点处土壤水分
    for i =0,Number_depth-1 do begin
      soil_water_half[i] = (soil_water[i]+soil_water[i+1])/2
      matrix_potential_half[i] = -(abs(p1*p2/(soil_water_half[i]-p4)-p2)^(1/p3))
      if matrix_potential_half[i] lt 0.0 then begin
```

```
        k_half[i]=Ks*exp(Rf*matrix_potential_half[i])
        c_half[i]=(p1*p2*p3*(-matrix_potential_half[i])^(p3-1))/
(p2+(-matrix_potential_half[i])^p3)^2
      endif else begin
        k_half[i]=Ks
        c_half[i]=0.0
      endelse
    endfor

    ;降雨的处理
    if Precipitation-Interception gt 0 and rain_time le
Precipitation_time  then begin
      Precipitation_left1 = (Precipitation-Interception)/
(Precipitation_time*10);求得降雨强度，单位为 cm/min
      Precipitation_left = min([Precipitation_left1,Ks])

      ;边界条件
      B[0]=-(K[0]/C[0])/float(Model_init[1,0])
      H[0]=-Precipitation_left+K[0]
      A[0]=0
      G[0]=-B[0]

      D_i_minus_half_n=(k[Number_depth-2]/c[Number_depth-2]+
k[Number_depth-1]/c[Number_depth-1]+2*k_half[Number_depth-2]/
c_half[Number_depth-2])/4
      D_i_plus_half_n=(k[Number_depth-1]/c[Number_depth-1]+
k[Number_depth]/c[Number_depth]+2*k_half[Number_depth-1]/c_
half[Number_depth-1])/4
      A[Number_depth-1]=-R1*D_i_minus_half_n
      B[Number_depth-1]=1+R1*(D_i_minus_half_n+D_i_plus_half_n)
      G[Number_depth-1]=0
      H[Number_depth-1]=(soil_Water[Number_depth-1]-R3*(k[Number_
depth]-k[Number_depth-2]))+R1*D_i_plus_half_n*soil_Water[Number_
depth]
```

```
    for i=1, Number_depth-2 do begin
      D_i_minus_half=(k[i]/c[i]+k[i-1]/c[i-1]+2*k_half[i-1]/c_
half[i-1])/4
      D_i_plus_half=(k[i+1]/c[i+1]+k[i]/c[i]+2*k_half[i]/c_
half[i])/4
      A[i]=-R1*D_i_minus_half
      B[i]=1+R1*(D_i_minus_half+D_i_plus_half)
      G[i]=-R1*D_i_plus_half
      H[i]=soil_water[i]-R3*(k[i+1]-k[i-1])
    endfor

    result=trisol(A,B,G,H,/Double)
    index1=where(result lt p5,count1)
    if count1 ne 0 then result[index1]=sww
    index2=where(result gt swf,count2)
    if count2 ne 0 then result[index2]=swf

    soil_water_new = [result,soil_Water[Number_depth]]
    soil_Water = soil_water_new
    rain_time = rain_time + time_interval
    time_start=Time_start+time_interval/60.0
    Time_end=Time_end+time_interval/60.0
  endif else begin

    ;蒸发、截留蒸发和蒸腾处理
    Ksoil1=0
    for i=0,19 do begin
      if soil_water[i] ge swp then begin
        Ksoil[i] = 1
      endif else begin
        if soil_water[i] lt swp and soil_water[i] ge sww then
begin
          swl=(soil_water[i]-sww)/(swp-sww)
          Ksoil[i] = ALOG(swl+1)/ALOG(101)
        endif else begin
```

```
            Ksoil[i] = 0
          endelse
        endelse
      endfor

      Etp_interval=0
      for ts=Time_start,Time_end,0.02 do begin
        Etp_t=3600*0.02*Etp_max*sin( !pi*  ((ts-(T_rise+1))) /
(T_set-T_rise-2) )
        Etp_interval=Etp_interval+Etp_t
      endfor
        Etp_daily_new=Etp_daily_new+Etp_interval

      Eps_interval=0
      if LAI le 1 then begin
        Eps_interval=Etp_interval*(1-0.43*LAI)
      endif else begin
        if LAI gt 1 and LAI LT 3 then begin
          Eps_interval=Etp_interval*exp((-0.4)*LAI)/1.1
        endif else begin
          Eps_interval=0.0
        endelse
      endelse
      Eps_daily_new=Eps_daily_new+Eps_interval*Ksoil[0]

      if LAI le 3 then begin
        Tp_interval = Etp_interval*LAI/3
      endif else begin
        Tp_interval = Etp_interval
      endelse

      Etree_daily_new=Etree_daily_new+TP_interval
      IF Rootdepth NE 0.0 THEN BEGIN
        RDF=(exp(aroot*0.05)-1)/(exp(aroot*Rootdepth)-1); 计算表层
的根系密度
```

```
    Tps_interval=TP_interval*RDF; 计算表层的植被蒸腾
    Eps_rate=(Eps_interval*Ksoil[0]+Tps_interval)*0.1 /time_
interval; 计算土表蒸发强度，单位为 cm/min
  ENDIF ELSE BEGIN
    Eps_rate=(Eps_interval*Ksoil[0])*0.1/time_interval
  ENDELSE

  B[0]=-(K[0]/C[0])/float(Model_init[1,0])
  H[0]=Eps_rate+K[0]
  A[0]=0
  G[0]=-B[0]

  D_i_minus_half_n=(k[Number_depth-2]/c[Number_depth-2]+
k[Number_depth-1]/c[Number_depth-1]+2*k_half[Number_depth-2]/
c_half[Number_depth-2])/4
  D_i_plus_half_n=(k[Number_depth-1]/c[Number_depth-1]+
k[Number_depth]/c[Number_depth]+2*k_half[Number_depth-1]/c_half
[Number_depth-1])/4
  A[Number_depth-1]=-R1*D_i_minus_half_n
  B[Number_depth-1]=1+R1*(D_i_minus_half_n+D_i_plus_half_n)
  G[Number_depth-1]=0
  H[Number_depth-1]=(soil_Water[Number_depth-1]-R3*(k[Number_
depth]-k[Number_depth-2]))+R1*D_i_plus_half_n*soil_Water[Number_
depth]

  for i=1, Number_depth-2 do begin
    D_i_minus_half=(k[i]/c[i]+k[i-1]/c[i-1]+2*k_half[i-1]/c_
half[i-1])/4
    D_i_plus_half=(k[i+1]/c[i+1]+k[i]/c[i]+2*k_half[i]/c_half
[i])/4
    A[i]=-R1*D_i_minus_half
    B[i]=1+R1*(D_i_minus_half+D_i_plus_half)
    G[i]=-R1*D_i_plus_half
    H[i]=soil_water[i]-R3*(k[i+1]-k[i-1])
  endfor
```

```
            result=trisol(A,B,G,H,/Double)
            index1=where(result le p5,count1)
            if count1 ne 0 then result[index1]=sww
            index2=where(result gt swf,count2)
            if count2 ne 0 then result[index2]=swf
            soil_water_new = [result,soil_Water[Number_depth]]
            soil_Water = soil_water_new
            Time_start=Time_start+time_interval/60.0
            Time_end=Time_end+time_interval/60.0

        endelse
    endwhile

END
```

第四节　区域水循环模型应用

一、案例背景

黄土高原（东经 100° 54′—114° 33′，北纬 33° 43′—41° 16′）位于黄河流域中游，该区域夏季暴雨频繁，地形破碎，土壤可蚀性高，为世界上侵蚀最严重的地区之一，也是最脆弱生态地区。长期以来，为防治黄土高原水土流失，人们实施了造林、种草、修建梯田等措施，因此流域下垫面变化剧烈，水循环过程也发生了变化。本案例以黄土高原中黄河头道拐至潼关区域为计算区域。

二、数据准备

SVAT 模型的主要参数及获取方法如表 7-2 所示，主要包括气象参数、下垫面参数等。气象数据源自国家标准地面气象观测数据，遥感数据源自 GLASS、MODIS 产品，同时还包括通过 SPAW 模型获取的主要土壤参数等。

表 7-2　模型输入数据及其获取方法

参数类型	名称	代码	单位	获取方法
气象参数	降水量	P	mm	反距离加权插值
	瞬时气温	Ta	K	反距离加权插值

续表

参数类型	名称	代码	单位	获取方法
下垫面参数	地面高程	DEM	m	SRTM-DEM 数据
	叶面积指数	LAI	量纲为 1	MODIS、GLASS
	地表反照率	Albedo	量纲为 1	MODIS、GLASS
	土壤覆被类型	Landcover	量纲为 1	遥感解译
	土壤类型	Soil_type	量纲为 1	全球土壤数据库
	田间持水量	Swfc	$m^3 \cdot m^{-3}$	SPAW 模型
	饱和含水量	Swf	$m^3 \cdot m^{-3}$	SPAW 模型
	萎蔫含水量	Sww	$m^3 \cdot m^{-3}$	SPAW 模型
	地表温度	Ts	K	MODIS 陆地表面温度
	辐射率	ε_{31}、ε_{32}	量纲为 1	MODIS 第 31、32 波段辐射率
	被动微波土壤湿度	AMSR-E	$m^3 \cdot m^{-3}$	AMSR-E 数据
其他参数	土壤水分特征曲线	p1、p2、p3、p4	量纲为 1	概化参数
	非饱和导水率参数	α	量纲为 1	概化参数
	日出日落时间	T_rise、T_set	h	经验公式
	经纬度信息	Longitude、Latitude	度	—
	时区中心经度	Rs_para	度	—
	聚集指数	Q	量纲为 1	经验参数

模型的输入数据依据各个模型子模块的输入需要，分别放置在对应的模块输入子文件夹中。表 7-3 展示了该模型的示例数据总览，以及九个模块的示例输入数据的情况。

表 7-3　土壤－植被－大气传输模型各子模块及输入数据

各子模块名称	输入数据	文件名	名称	类型
大气辐射	Rs input	Rs_para_txt_0.txt	时区中心经度	文本参数
		Longitude_0	经度	影像参数
		Latitude_0	纬度	
		DEM_0	DEM	
净辐射	Rn input	Rn input	瞬时净辐射	文件夹
瞬时潜在蒸散发	ETp_instant input	DEM_0	DEM	影像参数
		Boundary_0	边界	
瞬时潜在土表蒸发	Eps_instant input	Boundary_0	边界	
植被覆盖度	Vegcover input	Rs_para_txt_0.txt	时区中心经度	文本参数
		Longitude_0	经度	影像参数
		Latitude_0	纬度	
		Q_0	聚焦指数 Q	

续表

各子模块名称	输入数据	文件名	名称	类型
植被截留	Interception input	Boundary_0	边界	影像参数
根系深度	RootDepth input	Landcover_0	土地覆被类型	影像参数
SVAT 计算	soil water simulate input data	Soil_property_txt_0.txt	土地属性	文本参数
		Model_init_txt_0.txt	配置参数	
		Soil_type_0	土地类型	影像参数
		boundary_0	边界文件	
土壤水分初始化	Soil_moisture_init input	Soil_Moisture_txt_0.txt	土壤类型	文本参数
		Soil_type_0	土壤类型	影像参数

三、计算流程

（一）大气模块

太阳辐射的计算需要准备研究区内的数字高程模 DEM_0、经度图 Longitude_0、纬度图 Latitude_0，以及根据研究区所在时区中心经度制作的 Rs_para_txt_0 参数文件等数据。在输入数据准备完毕之后，打开大气模块的太阳辐射计算程序，分别输入模拟起止日期、在输入路径中指定示例数据的根目录文件夹以实现对参数数据的一键输入，选择结果输出路径，即可运行程序进行太阳辐射的计算，得到“Rs_instant_日期”格式的每日瞬时太阳辐射数据。太阳辐射的计算界面如图 7-3 所示。

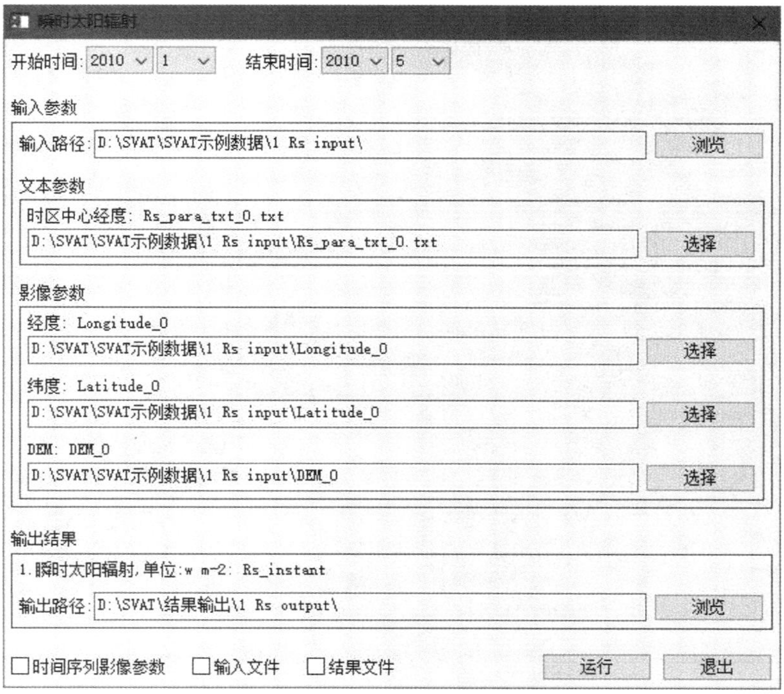

图 7-3　太阳辐射计算界面

地表净辐射的计算需要准备研究区的每日反照率 albedo_ 日期、陆地表面温度 LST_ 日期、MODIS 的第 31、32 波段比辐射率 Emis31_ 日期和 Emis32_ 日期、日出和日落时间 T_rise_ 日期和 T_set_ 日期、瞬时气温 Tair_instant_ 日期和瞬时太阳辐射 Rs_instant_ 日期等数据。在输入数据准备完毕之后，打开大气模块的净辐射计算程序，分别输入模拟起止日期、在输入路径中指定示例数据的根目录文件夹以实现对参数数据的一键输入、选择结果输出路径，即可运行程序进行瞬时地表净辐射的计算，得到“Rn_instant_ 日期”格式的每日瞬时地表净辐射数据。地表净辐射的计算界面如图 7-4 所示。

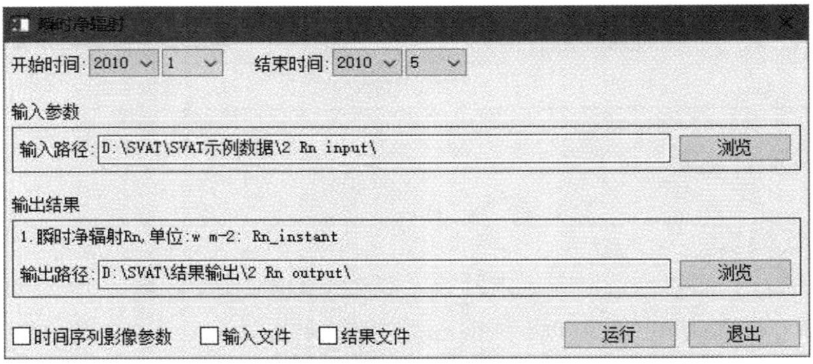

图 7-4　净辐射计算界面

大气模块中计算得到的太阳辐射和净辐射结果示例如图 7-5 所示。

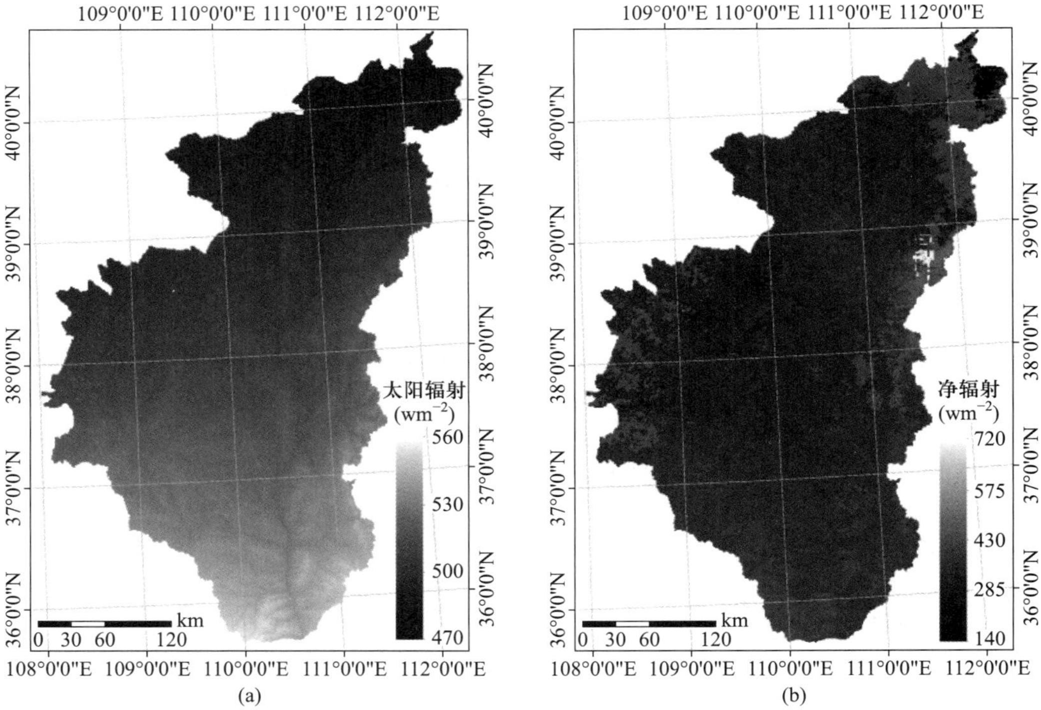

图 7-5　大气模块输出结果：（a）太阳辐射数据；（b）净辐射数据

（二）植被模块

植被覆盖度的计算需要准备研究区的经度图 Longitude_0、纬度图 Latitude_0、叶面积指数 Lai_ 日期、聚集指数的空间分布数据 Q_0，以及根据研究区所在时区中心经度制作的 Rs_para_txt_0 参数文件。在输入数据准备完毕之后，打开植被模块的植被覆盖度计算程序，分别输入模拟起止日期、在输入路径中指定示例数据的根目录文件夹以实现对参数数据的一键输入、选择结果输出路径，即可运行程序进行植被覆盖度的计算，得到“Vegcover_ 日期”格式的植被覆盖度数据。植被覆盖度的计算界面如图 7-6 所示。

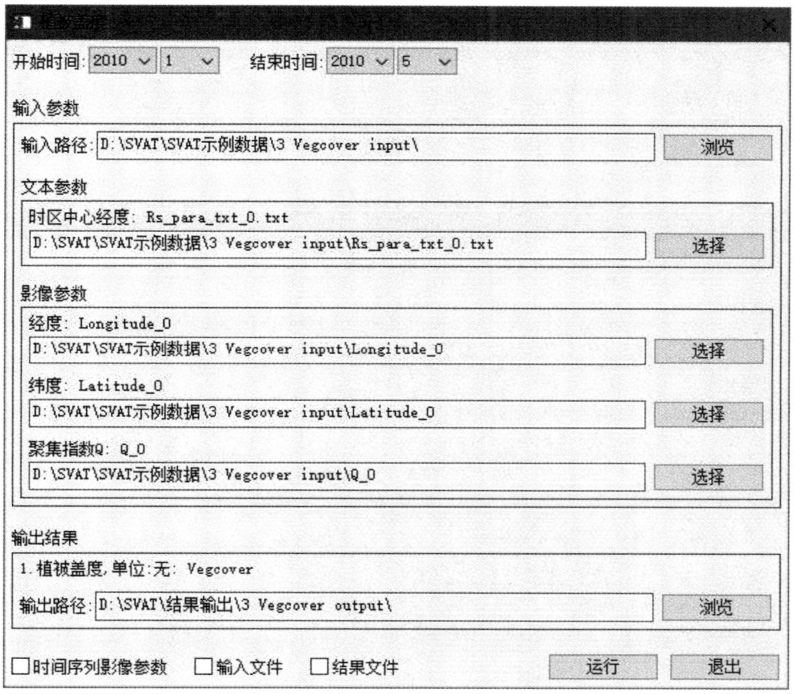

图 7-6　植被覆盖度计算界面

植被截留的计算需要准备研究区每日植被覆盖度 Vegcover_ 日期、叶面积指数 Lai_ 日期、降水量 precipitation_ 日期，以及研究区边界 Boundary_0 等数据。在输入数据准备完毕之后，打开植被截留计算程序，分别输入模拟起止日期、在输入路径中指定示例数据的根目录文件夹以实现对参数数据的一键输入、选择结果输出路径，即可运行程序进行植被截留量的计算，得到“Interception_ 日期”格式的每日植被截留量数据。植被截留的计算界面如图 7-7 所示。

根系深度的计算需要准备研究区的土地覆盖类型 Landcover_0，以及每日叶面积指数 Lai_ 日期数据。在输入数据准备完毕之后，打开根系深度计算程序，分别输入模拟起止日期，在输入路径中指定示例数据的根目录文件夹以实现对参数数据的一键输入，选择结果输出路径，即可运行程序进行根系深度的计算，得到“RootDepth_ 日期”格式的根系深度数据。根系深度的计算界面如图 7-8 所示。

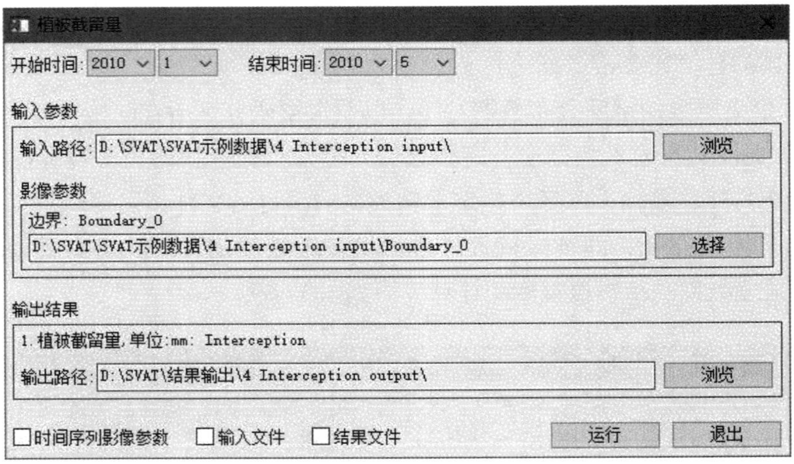

图 7-7　植被截留计算界面

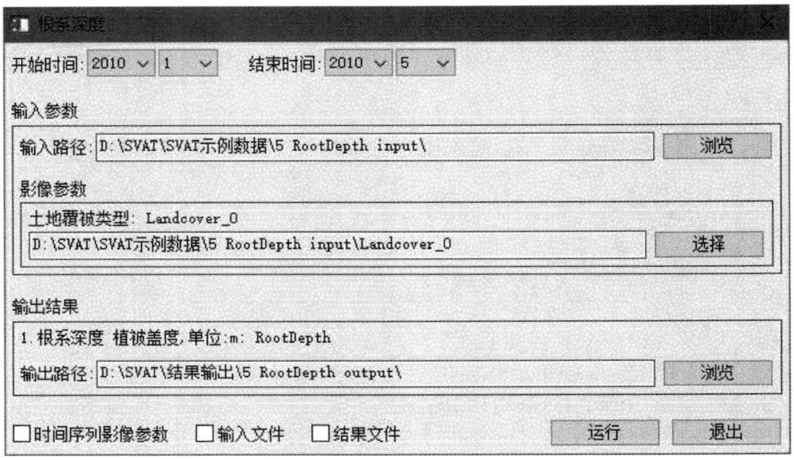

图 7-8　根系深度计算界面

植被模块中计算得到的植被覆盖度、植被截留，以及根系深度结果示例如图 7-9 所示。

（三）土壤模块

瞬时潜在蒸散发的计算需要准备研究区的每日植被覆盖度 Vegcover_ 日期、瞬时气温 Tair_instant_ 日期、瞬时净辐射 Rn_instant_ 日期、数字高程模型 DEM_0 和边界 Boundary_0 等数据。在输入数据准备完毕之后，打开土壤模块的瞬时潜在蒸散发计算程序，分别输入模拟起止日期、在输入路径中指定示例数据的根目录文件夹以实现对参数数据的一键输入，选择结果输出路径，即可运行程序进行瞬时潜在蒸散发的计算，得到“ETp_instant_ 日期”格式的每日地表瞬时潜在蒸散发数据。潜在蒸散发的计算界面如图 7-10 所示。

瞬时潜在土壤蒸发的计算需要准备研究区的每日地表瞬时潜在蒸散发 ETp_instant_ 日期、叶面积指数 Lai_ 日期和 Boundary_0 等数据。在输入数据准备完毕之后，打开瞬时潜在土壤蒸发计算程序，分别输入模拟起止日期，在输入路径中指定示例数据的根目录文件夹以实现对参数数据的一键输入、选择结果输出路径，即可运行程序进行瞬时潜在土壤蒸发的计

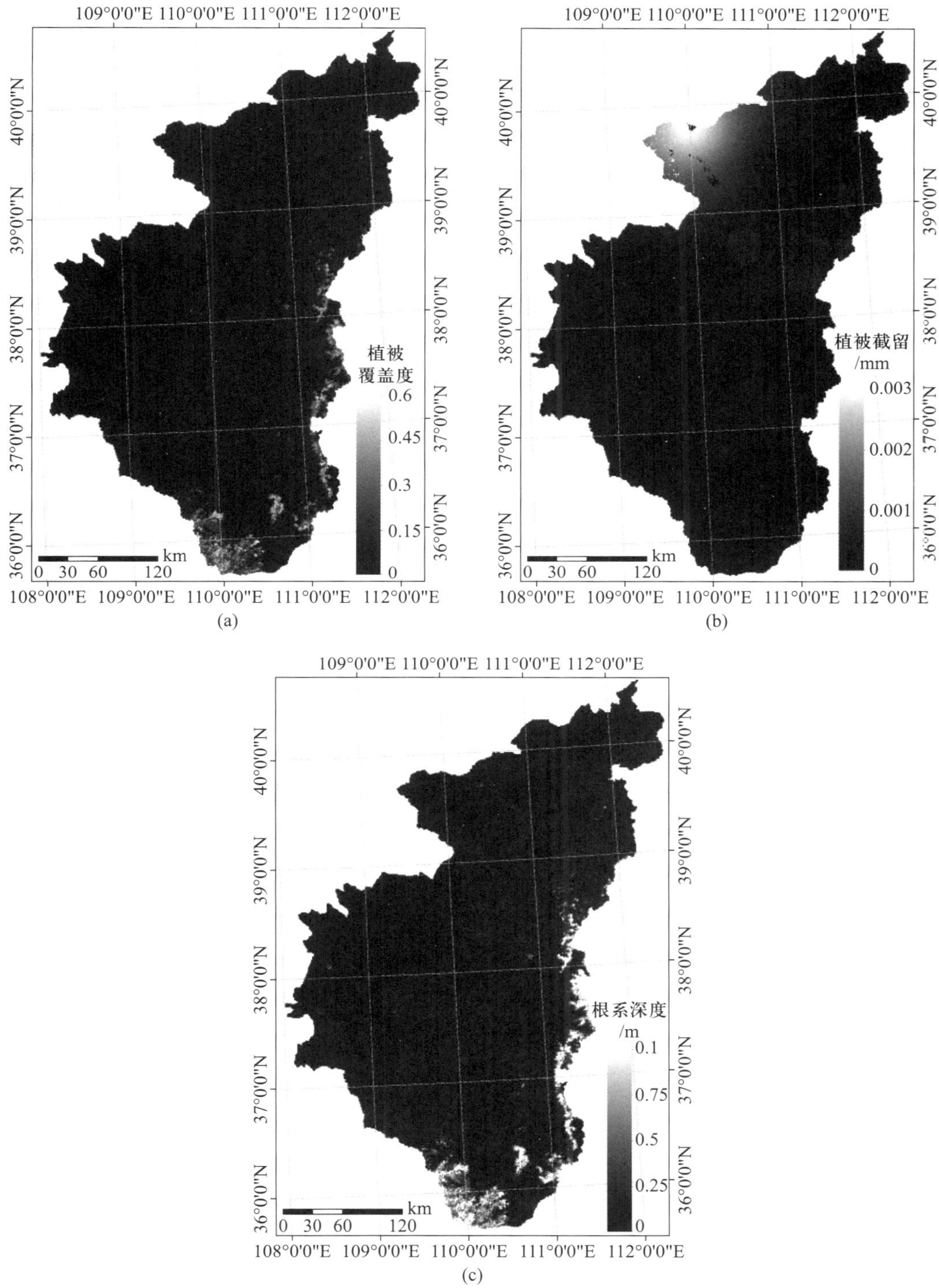

图 7-9 植被模块输出结果示例：

（a）植被覆盖度数据；（b）植被截留数据；（c）根系深度数据

算，得到“Eps_instant_ 日期”格式的每日地表瞬时潜在土壤蒸发数据。土壤蒸发的计算界面如图 7-11 所示。

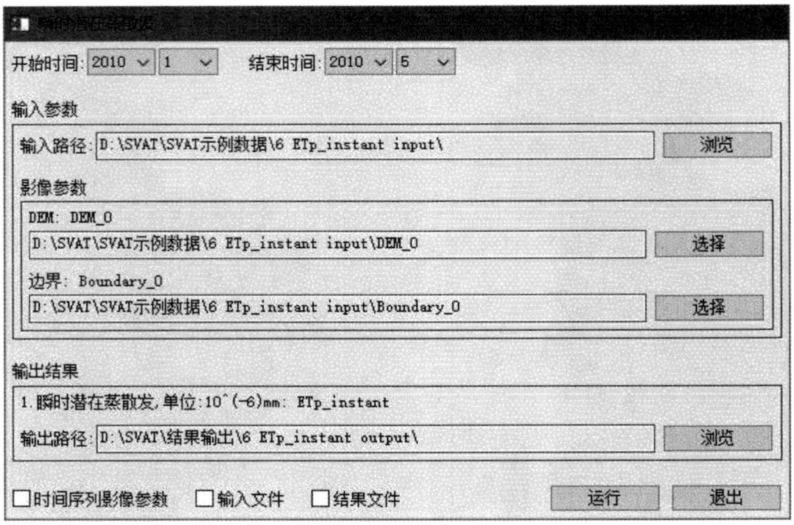

图 7-10 潜在蒸散发计算界面

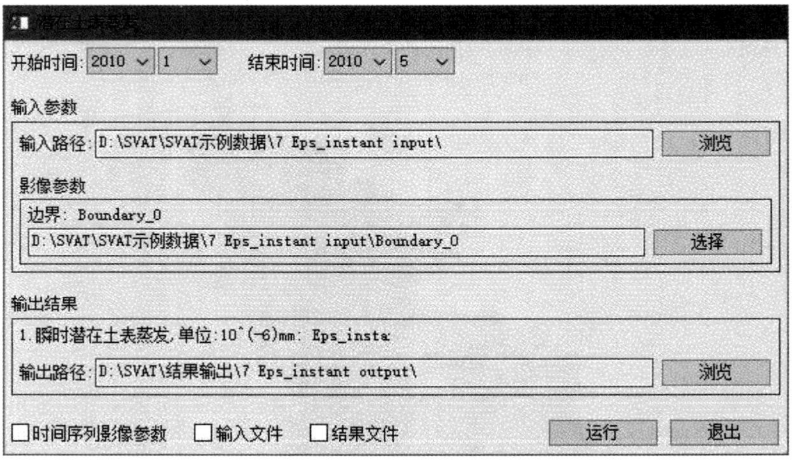

图 7-11 土壤蒸发计算界面

土壤模块中计算得到的潜在蒸散发和潜在土壤蒸发结果示例如图 7-12 所示。

（四）土壤水初始化

土壤水初始化的计算需要准备研究区的土壤类型 Soil_type_0，以及土壤属性 Soil_Moisture_txt_0.txt 文档数据。在输入数据准备完毕之后，打开水运动模块的土壤水分初始化计算程序，分别输入模拟起止日期、在输入路径中指定示例数据的根目录文件夹以实现对参数数据的一键输入，选择结果输出路径，即可运行程序进行土壤水分初始化的计算，得到不同土壤层的土壤水分初始化结果。土壤水初始化的计算界面如图 7-13 所示。

土壤水初始化的计算结果示例如图 7-14 所示。

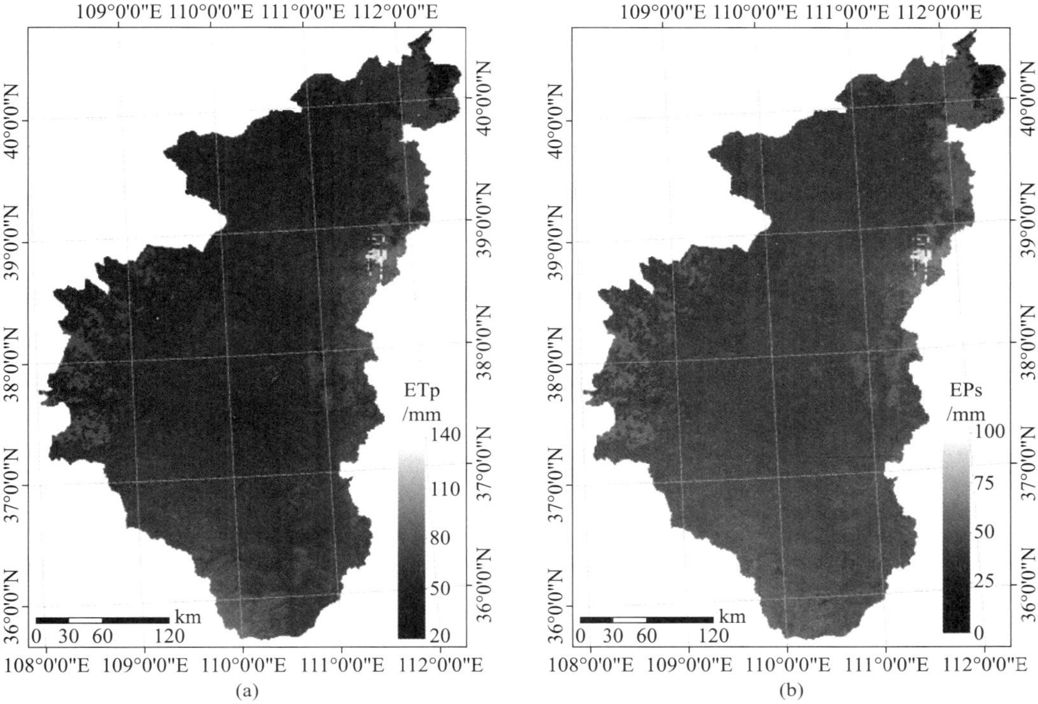

图 7-12　土壤模块输出结果示例：（a）瞬时潜在蒸散发数据；（b）瞬时潜在土壤蒸发数据

图 7-13　土壤水初始化计算界面

四、模拟结果

操作流程全部执行完成后，Richards 土壤水运动计算程序的所有输入数据均已准备完毕，包括降雨 precipitation_ 日期、根系深度 RootDepth_ 日期、瞬时潜在蒸散发 ETp_instant_ 日期、瞬时潜在土壤蒸发 Eps_instant_ 日期、植被截留 Interception_ 日期、各个土壤层的初始含水量 Soil_moisture_layer 数字 _ 日期、日出和日落时间 T_rise_ 日期和 T_set_ 日期、土壤类型 Soil_Type_0、土壤属性文本 Soil_property_txt_0.txt、配置参数文本 Model_init_txt_0.txt，以及研究区边界 Boundary_0 等数据。然后，将输入数据输入土壤-植被-大气传输模型中水运动模块的 Richards 土壤水计算程序，模拟得到日潜在蒸散发、日蒸腾量、日潜在土壤蒸发，以及水分运动之后的各个土壤层的土壤水含量。Richards 土壤水运动的计算界面如图 7-15 所示。

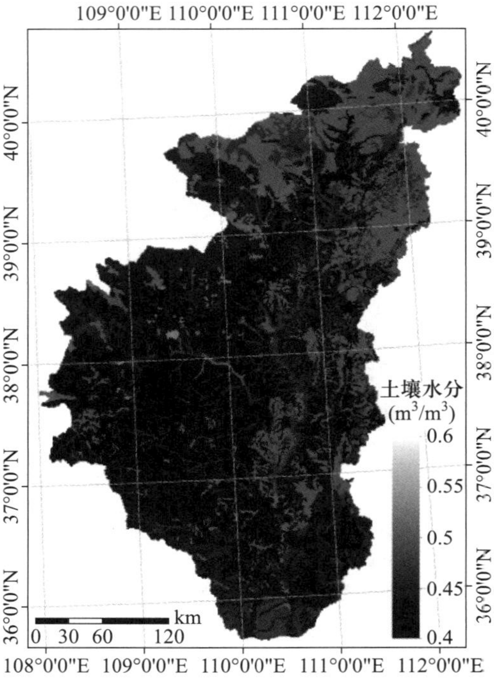

图 7-14 土壤水初始化的计算结果示例

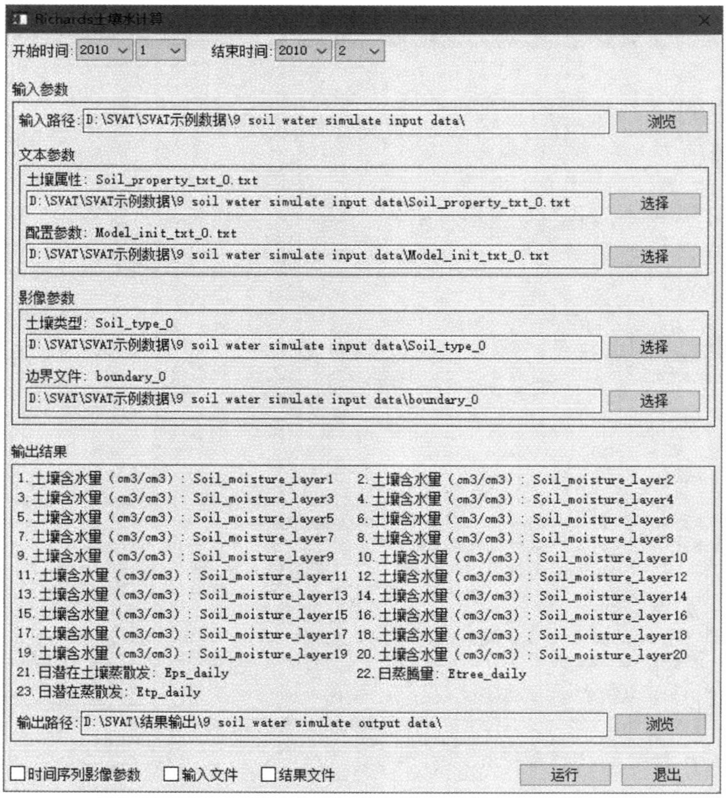

图 7-15 Richards 土壤水运动的计算界面

Richards 土壤水运动计算的结果示例如图 7-16 所示。

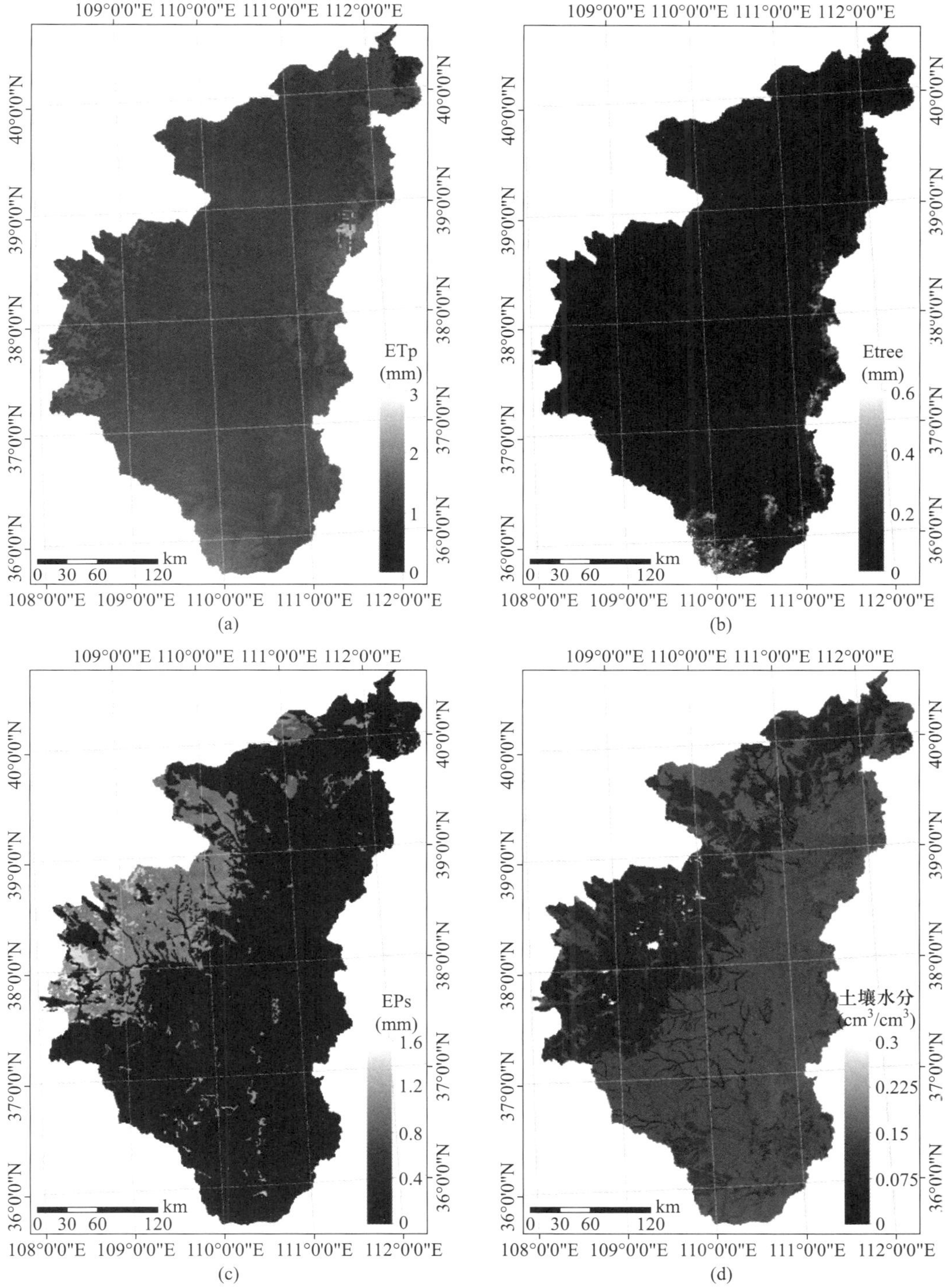

图 7-16　Richards 土壤水运动的计算结果示例：
（a）日潜在蒸散发；（b）日植被蒸腾；（c）日潜在土壤蒸发；（d）土壤含水量

复习思考题

一、基础部分

1. 什么是土壤－植被－大气连续体？

2. 参考《土壤水动力学》（雷志林等，清华大学出版社，1988）学习土壤一维非饱和水运动相关知识，理解一维垂向理查兹方程的求解方法。

二、操作实践

1. 下载区域水循环模型代码，在 EcoHAT_Richards_Process.pro 过程中，找出 EcoHAT_Richards_Water_Movement_Process 子过程，学习蒸发、截留蒸发和蒸腾处理程序。

2. 下载教学示例数据，阅读理解教学示例数据库的文件结构，并运行示例数据得到计算结果。

第8章

城市雨洪模型

城市雨洪是指高强度、短历时降雨情形下，由于城市排水不畅导致的城市地面产生积水积涝的现象。随着城市化建设的快速发展和城市区域不透水面积的扩大，由雨洪引起的城市内涝问题已成为继交通拥堵、人口拥挤、环境污染等城市问题之后的又一大城市病，城市内涝治理已成为社会各界关注的重大问题。

本章回顾城市雨洪模型的研究现状，阐述城市雨洪产汇流过程和模型原理，以 EcoHAT 中 Rudim（Runoff Dispersion Modeling）为例讲解算法和程序设计，通过案例介绍模型模拟降雨积水过程与积水量。

第一节 城市雨洪模型研究现状

20 世纪 70 年代城市雨洪模型迅速发展，目前已开发出多种城市雨洪模型，整体上可分为经验性、概念性和物理性模型。其中物理性模型以水动力学为理论依据，具有较强的物理基础，考虑了各个水文要素的相互作用及其时空变异规律，在三类模型中模拟精度最高，应用最为广泛。目前，国外开发的城市降雨径流模型较多，每个模型适用性不同，有共性也各有特色。SWMM 模型是由美国环境保护局（EPA）在 20 世纪 70 年代开始开发的，是一个动态的降水－径流模拟模型，主要用于城市水量和水质模拟，国内学者基于 SWMM 模型开发了许多适用于不同地区的模型。

国内对城市雨洪模型的研究起步较晚，比较系统的研究是在 20 世纪 80 年代后期。岑国平（1990）提出我国首个完整的城市雨水径流计算模型——城市雨水管道设计模型（SSCM），在此之后我国学者陆续开始了城市雨洪模型的自主研发。张念强等（2017）采用等效体积法与管网水力模拟相结合的方法对地下排水计算进行改进，实现了特殊道路通道和网格上的地上、地下水流交换，在一定程度上提升了地下排水模型的适用性。

第二节 城市雨洪模型原理与构建

（一）Eco-Rudim 模型原理

Eco-Rudim（Runoff Dispersion Modeling）模型基于产汇流原理，充分考虑城市化对城市下垫面产汇流过程的影响，可识别不同降雨情景下易积涝点及其流量过程。模型考虑了绿地消纳下渗、管网下渗、小区汇流速度等实际雨洪情况，可模拟各小区坡面汇流过程，同时实现了道路交于一点时的源汇分水，类似于自然河道的河流分叉情况，能够计算各条道路的分水比例，模拟道路汇流过程。

模型首先基于 D8 算法，通过 DEM 差值计算城市流域各栅格流向并修正道路栅格流向，主要是根据交点与相邻道路的高程大小确定交点与道路的流向关系；其次根据水流方向确定易积涝点，因为道路的高程不同，雨水在重力作用下从高程高的地点流向高程低的地点，通过确认此道路最低点高程所在的栅格，判断此栅格周围八个栅格的高程是否小于此栅格，若是，则此栅格为道路的积涝点。产流过程模拟部分，模型将道路与非道路区域产流分开计算，道路部分全部产流，利用道路分布情况对研究区进行切割，划分汇流小区，利用 NDBI 指数区分透水栅格与不透水栅格，当 NDBI 值小于 0 时为不透水栅格，大于 0 时为透水栅格，不透水栅格全部产流，透水栅格需乘以绿地消纳系数。在计算小区坡面汇流时，首先采用马斯京根方程逐时段演算各道路交点流量，然后采用等流时线法汇流，给定小区汇流流速，计算一个时段内水流动的距离，最后根据水的流动距离统计各时段的积水面积，根据降雨特性计算坡面汇流过程。

（二）Eco-Rudim 模型结构

Eco-Rudim 模型包括 5 个子模块，计算顺序依次为流向修正、易积涝点识别、产流过程模拟、等流时线坡面汇流计算和道路汇流计算，识别城市雨洪积涝点并计算积涝点流量；在城市雨洪中最大特点是管网汇流，然而在我国的很多城市中，地下管网的数据很难获取，但研究中发现城市管网往往沿街道分布，因此本书的研究用道路汇流来替代地下管网汇流（图 8-1）。

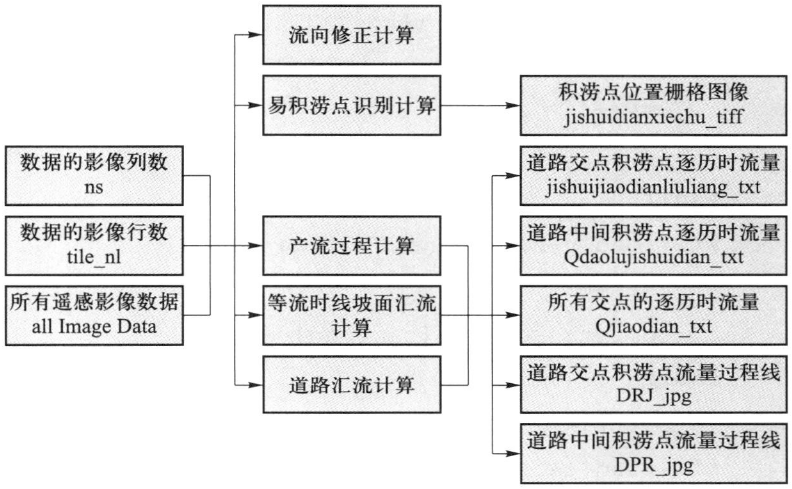

图 8-1　EcoHAT Eco-Rudim 计算流程图

第三节　流向修正计算与程序设计

这一模块主要计算城市各栅格流向并修正道路栅格流向。根据读入的栅格数据建立道路与交点的拓扑关系，识别一个交点相邻几条道路，进而确定一个道路的两个端点，根据交点与相邻道路的高程大小确定交点与道路的流向关系。在程序中，若水流方向是从道路交点流向道路中间，记为 1；若是从道路中间流向道路交点，记为 -1。

水流方向是指水流离开每一个栅格单元时的指向，它决定了地表径流的方向及单元格间流量的分配，是基于的流域水系提取中的关键。水流方向计算方法有单流向法和多流向法之分，单流向法定义某单元格上产生的水流只流向一个相邻单元格，并根据相邻单元格的高程来判断水流方向，该类方法确定流向简单、发展较为成熟，有 D8 法、DEMON 法、Lea 法等。目前 D8 法应用得最为广泛，模型采用 D8 法修正水流方向。

流向修正计算程序如下：

```
;************************ 流向修正 ****************************
; 遍历交点图层，找到每个交点周边相邻的几条路
    pointroad_topo=make_array(17,junct_num,/FLOAT,value=0.00000)
```

```
; 创建全 0 二维数组，存储交点相邻的道路编号，交点编号，寻找的相邻道路
     tag=0; 控制行
     for m=2,nl-3 do begin;
       for n=2,ns-3 do begin
         sam=0; 控制列
         if(junctions[n,m] ne 0) then begin;
           pointroad_topo[0,tag]=junctions[n,m];
           if (road[n-2,m] ne 0) then begin
               sam++
               pointroad_topo[sam,tag]=road[n-2,m]; 存储相邻道路编码
           endif
           if (road[n-2,m-1] ne 0) then begin
               sam++
               pointroad_topo[sam,tag]=road[n-2,m-1]
           endif
; 搜索一个交点周边 16 个像元搜索
           if (road[n-2,m+1] ne 0) then begin
               sam++
               pointroad_topo[sam,tag]=road[n-2,m+1]
           endif
        tag++
            endif
        endfor
    endfor
    pointroad_topob=make_array(17,junct_num,/FLOAT,value=0.00000);
    for i= 0,junct_num-1 do begin
      pointroad_topob[0,i]= pointroad_topo[0,i];
      for j =1,15 do begin
         for m=0,j-1 do begin
          if pointroad_topo[j,i] eq  pointroad_topo[m,i] then begin
           pointroad_topo[j,i] =-1
           endif
      endfor
    endfor
      abc=1
```

```
      for j =1,15 do begin
        if  pointroad_topo[j,i] ne -1.0000 then begin
          pointroad_topob[abc,i]=pointroad_topo[j,i]
          abc++
         endif
      endfor
    endfor
;判断一个交点最多相邻几条路
      asa=0
    for  i= 0,junct_num-1 do begin
        res3=where(pointroad_topob[*,i] ne 0.0,asc)
        if asc gt asa then asa=asc
    endfor
   asa=asa-1
;以交点编号为第一列，存储其相邻道路
 pointroad_topoa=make_array(4*asa+1,junct_num,/FLOAT,value=0.00000)
;交点编号（1），相邻道路（2--asa+1），流向关系（asa+2--2*asa+1），DEM 差值
（2*asa+2--3*asa+1），分水比例（3*asa+1--4*asa+1）
  for i= 0,junct_num-1 do begin
    for j= 0,asa do begin
      pointroad_topoa[j,i]=pointroad_topob[j,i]
    endfor
  endfor
;以道路编号为第一列，存储道路交点
roadpoint= make_array(10000,count,/float,value=0.0);存储一条道路的两
个交点。道路编号，两个交点编号，流向关系，高差
      for i= 0,count-1 do begin
        roadpoint[0,i]=i+1
           abd=1
       for m=0,junct_num-1 do begin
        for n=1,asa do begin
          if pointroad_topoa[n,m]eq roadpoint[0,i] then begin
            roadpoint[abd,i]=pointroad_topoa[0,m]
            abd++
          endif
```

```
          endfor
         endfor
        endfor
;*****************************************************************
```

第四节　易积涝点识别计算与程序设计

易积涝点识别是城市内涝模拟的关键部分之一，是城市洪涝灾害预警的基础。易涝点主要分布于用地类型较为复杂的区域，特别是在沿街商业、居住、道路与其他性质用地混杂的情况下，极易出现内涝情况。多数易涝点与水系距离较近，本应具有天然的排水优势，但由于地势等原因，水系并没有充分起到自然排水的作用，因此在周围形成了易涝点。

目前，识别易积涝点的方法中主要以 DEM 法为主，即以 DEM 高程为基础、以道路路网数据为约束条件进行判断和识别得到。如果每条道路的两端都流向道路，则此道路存在积涝点。道路的高程不同，雨水在重力作用下从高程高的地点流向高程低的地点，通过确认此道路最低点高程所在的栅格，并判断此栅格周围八个栅格的高程是否小于此栅格，若是则此栅格为道路的积涝点。

根据此判断标准，一条道路上可能存在多个距离相近的积涝点，根据距离判断分析并删减，排除相近的道路积涝点得到最终的道路积涝点；若一个交点相邻多条道路且都流向此交点，则此交点积涝。搜索各个积涝贡献区内的所有结点，并计算所有贡献节点到其积涝点的距离。

易积涝点识别的计算程序如下：

```
;*********************** 判断每条路上是否有积涝点 *********************
; 根据交点高程和与交点相近的几个道路栅格高程判断此交点是否流向道路，如果不流向道路则此路段不积水，若一条道路的两个交点都流向此道路，则此路段积水。若一个交点的所有相邻道路都流向此交点，则此交点为积涝点。
roadjunid= make_array(10000,count,/float)
for i= 0,count-1 do begin
  if roadpoint[0,i]ne 0 &&roadpoint[1,i]ne 0 &&roadpoint[2,i]ne 0
then begin
    roadjunid[0,i]=i+1
    for m=0,junct_num-1 do begin
    if junid[0,m]eq roadpoint[1,i] then begin
      roadjunid[1,i]=junid[1,m]
      roadjunid[2,i]=junid[2,m]
```

```
    endif
     if junid[0,m]eq roadpoint[2,i] then begin
      roadjunid[3,i]=junid[1,m]
      roadjunid[4,i]=junid[2,m]
    endif
    endfor
  endif
endfor
;*****************************************************************

;*********************** 判断交点是否流向道路 ***********************
; 下边开始判断交点是否流向道路，交点流向道路记为 1，道路流向交点记为 -1.
for i=0,count-1 do begin
  if roadjunid[0,i]ne 0 then begin
    hang1=roadjunid[1,i]
    hang2=roadjunid[3,i]
    lie1= roadjunid[2,i]
lie2= roadjunid[4,i]
; start1，开始遍历第一个栅格
    if road[lie1+2,hang1+1]eq i+1 then begin
      roadpoint[6,i]=dem[lie1,hang1]- dem[lie1+2,hang1+1]
      if dem[lie1,hang1] gt dem[lie1+2,hang1+1]  then roadpoint
[4,i]=1
      if dem[lie1,hang1] le dem[lie1+2,hang1+1]  then roadpoint
[4,i]=-1
    endif
; end1，第一个栅格遍历结束
; ……遍历外层所有栅格，参考 start1~end1 间代码
      if road[lie1+2,hang1+2]eq i+1 then begin
            roadpoint[6,i]=dem[lie1,hang1]- dem[lie1+2,hang1+2]
        if dem[lie1,hang1] gt dem[lie1+2,hang1+2]  then roadpoint
[4,i]=1
        if dem[lie1,hang1] le dem[lie1+2,hang1+2]  then roadpoint
[4,i]=-1
      endif
```

```
      if road[lie2-2,hang2-1]eq i+1 then begin
            roadpoint[7,i]=dem[lie2,hang2]- dem[lie2-2,hang2-1]
        if dem[lie2,hang2] gt dem[lie2-2,hang2-1]  then roadpoint
[5,i]=1
        if dem[lie2,hang2] le dem[lie2-2,hang2-1]  then roadpoint
[5,i]=-1
      endif
      if road[lie2-2,hang2]eq i+1 then begin
            roadpoint[7,i]=dem[lie2,hang2]- dem[lie2-2,hang2]
        if dem[lie2,hang2] gt dem[lie2-2,hang2]  then roadpoint
[5,i]=1
        if dem[lie2,hang2] le dem[lie2-2,hang2]  then roadpoint
[5,i]=-1
      endif
  endif
endfor

 ;计算源汇分水比例
 for i=0,junct_num-1 do begin
  aha=0
  for j=2*asa+1,3*asa do begin
    if pointroad_topoa[j,i]gt 0 then begin
       aha= aha+pointroad_topoa[j,i]
     endif
  endfor
  for j=2*asa+1,3*asa do begin
    if pointroad_topoa[j,i]gt 0 then begin
      pointroad_topoa[j+asa,i]=pointroad_topoa[j,i]/aha
    endif
  endfor
 endfor

;判断会积水的道路
aca=0
jishuidaolu= make_array(count,/float)
```

```
for i=0,count-1 do begin
    if roadpoint[4,i]eq 1 && roadpoint[5,i]eq 1 then begin
    jishuidaolu[aca]=i+1
    aca++
    endif
endfor
jishuidaolunum=0
res2=where(jishuidaolu ne 0.0,jishuidaolunum)
;***************************************************************

;********************* 寻找每条积水道路上最小的 DEM 值 ***************
daoludem=make_array(10000,jishuidaolunum); 创建数组存储积水道路上各栅
格的 DEM 值;
jishuidaolushuzu=make_array( 10000,jishuidaolunum,/float); 存储道路
上每个栅格的 DEM 值
for i=0,jishuidaolunum-1 do begin
    jishuidaolushuzu[0,i]=daoludem[0,i]
    jishuidaolushuzu[1,i]=daoludem[1,i]
for j=2,999 do begin ;
  if daoludem[j,i] ne 0 then begin
if jishuidaolushuzu[1,i]gt daoludem[j,i]then jishuidaolushuzu[1,i]=
daoludem[j,i]
      endif
  endfor
endfor
;***************************************************************

;***************************** 判断积水的道路交点 ******************
; 根据 pointroad_topoa 数组确定每个交点处相邻道路的流向是否都流向交点
jiaodianliuxiang=make_array(asa+1,junct_num,/FLOAT,value=0.00000)
for i= 0,junct_num-1 do begin
   jiaodianliuxiang[0,i]=pointroad_topoa[0,i]
   for j=1,asa do begin
   if pointroad_topoa[j,i] gt 0 then begin
    afb=pointroad_topoa[j,i]-1
```

```
    if roadpoint[1,afb]eq jiaodianliuxiang[0,i]then jiaodianliuxiang
[j,i]=roadpoint[4,afb]
    if roadpoint[2,afb]eq jiaodianliuxiang[0,i]then jiaodianliuxiang
[j,i]=roadpoint[5,afb]
     endif
   endfor
endfor
; 根据 jiaodianliuxiang 数组确定交点是否积涝，若交点相邻的路大于 3 条且所有
相邻道路都流向此交点，则积涝
jishuijiaodian=make_array(10000,junct_num,/FLOAT,value=0.00000)
; 存储积涝交点编号及行列号
afc=0
for i= 0,junct_num-1 do begin
   res3=where(jiaodianliuxiang[*,i] ne 0.0,aff)
   if aff ge 4 then begin;
    if (jiaodianliuxiang[1,i] ne 1 && jiaodianliuxiang[2,i] ne 1
&& jiaodianliuxiang[3,i] ne 1 && jiaodianliuxiang[4,i] ne 1) then
begin
    jishuijiaodian[0,afc]=jiaodianliuxiang[0,i]
     afc++
    endif
   endif
endfor
;***************************************************************
```

第五节　产流过程计算与程序设计

产流过程是指降落在汇流小区内的雨水经过截留、填洼、下渗等损失过程。当降雨量满足截留和填洼且雨强超过下渗强度时，地面才会开始积水，并形成地表径流。国内外相关学者提出了多种地表产流计算方法，本模型首先假定研究区是由多个汇流小区组成，采用打断后的道路切割整个研究区，得到研究区内汇流小区矢量图，再将其转为 30 m 分辨率的栅格。然后将道路与非道路区域产流分开计算，对于非道路区域使用归一化建筑指数（NDBI 指数）区分透水栅格和不透水栅格。NDBI 指数法是一种比目视判读快速，精度与非监督分类法、监督分类法不相上下，是一种客观、可信度高的提取方法。计算公式为：

$$\mathrm{NDBI}=\frac{TM5-TM4}{TM5+TM4} \tag{8-1}$$

式中，$TM4$、$TM5$ 分别指 TM 影像的第 4、第 5 波段，NDBI 取值在 −1～1 之间。NDBI 大于 0 的栅格即为城镇用地区域。

NDBI 值小于 0 为不透水栅格，大于 0 为透水栅格，不透水栅格全部产流，透水栅格需乘以绿地消纳系数（每个汇流小区一个）。绿地消纳系数依据汇流小区内的植被覆盖情况进行赋值，按汇流小区编号进行存储，植被覆盖度高的栅格绿地消纳系数大，取值范围为 0～1。

产流过程计算程序如下：

```
;************************** 等流时线流量计算 *********************
;确定每个小区汇向哪个点
   daoludema=make_array(10000,count,/FLOAT,value=0.00000); 道路的
平均 DEM 值数组
   daolushangeshu=make_array(10000,count,/FLOAT,value=0.00000)
;每条道路的栅格数数组
  meandem=make_array(10000,count,/FLOAT,value=0.00000);存储道路编
号及平均 DEM 值
  for i=0,count-1 do begin
    meandem[0,i]=i+1
    ahb=0
    ahc=0
    res6=where(daoludema[*,i] ne 0.0,ahb)
    if ahb gt 0 then begin
    for j= 0,ahb-1 do begin
      ahc=ahc+daoludema[j,i]
    endfor
     meandem[1,i]=ahc/ahb
    endif
  endfor
;*****************************************************************

;************************ 计算每条道路的汇流时间 *****  *************
;计算每条道路的汇流时间
 roadpointb=make_array(10000,count,/FLOAT,value=0.00000);存储一条道路
(1) 两个交点 (2-3) 及其行列号 (4-7), 高差 (8), 坡度 (9), 流速 (10), 时间 (11)
 for i= 0,count-1 do begin
```

```
 roadpointb[0,i]= roadpoint[0,i]; 道路编号
 roadpointb[1,i]= roadpoint[1,i]; 交点 1 编号
 roadpointb[2,i]= roadpoint[2,i]; 交点 2 编号
  for m= 0,junct_num-1 do begin
      if roadpointb[1,i]eq junid[0,m]then begin
       roadpointb[3,i]= junid[1,m]; 交点 1 行号
       roadpointb[4,i]= junid[2,m]; 交点 1 列号
      endif
      if roadpointb[2,i]eq junid[0,m]then begin
         roadpointb[5,i]= junid[1,m]; 交点 2 行号
         roadpointb[6,i]= junid[2,m]; 交点 2 列号
       endif
  endfor
endfor
```

; 确定每条道路上的坡面汇流出口

roadoutpoint=make_array(10000,count,/FLOAT,value=0.00000); 存储一条道路的坡面汇流汇点行列号。

```
for i=0,count-1 do begin; 现赋存两个交点中较低点的行列号
  roadoutpoint[0,i]=i+1
  hang6=roadpointb[3,i]
  hang7=roadpointb[5,i]
  lie6=roadpointb[4,i]
  lie7=roadpointb[6,i]
  if dem[lie6,hang6]lt dem[lie7,hang7]then begin
   roadoutpoint[1,i]=roadpointb[3,i]
   roadoutpoint[2,i]=roadpointb[4,i]
   endif else begin
     roadoutpoint[1,i]=roadpointb[5,i]
     roadoutpoint[2,i]=roadpointb[6,i]
   endelse
```

for m=0,jishuidaolunum-1 do begin; 如果这条道路存在道路积水点，则再赋存道路积水点的行列号。

```
   if roadoutpoint[0,i]eq jishuidaolushuzua[0,m]then begin
     roadoutpoint[1,i]=jishuidaolushuzua[2,m]
     roadoutpoint[2,i]=jishuidaolushuzua[3,m]
```

```
  endif
 endfor
 if dem[lie6,hang6]gt dem[lie7,hang7]then begin;计算坡度
 ahd=dem[lie6,hang6]-dem[lie7,hang7]
 endif else begin
 ahd=dem[lie7,hang7]-dem[lie6,hang6]
 endelse
 roadpointb[7,i]= [(hang6-hang7)^2+(lie6-lie7)^2]^(0.5)*42.426
;一条道路两端的高差
 if roadpointb[7,i] gt 0 then  roadpointb[8,i] =ahd/roadpointb
[7,i];一条道路的坡度
endfor
;***************************************************************

;***********************确定每个小区相邻的道路***** ************
countb=0;小区数量
codevalueb=0
codeb;小区数量和编码。
xiaoquhuiliua=make_array(20000,countb,/FLOAT,value=0.00000);创建
数组存储每个小区相邻的道路编号
for m=0,countb-1 do begin
  ajb=0
   for i=2,nl-3 do begin
    for j=2,ns-3 do begin
      if mianjishange[j,i]eq codeb[m]then begin
        if road[j-2,i] gt 0 then begin
           xiaoquhuiliua[ajb,m]=road[j-2,i]
           ajb++
        endif
        if road[j+2,i] gt 0 then begin
           xiaoquhuiliua[ajb,m]=road[j+2,i]
           ajb++
        endif
        if road[j,i-2] gt 0 then begin
          xiaoquhuiliua[ajb,m]=road[j,i-2]
```

```
        ajb++
      endif
      if road[j,i+2] gt 0 then begin
        xiaoquhuiliua[ajb,m]=road[j,i+2]
        ajb++
      endif
    endif
  endfor
 endfor
endfor
xiaoquhuiliu=make_array(20000,countb,/FLOAT,value=0.00000)
for m=0,countb-1 do begin
  aja=0
 for j=1,count do begin
  ajz=0
  res=where(xiaoquhuiliua[*,m] eq j,ajz)
  if ajz ge 5 then begin
   xiaoquhuiliu[aja,m]=j
   aja++
  endif
 endfor
endfor

; 确定每个小区周围最低的道路编号及汇水点行列号
xiaoquhuidian=make_array(20000,countb,/FLOAT,value=0.00000); 存储
每个小区汇向的道路编号及汇水点行列号
for i= 0,countb-1 do begin
  xiaoquhuidian[0,i]=codeb[i]
  xiaoquhuidian[1,i]=xiaoquhuiliu[0,i]
  ajd=xiaoquhuidian[1,i]
  for j=1,19 do begin
    if xiaoquhuiliu[j,i]gt 0 then begin
      ajc=xiaoquhuiliu[j,i]
      if meandem[1,ajc-1]gt 0 && meandem[1,ajd-1]gt 0 then begin
        if meandem[1,ajc-1]lt meandem[1,ajd-1]then xiaoquhuidian
```

```
[1,i]=ajc
      endif
    endif
  endfor
  aje=xiaoquhuidian[1,i]
  xiaoquhuidian[2,i]=roadoutpoint[1,aje-1]
  xiaoquhuidian[3,i]=roadoutpoint[2,aje-1]
endfor
;**************************************************************
```

第六节　等流时线坡面汇流计算

先计算各道路集水区交点等流时线流量。根据 DEM 差值确定各交点向相邻道路的分水比例，以各交点作为汇点，统计其源点（上游交点）向此汇点的分水比例，逐时段演算各道路交点流量，每条道路分别采用马斯京根方程演算。具体过程如下：

第 1 步，将流域表面上的每一个栅格按高程从低到高排序。假定代表流域地貌的 DEM 总共有 N 个栅格，那么按高程从低到高排序后第 N 个栅格是流域最高栅格，而第一个栅格处在流域出口断面处。

第 2 步，计算净雨流经各个栅格所需要的时间 τ。各栅格坡度不同，导致流速不同，从而流经时间也不同。坡度大，流速大，流经时间短；坡度小，流速小，流经时间长。比如对第 i 个栅格，计算流经时间 τ_i 的公式为：

$$\tau_i = \frac{\Delta l}{a \bullet (S_i)^b} \tag{8-2}$$

式中，S_i 是某一水流出流方向上的坡度；a 是一个参数，具有速度量纲；b 是一个幂指数，反映坡度大小对流速的影响。当 b 值为 0 时，流速在整个流域内均匀分布，与坡度无关。

第 3 步，对于流域出口断面处栅格（序号是 $i=1$）来说，汇流时间即流经时间，$t_1=\tau_1$。

第 4 步，对 $i=2, 3, \cdots, N$，重复第 3 步。

第 5 步，到第 i 个栅格时，周围 8 个栅格中高程相对低的栅格的汇流时间均已经计算完成。若周围 8 个栅格中只有一个栅格的高程相对较低，其序号为 j（$j<i$），汇流时间为 t_j，则第 i 个栅格的汇流时间为：

$$t_i = \tau_i + t_j \tag{8-3}$$

若周围 8 个栅格中有几个栅格的高程相对较低，其序号分别为 $j_1, j_2, \cdots, j_l$（$j_r<i, r=1, 2, \cdots, l, l\leqslant 8$），采用最陡坡度法确定唯一流向为 i，j_r，则

$$t_i = \tau_i + t_{j_r} \quad 其中\ S_{j_r} = \max\{S_{j_1}, S_{j_2}, \ldots, S_{j_l}\} \tag{8-4}$$

式（8-4）是一种简单而常用的计算汇流时间的方法，基于山区流域特点设计完成。

第 6 步，将具有相同汇流时间的栅格面积加和，绘制等流时面积分布（图 $\Delta A(\tau)-\tau$）。

再采用等流时线法计算小区坡面汇流。首先，确定汇流小区的出流点位，汇流小区净雨汇向周围平均高程最小的道路，若此道路有道路积涝点，则汇向道路积涝点，若没有则汇向道路高程较小的那个交点。小区出流点位确定后，采用等流时线法汇流，给定小区汇流流速（初值为 0.6 m/s，依据小区平均坡度进行修正），计算一个时段水流动的距离。最后，根据水的流动距离统计各时段的积水面积，根据降雨计算坡面汇流过程。等流时线法计算简单，资料要求少，可以获取汇至雨水口或者道路交点处的流量过程。

$$Q(t_k)=\frac{\alpha F}{t_c}\sum_{j=1}^{t_c} I_{t_{k-j}}\cdot\Delta t \qquad (8-5)$$

式中，$Q(t_k)$ 为 t_k 时刻的流量；$I_{t_{k-j}}$ 为 t_{k-j} 时刻的净雨强度；F 为雨水口流域汇水面积；α 为单位换算系数。

等流时线坡面计算程序如下：

```
;************************** 小区等流时汇流 ********************
;小区等汇时汇流，先统计每个汇流时段的栅格数
xiaoquhuiliusudu=v*3600/42.426;小区汇流速度，换算成栅格数每小时
toushuishange=make_array(20000,countb,/FLOAT,value=0.00000);
butoushuishange=make_array(20000,countb,/FLOAT,value=0.00000)
;统计每个时段内的不透水栅格数
for m=0,countb-1 do begin
  toushuishange[0,m]=xiaoquhuidian[0,m]
  butoushuishange[0,m]=xiaoquhuidian[0,m]
  kdk= butoushuishange[0,m]
   xiaoquhuiliusudu=v*xiaoquhuiliusuduxishu[kdk-1]*3600/42.426
;小区汇流速度
  ajf=xiaoquhuidian[2,m]
  ajg=xiaoquhuidian[3,m]
  for i=2,nl-3 do begin
    for j=2,ns-3 do begin
      if mianjishange[j,i] eq xiaoquhuidian[0,m] then begin
        distance2=[(ajf-i)^2+(ajg-j)^2]^(0.5)
; start2，开始遍历第一个栅格
        if distance2 le xiaoquhuiliusudu then begin
          if ndbi[j,i]ge 0 then butoushuishange[1,m]=butoushuishange
[1,m]+1
```

```
          if ndbi[j,i]lt 0 then toushuishange[1,m]=butoushuishange
[1,m]+1
        endif
; end2，第一个栅格遍历结束
; ……遍历外层所有栅格，参考 start2~end2 间代码
        if distance2 le 4*xiaoquhuiliusudu && distance2 gt 3*
xiaoquhuiliusudu then begin
          if ndbi[j,i]ge 0 then butoushuishange[4,m]=butoushuishange
[4,m]+1
          if ndbi[j,i]lt 0 then toushuishange[4,m]=butoushuishange
[4,m]+1
        endif
        if  distance2 gt 4*xiaoquhuiliusudu then begin
          if ndbi[j,i]ge 0 then butoushuishange[5,m]=butoushuishange
[5,m]+1
          if ndbi[j,i]lt 0 then toushuishange[5,m]=butoushuishange
[5,m]+1
        endif
      endif
    endfor
  endfor
endfor
;****************************************************************

;************************** 小区汇流到出口 ******* ****************
; 小区汇流到出口
huiliuliuliang=make_array(rainnum+6,countb,/FLOAT,value=0.00000);
for m=0,countb-1 do begin
   huiliuliuliang[0,m]=xiaoquhuidian[0,m]
   kak=huiliuliuliang[0,m]
   lvdi=xiaoqulvdixiaonaxishu[kak-1]
  for n= 1 ,rainnum+5 do begin
if n eq 1 && rainnum ge 1 then huiliuliuliang[1,m]=(butoushuishange
[1,m]+toushuishange[1,m]*lvdi)*rain[0]*30*30/1000/3600
; start3，开始遍历第一个栅格
```

```
if n eq 2 && rainnum ge 2 then huiliuliuliang[2,m]=((butoushuishange
[1,m]+toushuishange[1,m]*lvdi)*rain[1]+ (butoushuishange[2,m]+
toushuishange[2,m]*lvdi)*rain[0])*30*30/1000/3600
; end3，第一个栅格遍历结束
; ……遍历外层所有栅格，参考 start3~end3 间代码
    if n ge 5 && n le rainnum then begin
huiliuliuliang[n,m]=((butoushuishange[1,m]+toushuishange[1,m]*
lvdi)*rain[n-1]+(butoushuishange[2,m]+toushuishange[2,m]*lvdi)*
rain[n-2]+(butoushuishange[3,m]+toushuishange[3,m]*lvdi)*rain[n-
3]+(butoushuishange[4,m]
+toushuishange[4,m]*lvdi)*rain[n-4]+(butoushuishange[5,m]+
toushuishange[5,m]*lvdi)*rain[n-5])*30*30/1000/3600
endif
; start4，开始遍历第一个栅格
if n eq (rainnum+1)&& rainnum ge 5 then  huiliuliuliang[n,m]=
((butoushuishange[2,m]+toushuishange[2,m]*lvdi)*rain[n-2]+
(butoushuishange[3,m]+toushuishange[3,m]*lvdi)*rain[n-3]+
(butoushuishange[4,m]+toushuishange[4,m]*lvdi)*rain[n-4]+
(butoushuishange[5,m]+toushuishange[5,m]*lvdi)*rain[n-5])*
30*30/1000/3600
; end4，第一个栅格遍历结束
; ……遍历外层所有栅格，参考 start4~end4 间代码
    if n eq (rainnum+4)&& rainnum ge 5 then  huiliuliuliang[n,m]=
((butoushuishange[5,m]+toushuishange[5,m]*lvdi)*rain[n-5])*30*30/
1000/3600
  endif
endif
;****************************************************************
```

第七节　道路汇流计算与程序设计

根据道路交点与相邻道路的 DEM 差值确定流向关系，并根据 DEM 差值确定各交点向周围道路的分水比例。道路汇流采用马斯京根方程计算，将每个道路交点作为汇点，确定其源点及源点向汇点的分水比例。马斯京根法是麦克瑟（Mc Carthy）在 1938 年提出来的，该方法将河段水流圣维南方程组中的连续方程简化为水量平衡方程，把动力方程简化为马斯京

根法的河槽蓄泄方程，对简化方程组联立求解，得到演算方程。根据道路两端高差计算坡度，采用曼宁公式计算流速，进而计算每条道路的汇流时间，以第一时段坡面汇流结果作为初始值，采用马斯京根方程逐时段演算，得到道路汇流后的各道路交点和道路积涝点的流量过程，即得到对应的积涝点流量过程。

道路汇流计算程序如下：

```
;*************************** 小区汇流到出口 **********************
; 道路源汇汇流 ，逐时段演算
for j= 2,rainnum+19 do begin; 先列再行的循环
for i= 0,junct_num-1 do begin
  apa=0
  Qyuanhui=make_array(2*asa+1,/FLOAT,value=0.00000)
  aia=make_array(asa+1,/FLOAT,value=0.00000)
      for m=1,asa do begin
         for r=0, count-1 do begin
          if roadpoint[1,r]eq Qjiaodian[0,i]&& roadpoint[2,r]eq
yuanhuishuzua[2*m-1,i] then aia[m]=roadpointb[10,r]
          if roadpoint[1,r]eq yuanhuishuzua[2*m-1,i]&& roadpoint
[2,r]eq Qjiaodian[0,i]then aia[m]=roadpointb[10,r]
         endfor
      endfor
      for m=1,asa do begin
            if yuanhuishuzua[2*m-1,i] ne 0 then begin
; 找出源点的流量，考虑道路汇流时间确定上游入水
          for n= 0,junct_num-1 do begin
            if Qjiaodian[0,n]eq yuanhuishuzua[2*m-1,i] then begin
              Qyuanhui[2*m-1]=Qjiaodian[j-aia[m],n]*yuanhuishuzua
[2*m,i]
              Qyuanhui[2*m]=Qjiaodian[j-aia[m]+1,n]*yuanhuishuzua
[2*m,i]
            endif
          endfor
         endif
        endfor
      for m= 1,asa do begin
        apa=apa+Qyuanhui[2*m-1]
```

```
      endfor
      if apa gt 0 then begin
        for m=1,asa do begin
           Qjiaodian[j,i]=Qjiaodian[j,i]+C0*Qyuanhui[2*m]+C1*
Qyuanhui[2*m-1]+C2*Qjiaodian[j-1,i]
        endfor
      endif
    endfor
  endfor
```

; 交点流量演算完毕，积涝的道路交点流量已确定，下边确定道路积涝点的流量过程。积涝道路的两个交点流量过程已经确定，用马斯京根法演算到道路积水点即可。

```
for i= 0,aga-1 do begin
  daolujishuidianshuzu[0,i]=Qdaolujishuidian[0,i]
  daolujishuidianshuzu[1,i]=jishuidaolushuzua[2,i]
  daolujishuidianshuzu[2,i]=jishuidaolushuzua[3,i]
  for m= 0, count-1 do begin
    if roadpointb[0,m]eq daolujishuidianshuzu[0,i]then begin
      daolujishuidianshuzu[3,i]=roadpointb[1,m]
      daolujishuidianshuzu[4,i]=roadpointb[2,m]
      daolujishuidianshuzu[5,i]=roadpointb[3,m]
      daolujishuidianshuzu[6,i]=roadpointb[4,m]
      daolujishuidianshuzu[7,i]=roadpointb[5,m]
      daolujishuidianshuzu[8,i]=roadpointb[6,m]
    endif
  endfor
  aka=daolujishuidianshuzu[1,i]
  akb=daolujishuidianshuzu[2,i]
  akc=daolujishuidianshuzu[5,i]
  akd=daolujishuidianshuzu[6,i]
  ake=daolujishuidianshuzu[7,i]
  akf=daolujishuidianshuzu[8,i]
  akg=abs(dem[akd,akc]-dem[akb,aka])
  akh=abs(dem[akf,ake]-dem[akb,aka])
  daolujishuidianshuzu[9,i]=[(akc-aka)^2+(akd-akb)^2]^(0.5)*42.426
```

```
  daolujishuidianshuzu[10,i]=[(ake-aka)^2+(akf-akb)^2]^(0.5)*42.426
  daolujishuidianshuzu[11,i]=akg/daolujishuidianshuzu[9,i]
  daolujishuidianshuzu[12,i]=akh/daolujishuidianshuzu[10,i]
  daolujishuidianshuzu[13,i]=1/caolv*(Rm)^(1.5)*(daolujishuidianshuzu
[11,i])^(0.5);曼宁公式
  daolujishuidianshuzu[14,i]=1/caolv*(Rm)^(1.5)*(daolujishuidians
huzu[12,i])^(0.5);
   if daolujishuidianshuzu[13,i]ne 0 then daolujishuidianshuzu[15,i]
=ceil(daolujishuidianshuzu[9,i]/daolujishuidianshuzu[13,i]/3600)
   if daolujishuidianshuzu[13,i]eq 0 then daolujishuidianshuzu
[15,i]=1
   if daolujishuidianshuzu[14,i]ne 0 then daolujishuidianshuzu[16,i]
=ceil(daolujishuidianshuzu[10,i]/daolujishuidianshuzu[14,i]/3600)
   if daolujishuidianshuzu[14,i]eq 0 then daolujishuidianshuzu
[16,i]=1
   for m= 0,junct_num-1 do begin
    if pointroad_topoa[0,m]eq daolujishuidianshuzu[3,i] then begin
      for j=1,asa do begin
      if pointroad_topoa[j,m]eq daolujishuidianshuzu[0,i]then dao
lujishuidianshuzu[17,i]=pointroad_topoa[3*asa+j,m]
      endfor
    endif
   endfor
   for m= 0,junct_num-1 do begin
     if pointroad_topoa[0,m]eq daolujishuidianshuzu[4,i] then begin
       for j=1,asa do begin
      if pointroad_topoa[j,m]eq daolujishuidianshuzu[0,i]then dao
lujishuidianshuzu[18,i]=pointroad_topoa[3*asa+j,m]
      endfor
     endif
   endfor
endfor
;用马斯京根法，将交点演算到道路积涝点。
for i= 0,aga-1 do begin
  alc=daolujishuidianshuzu[17,i]
```

```
  ald=daolujishuidianshuzu[18,i]
  ale=daolujishuidianshuzu[15,i]
  alf=daolujishuidianshuzu[16,i]
  for m=0,junct_num-1 do begin
    if Qjiaodian[0,m]eq daolujishuidianshuzu[3,i] then begin
      for j= 2,rainnum+19 do begin
    ala=Qdaolujishuidian[j,i]
    if Qjiaodian[j-ale,m]gt 0 then   Qdaolujishuidian[j,i]=C0*
Qjiaodian[j-ale+1,m]*
 alc+C1*Qjiaodian[j-ale,m]*alc+C2*Qdaolujishuidian[j-1,i]+
 C0*Qjiaodian[j-alf+1,m]*ald+C1*Qjiaodian[j-alf,m]*ald+C2*C2*
Qdaolujishuidian[j-1,i]+ala
      endfor
    endif
  endfor
endfor
;**********************************************************
end
```

第八节　城市雨洪模型应用案例

一、案例背景

南沙河发源于北京市昌平区西南部山区和海淀区西北部，位于京杭大运河北段水系上游，地处北京市城乡接合部，主河道长 22.21 km，流域面积为 220 km^2，河道为土渠梯形断面，河深为 4.0～5.0 m，多年平均降水量为 594.8 mm，承担海淀北部地区的排洪、灌溉、纳污等功能。南沙河水势受季节影响显著，河面宽阔、河岸顺直，河流城市化特征显著。随着北京市城市副中心的确立与发展，其承担的生态、景观、防洪等功能日益凸显，未来将逐渐成为流域内可持续发展的焦点。

二、数据准备

Eco-Rudim 模型需要准备的数据包括文本数据和栅格数据（表 8-1），具体如下：

表 8-1　Eco-Rudim 模型输入数据

	输入参数	内容
文本参数	precipitation.txt	逐历时降雨数据
	xiaoquhuiliusuduxishu.txt	汇流小区汇流速度系数
	xiaoqulvdixiaonaxishu.txt	汇流小区绿地消纳系数
	daoluguanwangxishu.txt	道路管网系数
栅格参数	DEM.dat	DEM 高程数据
	road.dat	道路路网数据
	intersection.dat	道路交点数据
	NDBI.dat	NDBI 数据
	flowblock.dat	汇流小区数据

文本数据有：

道路管网系数（daoluguanwangxishu）：根据管网完善程度和设计频率确定，管网越完善数值越大，每条道路确定一个管网系数，文本行数需要与道路数量保持一致；

逐历时降雨数据（precipitation）：为每小时降雨量，单位为 mm；

小区汇流速度系数（xiaoquhuiliusuduxishu）：每个小区确定一个系数，文本行数需要与研究区内小区数量保持一致；

小区绿地消纳系数（xiaoqulvdixiaonaxishu）：每个小区确定一个系数，文本行数需要与研究区内小区数量保持一致。

栅格数据有：

DEM 数据：可从地理空间数据云网站下载。

道路（road）和交点数据（intersection）数据：首先基于高分辨率遥感卫星影像目视解译道路，得到详细的路网数据。然后，将相交道路从交点处打断，具体操作为选择 ArcGIS 中“打断相交线”选项，即在相交的地方分割所有选定的线要素并删除任何重叠的线段，拓扑容差用于搜索相交点，道路会以交点为中心打断并分成多条道路。最后，根据道路数据制作交点数据，找到路网矢量数据文件，右键点击矢量文件，选择 ArcGIS 中“新建网络数据集”选项，软件会自动生成路网交点数据。选择 ArcGIS 工具包里的“空间连接”工具，分辨交点连接道路数量，若为 1，说明此点为道路端点，删除此类交点。完成以后对道路和交点分别进行编号，均从 1 开始编号。最后将道路和交点矢量数据分别转为 30 m 栅格数据（图 8-2）。

汇流小区数据（flowblock）：按照道路分布情况对道路矢量文件进行切割，划分汇流小区。具体操作为：选中所有道路，在 ArcGIS 软件中选择“分割面”工具，按选定重叠要素的形状分割面，分割完成后对所有面进行编号，并转为栅格格式（图 8-3）。

NDBI（不透水面）数据：用 ENVI 软件打开原始影像，因为计算 NDVI 和计算 NDBI 的公式是一样的，所以选择“NDVI”计算工具，根据卫星数据来源选择相应波段（图 8-4）。

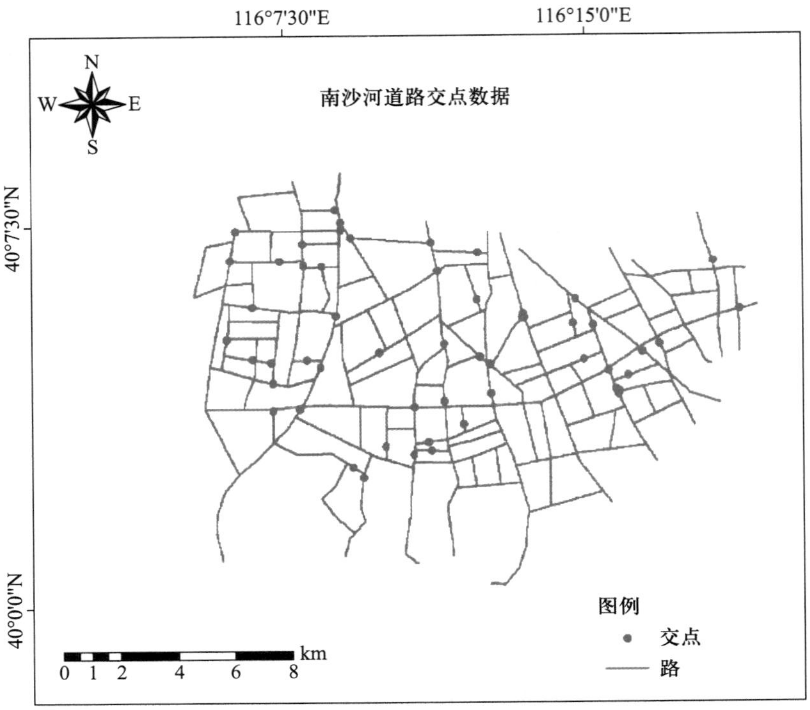

图 8-2 南沙河道路交点数据示意图

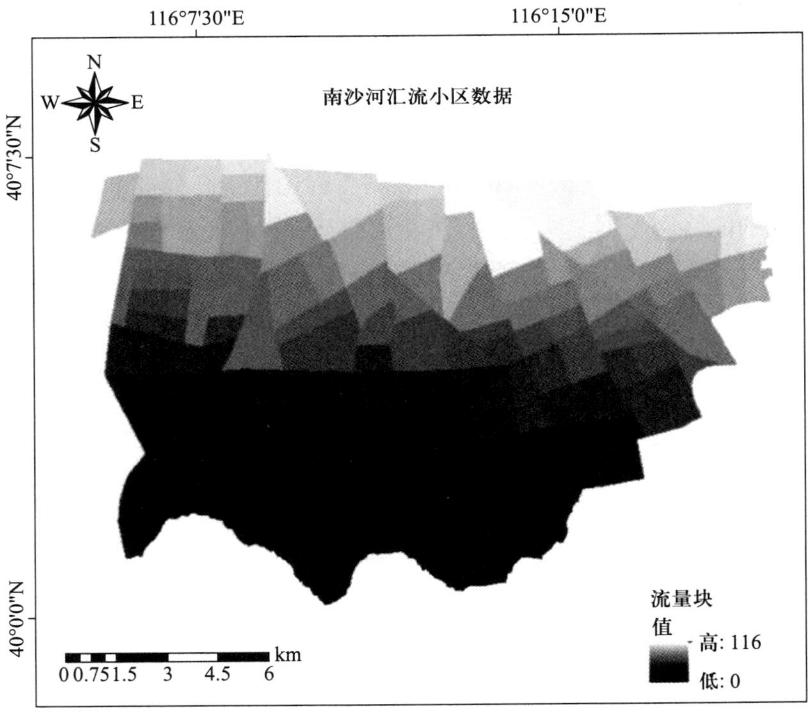

图 8-3 南沙河汇流小区数据示意图

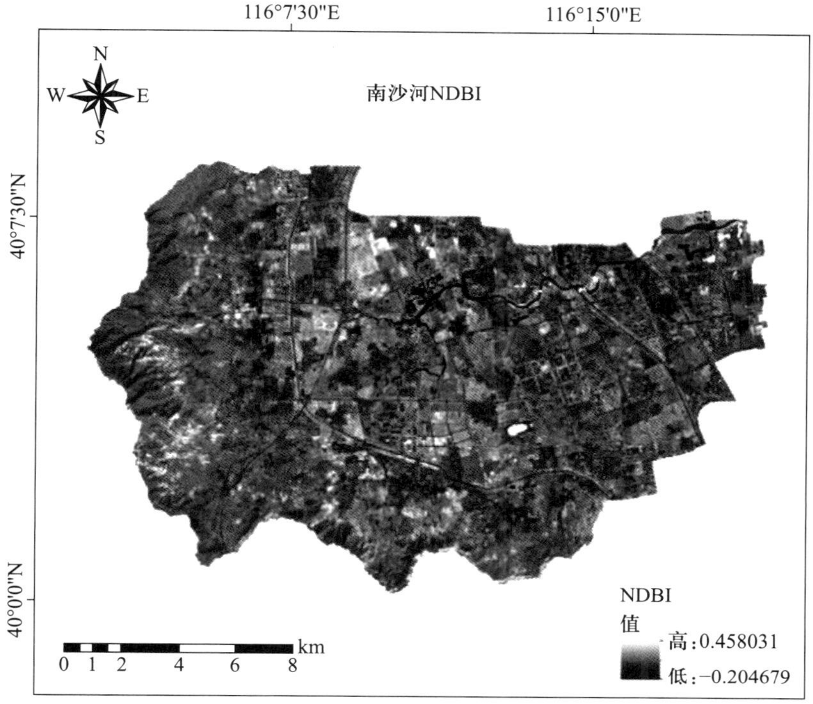

图 8-4　南沙河 NDBI 示意图

三、计算流程

在准备好前期基础数据之后，启动运行赋初值模块，输入参数。参数输入有两种方式：可逐个打开所有的参数，分别输入；也可指定所有参数所在的文件夹，所有数据将自动填充（图 8-5）。

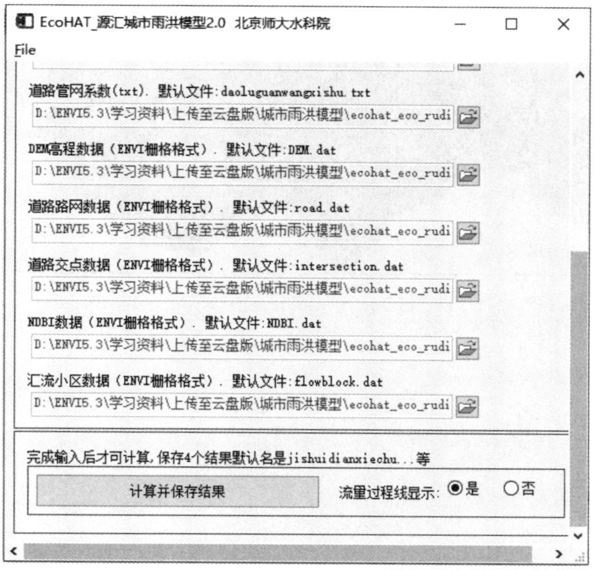

图 8-5　城市雨洪模型赋初值模块及数据自动填充示意图

数据输入完成后，点击下方“计算并保存结果”，输出运行结果。

四、模型结果

Eco-Rudim 模型的模拟结果如表 8-2 和图 8-6 所示，TIF 格式文件“jishuidianxiechu”为积涝点位置，txt 文件为道路中间积水点逐历时流量和道路交点积水点逐历时流量。

表 8-2　Eco-Rudim 模型模拟结果文件

序号	输出文件	内容
1	jishuidianxiechu_tiff	积涝点位置栅格图像
2	jishuijiaodianliuliang_txt	道路交点积涝点逐历时流量
3	Qdaolujishuidian_txt	道路中间积涝点逐历时流量
4	Qjiaodian_txt	所有交点的逐历时流量
5	DRJ_jpg	道路交点积涝点流量过程线
6	DPR_jpg	道路中间积涝点流量过程线

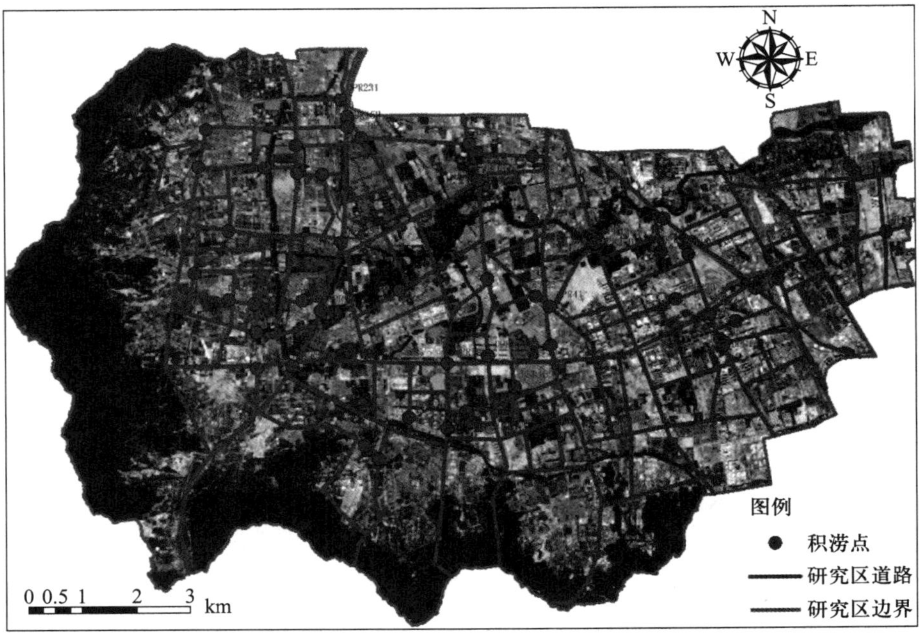

图 8-6　Eco-Rudim 模型模拟结果示例

复习思考题

一、基础部分

1. 城市雨洪产、汇流过程主要由哪几部分组成？

2. Eco-Rudim 模型中识别易积涝点的方法是什么？

二、操作实践

1. 下载 Eco-Rudim 模型代码，依据模型结构逐一与代码对应，掌握模型的结构和原理。
2. 下载教学示例数据，并运行示例数据，获取运行结果。
3. 学习了解城市雨洪模型研究的主要方向，思考提高城市雨洪模型精度的方法。

第9章

水土流失模型

水土流失概念有广义和狭义之分。广义的水土流失是指地表土壤及母质、岩石受到水力、风力、重力和冻融等外力的作用，发生破坏、移动、堆积过程，以及水本身的损失现象。狭义的水土流失是特指水力侵蚀现象。本章所介绍的水土流失按狭义定义。我国山地面积大，大部分地区属于季风气候，降水量集中于雨季且多以暴雨形式出现，极易发生水土流失，造成耕地面积减少、土壤肥力下降、农作物产量降低，河道湖泊淤积，给居民生产生活带来威胁。

黄土高原水土流失严重，暴雨侵蚀产沙是主要特征。本章以黄土高原水土流失为对象，以 EcoHAT 中 LCM-MUSLE 模块为案例，介绍水土流失模型的原理、构建方法及其在黄土高原的应用，并在案例中介绍了梯田减沙模型与应用。根据区域的实际情况，LCM-MUSLE 模型也可应用于其他地区的水土流失估算。

第一节 水土流失模型研究现状

黄土高原的水土流失主要由暴雨侵蚀产沙导致。开展暴雨侵蚀产沙模拟，有助于分析黄土高原水土流失的成因、危害和治理措施。在现有的土壤侵蚀模型中，MUSLE 模型的结构简单、数据收集工作比较容易，适用于暴雨侵蚀产沙模拟。MUSLE 模型包含地表径流（Rs）、洪峰径流（q_{peak}）、栅格单元面积（A_{pixel}）、土壤可蚀性（K）、覆盖－管理（C）、保持措施（P）、地形（LS）、粗碎屑因子（$CFRG$）8 个侵蚀产沙因子。其中，地表径流因子的模拟精度是影响 MUSLE 模型模拟精度的关键。暴雨径流模型 LCM 模型符合黄土高原超渗产流机制，在降水径流模拟中取得了良好的应用效果，可用于获取 MUSLE 模型中的地表径流数据。因此，LCM 模型和 MUSLE 模型被 EcoHAT（Ecohydrological Assessment Tool）系统集成为 LCM-MUSLE 模型，用于黄河水沙变化问题研究（杨胜天和赵长森，2015）。

通过统计分析黄河中游十余条主要支流次降雨与水沙的相关性，发现水沙联动流失是该区水土流失的主要特征。在此基础上，利用分布式 LCM 模型计算 MUSLE 产沙模型所需的地表径流因子，增加坡面汇沙和河道汇沙过程，构建了分布式 LCM-MUSLE 模型，实现流域单元次降雨水土流失分布式模拟，可获取流域出口产沙量，克服了以往 MUSLE 模型大多简单地加总栅格产沙获取流域出口产沙量的不足（Luo 等，2016）。随后又针对黄河中游区地形崎岖、灌草面积大、水保措施密集等特点，选用当地研究成果对 MUSLE 模型中的覆盖－管理（C）、保持措施（P）、地形（LS）3 个因子进行修正，并对修正后 LCM-MUSLE 模型的适应性加以分析。结果表明，修正 C、P 和 LS 因子后的分布式 LCM-MUSLE 模型对黄土丘陵沟壑区流域次降雨产沙量的估算效果更好，在黄土高原地区具有更强的适用性，可用于林草植被变化的减沙效果评价。此外，为评价黄河中游梯田坡面水土保持措施减水减沙作用，构建梯田拦水拦沙模块，改进原模型的汇流计算方法，开展典型流域场次“降雨－径流－输沙”模拟并计算梯田比影响下的径流削减率和输沙削减率（白娟等，2021）。

第二节 水土流失模型原理与构建

（一）MUSLE 方程

在运用修正的通用土壤流失方程（MUSLE）（Williams，1995）模拟土壤侵蚀量时，侵蚀量由 8 个因子定量计算后获取，表达式为：

$$Sed = 11.8 \cdot (Rs \cdot q_{peak} \cdot A_{pixel})^{0.56} \cdot K \cdot C \cdot P \cdot LS \cdot CFRG \tag{9-1}$$

式中：Sed 为土壤侵蚀量，t；Rs 为地表径流量，mm；q_{peak} 为洪峰径流，$m^3 \cdot s^{-1}$；A_{pixel} 为栅格单元面积，hm^2；K 为土壤可蚀性因子，量纲为 1；C 为覆盖管理因子，量纲为 1；P 为保持措施因子，量纲为 1；*LS* 为地形因子，量纲为 1；*CFRG* 为粗碎屑因子，量纲为 1。

（二）EcoHAT LCM-MUSLE 模型结构

在分析流域水土流失时，除了要关注土壤侵蚀的空间差异，还需重视整个流域的产沙总量，因为流域产沙量计算是推求流域物质迁移总量的数据基础，能很好地反映流域系统的物质迁移总量。MUSLE 模型对流域单元的土壤侵蚀产沙量估算流程如图 9-1 所示。

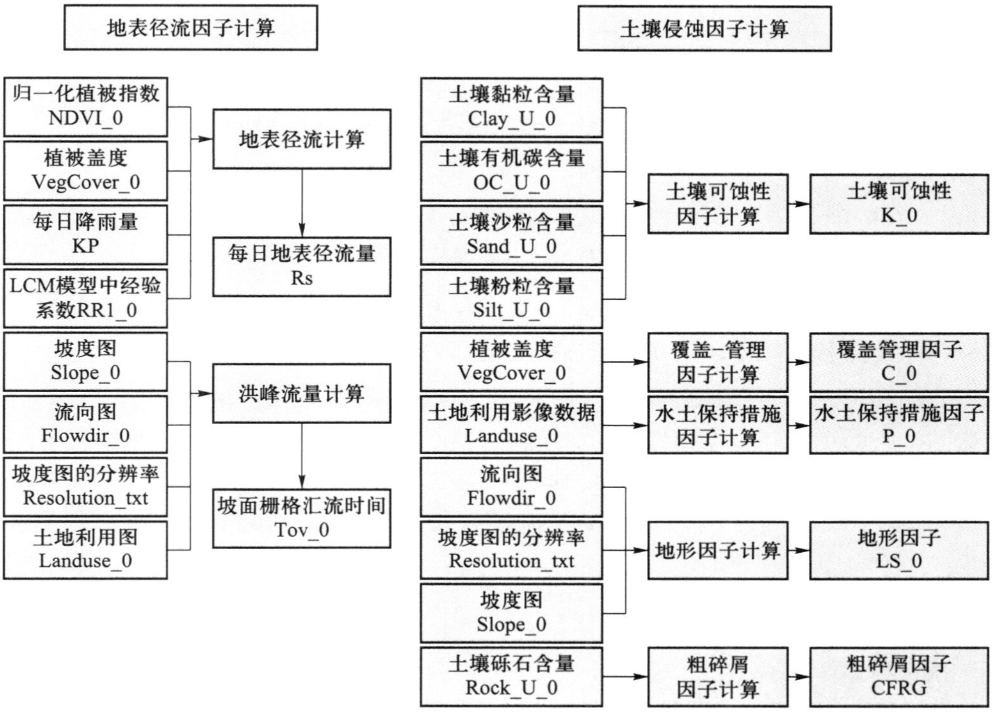

图 9-1　EcoHAT LCM-MUSLE 计算流程图

如图 9-1 所示，不同的空间单元，由于土地利用方式和土壤质地不同，其下渗能力也有所不同。降雨发生后，通过下渗削减，产生地表径流。地表径流对泥沙进行侵蚀与搬运，形成坡面土壤侵蚀。在坡面侵蚀过程中，地表径流的侵蚀能力除了受地表径流大小影响外，还受到洪峰流量、土壤可蚀性、覆盖 - 管理水平、水土保持措施、地形条件和土壤砾石含量的影响。

第三节　地表径流因子计算与程序设计

一、地表径流

地表径流（*Rs*）可通过 LCM 水文模型获取。在 LCM 模型中，每个栅格的地表径流在数值上等于降雨量和下渗量的差值（刘昌明等，1965）。

$$Rs = P_{rec} - f \tag{9-2}$$

式中，Rs 为地表径流，mm；P_{rec} 为降雨量，mm；f 为下渗量，mm。

利用 LCM 模型进行地表产流简易计算的程序如下：

```
;*************************************************************
;Name:EcoHAT_LCM_Rs_Procedure.pro
;*************************************************************

;*************************** 输入说明 ***************************
; 输入参数
;1. NDVI_0:       二维栅格格式，浮点型，归一化植被指数（1 年 1 幅影像数据，运用年内生长期遥感数据获取），取值 0-1，量纲一
;2. VegCover_0: 二维栅格格式，整型，植被盖度（1 年 1 幅影像数据），取值 0-100（计算中需除以 100.0，以转换为取值 0-1 的浮点型数据），量纲一
;3. KP:         二维栅格格式，浮点型，每日降雨量，单位：mm
;4. RR1_0:       二维栅格格式，浮点型，LCM 模型中的经验系数 r，根据土地利用和土壤质地取值，取值 0.6-0.9，量纲一
;*************************************************************

; *************************** 输出说明 ***************************
; 输出参数
;Rs: 二维栅格格式，浮点型，每日地表径流量，单位：mm
;*************************************************************

;********************** 算法设置 **************************
    PRO EcoHAT_LCM_Rs_Procedure,NDVI_0,VegCover_0,KP,RR1_0,$
;    PRO EcoHAT_LCM_Rs_Procedure,RR1_0,KP,$
        Result1=Result1
;*********** 运用 NDVI 推求叶面积指数 ***********************
        LAI=0.57*exp(2.33*NDVI_0)
;***** 植被盖度数据转换（取值 0-100 的整型转换为取值 0-1 的浮点型）****
        VC=VegCover_0/100.0
;******************* 求植被截留量 ******************************
        Smax=0.935+0.498*LAI-0.00575*(LAI^2)   ; 求林冠最大截留量
        E=0.046*LAI                             ; 求校正系数
        VI=VC*Smax*(1-exp((-1)*E*(KP/Smax)))   ; 求植被截留量
```

```
        if VI gt KP then begin
          VI=KP
        endif

;************ 利用 LCM 模型计算日地表径流 ****************************
        RR2=0.8781*ALOG(RR1_0)+1.3422     ; 求 LCM 模型中的经验系数 R 值
        Pe=KP-VI                          ; 求有效降雨 = 日降雨 - 植被截留
        f=RR2*(Pe^RR1_0)                  ; 求 LCM 模型中的下渗率 f 值
        Qd=Pe-f                           ; 求地表径流 = 有效降雨 - 下渗值
;        Qd[where(Qd lt 0.0)] = 0.0
        if Qd gt 0.0 then begin
           Qd=Qd
        endif

        if Qd le 0.0 then begin
           Qd=0.0
        endif

        Rs=Qd

;******************** 输出数据设置 *********************************
        Result1=Rs
END
```

二、洪峰流量

洪峰流量（q_{peak}）运用公式（9-3）计算获取。

$$q_{peak}=\frac{\alpha_{tc}\cdot Rs\cdot A_{pixel}}{3.6\cdot t_{conc}} \tag{9-3}$$

式中：q_{peak} 为洪峰径流（$m^3\cdot s^{-1}$）；α_{tc} 为汇流时段内降雨比例；Rs 为地表径流（mm）；A_{pixel} 为栅格面积（km^2）；t_{conc} 为栅格汇流时间，通过栅格的坡度（m/m）、坡长、曼宁公式计算获取，3.6 为单位转换因子。

洪峰流量计算置于 EcoHAT_Sed_Overland_Procedure 函数内，计算程序如下：

```
;************ 计算洪峰流量 ********************
      qpeak=Rs/(3.6*Tov_0)         ; 计算峰值流量 qpeak, 单位：m³/s
;********************************************
```

其中 Tov_0 为栅格汇流时间，计算程序 EcoHAT_Time_Overland_Procedure 如下：

```
;****************************************************
;Name:EcoHAT_Time_Overland_Procedure.pro
;****************************************************
 ;*************************** 输入说明 ***************************
; 输入说明
;1. Slope_0:     二维栅格格式，浮点形，坡度图，角度，DEM生成，单位：度
;2. Flowdir_0: 二维栅格格式，整型，流向图，DEM生成，无量纲
;3. Resolution_txt: 文本格式，坡度图的分辨率，单位：m
;4. Landuse_0：二维栅格格式，整型，土地利用图，无量纲
;*************************************************************

;*************************** 输出说明 ***************************
; 输出参数
;Tov_0: 二维栅格格式，浮点型，坡面栅格汇流时间，单位：h
;*************************************************************

;**************** 算法设置 ***********************************
    PRO EcoHAT_Time_Overland_Procedure,Slope_0,Flowdir_0,Resolution_
txt,Landuse_0,$
      Result1=Result1
;****************** *角度坡度转化为比值坡度 ***********************
      Slp = ABS(tan(Slope_0))
;*************** 计算非累积坡长 Lslp*************************

    case 1 of
     (Flowdir_0 eq 2 or Flowdir_0 eq 8 or Flowdir_0 eq 32 or
Flowdir_0 eq 128):begin
      F =1.414
     end
     (Flowdir_0 eq 1 or Flowdir_0 eq 4 or Flowdir_0 eq 16 or
```

```
Flowdir_0 eq 64):begin
        F = 1.0
      end
      else:begin
        F =0.0
      end
   endcase
```

R=Resolution_txt[0,0]；通过该命令后，把文本型数组转换为一个数值，以代入下式计算。

Lslp = R*F/(cos(Slope_0*(!PI)/180))　　;(Slope_0*(!PI)/180):角度转化为弧度

```
;******** 计算坡面漫流的曼宁系数 Nu 值 ****************
    ; 默认值
    nu = 0.01

    if Landuse_0 eq 0 then begin; 栅格值为 0
          Nu = 0.01
    endif

    if (Landuse_0 ge 21) and (Landuse_0 le 22)  then begin ; 土地利用类型为天然植被：包括有林\灌木\疏林
          Nu = 0.41
    endif

    if Landuse_0 eq 23 then begin; 土地利用类型为疏林地
           Nu = 0.15
    endif

    if Landuse_0 eq 24 then begin; 土地利用类型为其他林地
           Nu = 0.15
    endif

    if Landuse_0 eq 31 then begin ; 土地利用类型为高覆盖草地
```

```
        Nu = 0.6
    endif

    if Landuse_0 eq 32 then begin ; 土地利用类型为中覆盖草地
        Nu = 0.24
    endif

    if Landuse_0 eq 33 then begin ; 土地利用类型为低覆盖草地
        Nu = 0.15
    endif

    if (Landuse_0 ge 41) and (Landuse_0 le 46) then begin ; 土地利
用类型为水域
        Nu = 0.01
    endif

    if (Landuse_0 ge 51) and (Landuse_0 le 53) then begin ; 土地利
用类型为建设用地
        Nu = 0.01
    endif

    if (Landuse_0 ge 111) and (Landuse_0 le 113) then begin ; 土地
利用类型为水田
        Nu = 0.09
    endif

    if (Landuse_0 ge 121) and (Landuse_0 le 122) then begin ; 土地
利用类型为山区旱地 \ 丘陵旱地在黄河中游地区视为水平梯田
        Nu = 0.09
    endif

    if Landuse_0 eq 123 then begin; 土地利用类型为平原区旱地 \ 河川地
        Nu = 0.09
    endif
```

```
if Landuse_0 eq 124 then begin; 土地利用类型为 25 度以上坡耕地
        Nu = 0.05
endif

if (Landuse_0 ge 61) and (Landuse_0 le 66) then begin ;土地利用类型为未利用地
        Nu = 0.01
endif

;******************* 计算坡面漫流的曼宁系数 Nu 值 ********
            Tov_0=((Lslp^0.6)*(Nu^0.6))/(18*(Slp^0.3))
;           Tov_0[where(~finite(Tov_0))] = 0.0
;********************** 输出数据设置 ********************
           Result1= Tov_0
  END
```

第四节 土壤侵蚀因子及程序设计

一、土壤可蚀性因子

土壤可蚀性因子（K）是土壤潜在侵蚀性的量度，是反映土壤容易遭受侵蚀程度的一个参数，深受土壤性质的影响。模型采用 Williams（1995）在 EPIC 模型中发展的方法，计算土壤可蚀性因子。

$$K=\left\{0.2+0.3\exp\left[-0.0256S_d\left(1-\frac{S_i}{100}\right)\right]\right\}\left(\frac{S_i}{C_i+S_i}\right)^{0.3}\left[1-\frac{0.25C_{or}}{C_{or}+\exp(3.72-2.95C_{or})}\right]\cdot\left[1-\frac{0.7(1-S_d)}{1-S_d+\exp(-5.51+22.9(1-S_d))}\right] \tag{9-4}$$

式中：K 为土壤可蚀性；S_d 为沙粒含量，%；S_i 为粉粒含量，%；C_i 为黏粒含量，%；C_{or} 为有机碳含量，%。

土壤可蚀性因子计算程序如下：

```
;**************************************************************
;Name:EcoHAT_K_Factor_Procedure.pro
;**************************************************************
```

```
;**************************** 输入说明 ***************************
; 输入参数
;1. Clay_U_0:    二维栅格格式，整形，土壤黏粒含量，取值 0～100（计算中需除以
100.0，以转换为取值 0-1 的浮点型数据），量纲为 1
;2. OC_U_0:      二维栅格格式，浮点型，土壤有机碳含量，量纲为 1
;3. Sand_U_0:    二维栅格格式，整形，土壤沙粒含量，取值 0～100（计算中需除以
100.0，以转换为取值 0-1 的浮点型数据），量纲为 1
;4. Silt_U_0:    二维栅格格式，整形，土壤粉粒含量，取值 0～100（计算中需除以
100.0，以转换为取值 0-1 的浮点型数据），量纲为 1
;***************************************************************

;**************************** 输出说明 ***************************
; 输出参数
;K_0：二维栅格格式，浮点型，土壤可蚀性，单位：t*m^2*h/(m^3*t*cm)
;***************************************************************

;**************************** 算法设置 *****************************
    PRO EcoHAT_K_Factor_Procedure,Clay_U_0,OC_U_0,Sand_U_0,Silt_U_0,$
        Result1=Result1

  ;************* 土壤黏粒含量、沙粒含量、粉粒含量数据转换（取值 0～100 的整
形转换为取值 0~1 的浮点型）*******
        Sand_U=Sand_U_0/100.0
        Silt_U=Silt_U_0/100.0
        Clay_U=Clay_U_0/100.0

;************************* 计算土壤可蚀性因子 *********************
            K_0 = (0.2+0.3*exp(-0.0256*Sand_U*(1-Silt_U/100)))*
(Silt_U/(Silt_U+Clay_U))^(0.3)
            K_0 = K_0*(1-0.25*OC_U_0/(OC_U_0+exp(3.72-2.95*OC_U_0)))
            K_0 = K_0*(1-0.7*(1-Sand_U)/(1-Sand_U+exp(-5.51+22.9*
(1-Sand_U))))

;************* 输出数据设置 ******************************
```

```
        Result1= K_0
END
```

二、覆盖-管理因子

覆盖－管理因子（C）反映了覆盖和管理变量对土壤侵蚀的综合作用。植被通过影响地表径流的水力学特性而影响土壤侵蚀能力。随着植被盖度的增加，径流产沙能力下降（Hofmann 和 Ries，1991），因此，可将植被盖度作为反映覆盖－管理因子的重要指标加以考虑。运用植被盖度建立 C 因子的计算公式为：

$$C=\begin{cases}1, c_v \leqslant 10\% \\ 0.6508-0.3436\lg c_v, 10\%<c_v \leqslant 78.3\% \\ 0, c_v>78.3\%\end{cases} \tag{9-5}$$

式中：C 为覆盖－管理因子，取值范围为［0,1］。C 值越小，植被的减沙效果越明显，反之则相反。c_v 为植被覆盖度，%。

覆盖－管理因子计算程序如下：

```
;*************************************************************
;Name:EcoHAT_C_Factor_Procedure.pro
;*************************************************************

;*************************** 输入说明 *************************
; 输入参数
; VegCover_0: 二维栅格格式，整型，植被盖度（1 年 1 幅影像数据），取值 0~100，量纲为 1
;*************************************************************

;*************************** 输出说明 *************************
; 输出参数
;  C_0: 二维栅格格式，浮点型，覆盖管理因子，取值 0～1，量纲为 1；值越大，表明覆盖管理因子对土壤侵蚀的控制作用越小。
;******************* 算法设置 ************************************
    PRO EcoHAT_C_Factor_Procedure,VegCover_0,$
        Result1=Result1
;*************************** 计算覆盖－管理因子 ********************
```

```
    VegCover_0 = VegCover_0 * 1.0
    case 1 of
      VegCover_0 eq 0.0: begin
        C_0 = 1
      end
      VegCover_0 gt 0.0 and VegCover_0 le 78.3: begin
        C_0 = 0.6508-0.3436*(alog10(VegCover_0/100.0))
      end
      VegCover_0 gt 78.3: begin
        C_0 = 0
      end
    endcase
      if C_0 le 1.0 then begin
        C_0 = C_0
      endif else begin
        C_0 = 1.0
      endelse
;****************** 输出数据设置 ********************************
      Result1= C_0
  END
```

三、水土保持措施因子

水土保持措施因子（P）是采用措施后的土壤流失量与顺坡种植时的土壤流失量的比值，通常的土壤侵蚀控制措施包括等高耕作、梯田等。若某地类未布局水土保持措施，则该地类的 P 取值为 1。P 值越小，水土保持措施的减沙效果越明显，反之则相反。

水土保持措施因子采用列表计算，计算程序如下：

```
;******************************************************************
;Name:EcoHAT_P_Factor_Procedure.pro
;******************************************************************

;************************** 输入说明 **************************
; 输入参数
; Landuse_0:   二维栅格格式，整形，土地利用影像数据，量纲为 1
```

```
;**************************************************************

;************************** 输出说明 **************************
; 输出参数
;  P_0: 二维栅格格式，浮点型，水土保持措施因子，取值 0~1，量纲为 1；值越大，表明水土保持措施对土壤侵蚀的控制作用越小。
;************************** 算法设置 ******************************
    PRO EcoHAT_P_Factor_Procedure,Landuse_0,$
        Result1=Result1
;************* 计算水土保持措施因子 *********************************

      ;默认值
      P_0 = 0.001
      if Landuse_0 eq 0 then begin;栅格值为 0
          P_0 = 1.0
       endif
       if Landuse_0 eq 128 then begin;栅格值为 128
          P_0 = 1.0
       endif
       if Landuse_0 eq 125 then begin;栅格值为 125，梯田
         P_0 = 0.01
       endif
       if Landuse_0 ge 21 then begin ;土地利用类型为有林地
          P_0 = 0.1
       endif
       if Landuse_0 ge 22 then begin ;土地利用类型为灌木地
          P_0 = 0.2
       endif
       if Landuse_0 ge 23 then begin ;土地利用类型为疏林地
          P_0 = 0.6
       endif
       if Landuse_0 eq 24 then begin;土地利用类型为其他林地
          P_0 = 0.1
       endif
       if Landuse_0 ge 31 then begin ;土地利用类型为高覆盖草地
```

```
        P_0 = 0.1
    endif
    if Landuse_0 ge 32 then begin ；土地利用类型为中覆盖草地
        P_0 = 0.5
    endif
    if Landuse_0 ge 33 then begin ；土地利用类型为低覆盖草地
        P_0 = 0.9
    endif
    if (Landuse_0 ge 41) and (Landuse_0 le 46) then begin
；土地利用类型为水域
        P_0 = 1.0
    endif
    if (Landuse_0 ge 51) and (Landuse_0 le 53) then begin
；土地利用类型为建设用地
        P_0 = 1.0
    endif
    if (Landuse_0 ge 111) and (Landuse_0 le 113) then begin
；土地利用类型为水田
        P_0 = 0.01
    endif
    if Landuse_0 eq 121 then begin ；土地利用类型为山区旱地
        P_0 = 0.5
    endif
    if Landuse_0 eq 122 then begin ；土地利用类型为丘陵区旱地
        P_0 = 0.2
    endif
    if Landuse_0 eq 123 then begin；土地利用类型为平原区旱地\河川地
        P_0 = 0.01
    endif
    if Landuse_0 eq 124 then begin；土地利用类型为25度以上坡耕地
        P_0 = 0.6
    endif
    if (Landuse_0 ge 61) and (Landuse_0 le 66) then begin
；土地利用类型为未利用地
        P_0 = 1.0
```

```
        endif

;************************** 输出数据设置 **************************
        Result1=P_0
    END
```

四、地形因子

地形因子（LS）又叫作坡度坡长因子，反映了地形特征对土壤侵蚀的影响，数值上等于坡长因子（L）和坡度因子（S）的乘积。

坡长因子（L）采用 Liu 等（1994）的研究成果进行估算。

$$L=(L_{slp}/22.1)^{0.44} \tag{9-6}$$

式中：L 为坡长因子；L_{slp} 为坡长。

坡度因子（S）分三种情况进行估算（Liu 等，1994）。

$$S=\begin{cases}10.8\sin\theta+0.03, \theta<5^\circ \\ 16.8\sin\theta-0.5, 5^\circ\leqslant\theta<10^\circ \\ 21.9\sin\theta-0.96, \theta>10^\circ\end{cases} \tag{9-7}$$

式中：S 为坡度因子；θ 为坡度，°。

地形因子计算程序如下：

```
;**************************************************************
;Name:EcoHAT_LS_Factor_Procedure.pro
;**************************************************************

; *************************** 输入说明 ***************************
; 输入参数
;1. Slope_0:     二维栅格格式，浮点形，坡度图，角度，DEM 生成，单位：度
;2. Flowdir_0: 二维栅格格式，整型，流向图，DEM 生成，量纲为 1
;3. Resolution_txt: 文本格式，坡度图的分辨率，单位：m
;**************************************************************

;*************************** 输出说明 ***************************
; 输出参数
; LS_0: 二维栅格格式，浮点型，地形因子（坡长因子 L 和坡度因子 S 的乘积），量纲为 1
;************************** 算法设置 ******************************
```

```
PRO EcoHAT_LS_Factor_Procedure,Slope_0,Flowdir_0,Resolution_
txt,$
        Result1=Result1
;************************* 计算坡度因子 ***********************

   case 1 of
      Slope_0 le 5: begin
        S =10.8*sin(Slope_0*(!PI)/180)+0.03
      end
      Slope_0 gt 5 and Slope_0 le 10: begin
        S =16.8*sin(Slope_0*(!PI)/180)-0.05
      end
      Slope_0 gt 10: begin
        S = 21.9*sin(Slope_0*(!PI)/180)-0.96
      end
   endcase

;************************* 计算坡长因子 ***************************

    case 1 of
      (Flowdir_0 eq 2 or Flowdir_0 eq 8 or Flowdir_0 eq 32 or
Flowdir_0 eq 128): begin
        F =1.414
      end
      (Flowdir_0 eq 1 or Flowdir_0 eq 4 or Flowdir_0 eq 16 or
Flowdir_0 eq 64):begin
        F = 1.0
      end
      else:begin
        F =0.0
      end
   endcase
```

R=Resolution_txt[0,0]；通过该命令后，把文本型数组转换为一个数值，以代入下式计算。

L =(R*F/(cos(Slope_0*(!PI)/180))/22.1)^0.44 ;22.1 是标准小区的

坡长，单位：m；0.44 是坡长指数

```
;************************ 计算地形因子 *************************

    LS_0=S*L

;*************************** 输出数据设置 **********************
    Result1=LS_0
   END
```

五、粗碎屑因子

粗碎屑因子（*CFRG*）通过式（9-8）计算：

$$CFRG = \exp(-0.053rock) \tag{9-8}$$

式中：*CFRG* 为粗碎屑因子；*rock* 为土壤中的砾石含量，%。

粗碎屑因子计算置于 EcoHAT_Sed_Overland_Procedure 函数内，计算程序如下：

```
;******************* 计算粗碎屑因子 ******************
  CFRG = exp(-0.053*Rock_U_0/100.0)
```

第五节　水土流失模型应用案例

一、案例背景

研究区位于黄土高原的多沙粗沙区，该区域具有暴雨多、洪水大、含沙量高、泥沙颗粒粗的特点。地貌类型以黄土丘陵沟壑区为主。土壤以沙黄土为主，土质疏松。植被类型以草本植物和灌草混合植被为主。20 世纪 70 年代末以来，为控制该区的水土流失，实施了造林、种草、修建梯田等措施。因此，开展黄土高原多沙粗沙地区的场次暴雨产沙模拟，对于研究黄河中游多沙粗沙区的物质循环和迁移有着重要意义。

二、数据准备

依据类型的不同，MUSLE 模型的输入参数可分为土壤属性、下垫面信息、气象数据及模型参数四种。土壤属性数据包含土壤黏粒含量、有机碳含量、土壤沙粒含量、土壤粉粒含量，以及土壤砾石含量五类，可通过全球土壤数据库（Harmonized World Soil Database，HWSD）查找获取。

下垫面信息数据包含植被覆盖度、归一化植被指数、土地利用类型、坡度图、流向图共五种。其中，归一化植被指数和土地利用类型数据可通过现有遥感产品直接获取或解译后获取；植被覆盖度由归一化植被指数反演获取；坡度图和流向图可用 DEM 数据计算获得。

气象数据仅包含每日降雨量，可通过对降雨观测值进行反距离加权插值获取。模型参数包含 LCM 模型的经验参数和坡度图空间分辨率共两种数据。其中 LCM 模型的经验参数为土壤下渗系数 r，可根据土地利用和土壤质地取值，取值范围为 0.6～0.9。坡度图的空间分辨率文本数据则需根据研究的空间尺度确定。

MUSLE 模型的输入示例数据如表 9-1 所示。

表 9-1　MUSLE 模型的输入示例数据

输入数据	名称	类型
KP	每日降雨量	文件夹
Resolution_txt.txt	坡度图分辨率	文本参数
NDVI_0	归一化植被指数	影像参数
VegCover_0	植被盖度	
RR1_0	LCM 模型中的 R 值	
Slope_0	坡度图	
Flowdir_0	流向图	
Landuse_0	土地利用	
Clay_U_0	上层土壤黏粒含量	
OC_U_0	上层土壤有机碳含量	
Sand_U_0	上层土壤沙粒含量	
Rock_U_0	土壤砾石含量	
Slit_U_0	上层土壤粉粒含量	

三、计算流程

（一）数据预处理

在 MUSLE 模型的输入数据中，五种土壤属性数据主要是从全球土壤数据库中获取，具体操作步骤为：首先，获取研究区土壤类型矢量数据，对应中国 1∶100 万的土壤数据库，查找出研究区的土壤类型编码。其次，利用全球土壤数据库查找获取各土壤类型编码的表层土壤属性信息，包括表层土壤（0～30 cm）的黏粒含量、粉粒含量、沙粒含量、有机碳含量、砾石含量。最后，将获取的土壤属性信息添加到土壤类型矢量数据属性表中，运用 ARCMAP 中矢量转栅格的方法，生成这五种土壤属性栅格数据。土壤属性数据的预处理结果示例如图 9-2 所示。

对于下垫面信息数据中的坡度图和流向图，一般利用 DEM 数据，通过 ARCMAP 软件中的地表分析模块和水文分析模块计算获取。另外，植被覆盖度数据可以结合归一化植被指数数据进行遥感反演。下垫面信息数据预处理结果示例如图 9-3 所示。

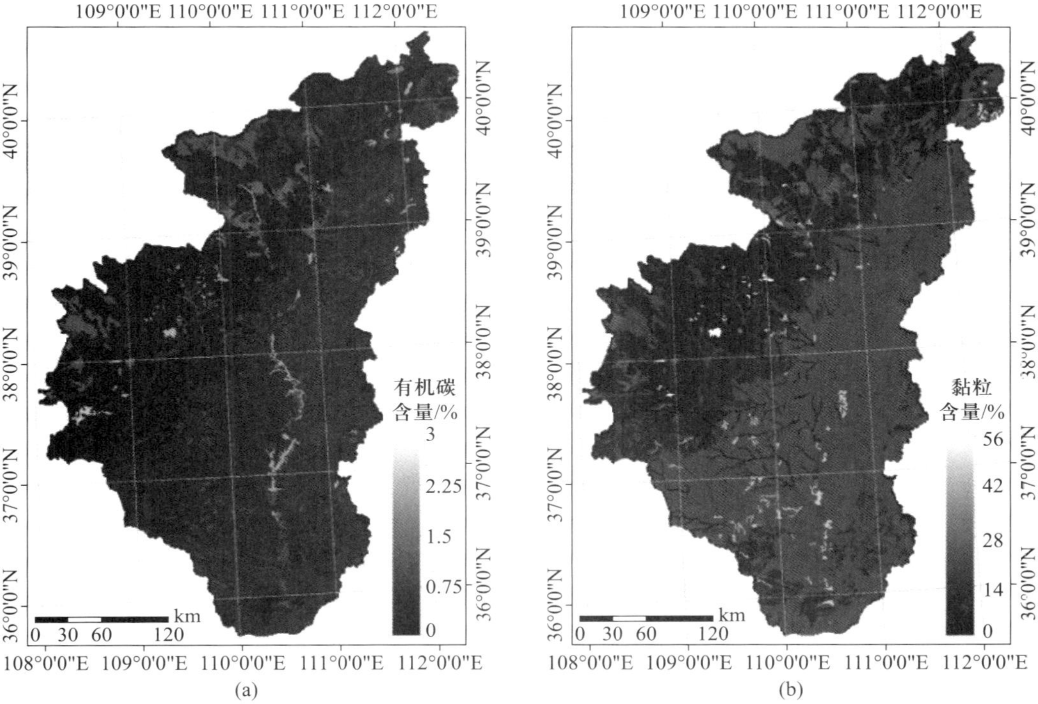

图 9-2　土壤属性输入参数预处理结果示例：（a）土壤有机碳含量数据；（b）土壤黏粒含量数据

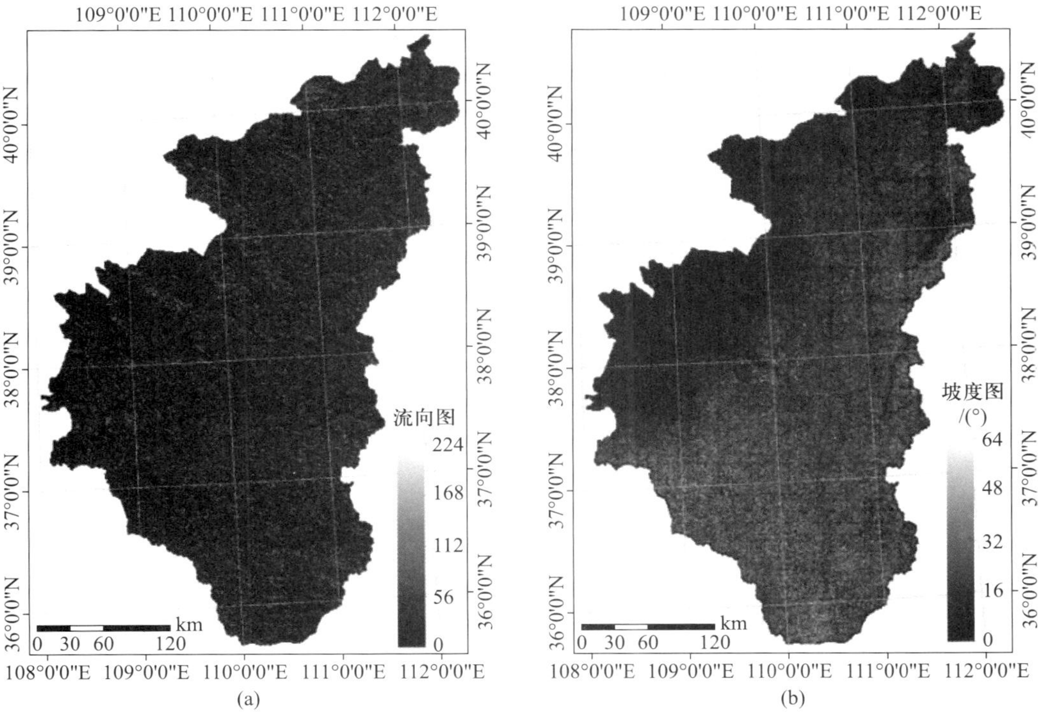

图 9-3　下垫面信息输入参数预处理结果示例：（a）流向图；（b）坡度图

（二）MUSLE 模型计算

完成输入数据预处理后，进入 MUSLE 模型的计算环节。MUSLE 模型的输入参数包括土壤黏粒含量 Clay_U_0 数据，土壤有机碳含量 OC_U_0 数据，土壤沙粒含量 Sand_U_0 数据，土壤粉粒含量 Silt_U_0 数据，土壤砾石含量 Rock_U_0 数据，归一化植被指数 NDVI_0 数据，植被覆盖度 VegCover_0 数据，地表利用类型 Landuse_0 数据，坡度图 Slope_0 数据，流向图 Flowdir_0 数据，坡度图分辨率数据 Resolution_txt.txt 文档，LCM 模型的经验参数 RRI 数据，以及每日降雨量。数据输入可在输入路径中指定 MUSLE 模型示例数据的根目录，实现对模型参数数据的一键输入。当模型的输入参数路径及模拟的起止日期设置完成之后，即可运行 MUSLE 模型对研究区进行土壤侵蚀和汇沙的模拟（图 9-4）。

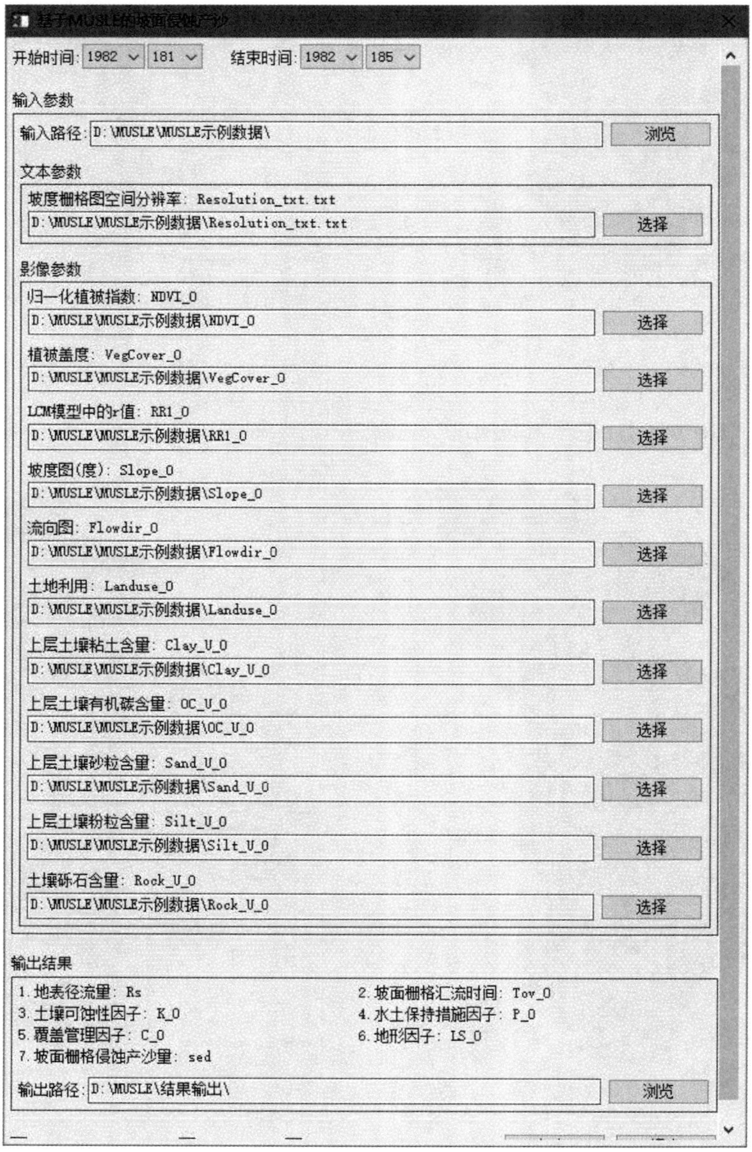

图 9-4　MUSLE 模型计算界面

四、模型结果

MUSLE 模型输出结果示例如图 9-5 所示。MUSLE 模型的输出结果为每日地表径流 *Rs*、坡面栅格汇流时间 *Tov*、土壤可蚀性因子 *K*、水土保持措施因子 *P*、覆盖 - 管理因子 *C*、地形因子 *LS*，以及坡面栅格侵蚀产沙量 *sed*。

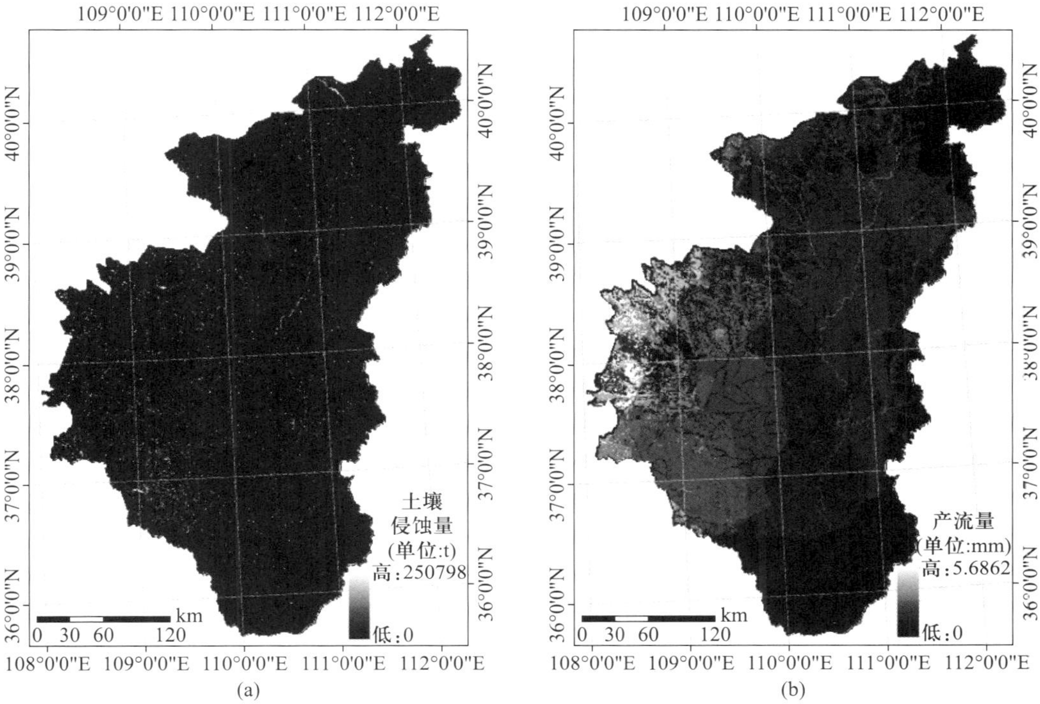

图 9-5　MUSLE 模型模拟结果示例：（a）土壤侵蚀产沙分布图；（b）栅格产流分布图

第六节　水土流失模型梯田优化与应用案例

在坡面上沿等高线改造的梯田减缓了坡度、缩减了坡长，是黄土高原坡耕地改造的重要措施。梯田改变地表微地形，直接将上坡来水拦蓄在梯田内部，增加下渗、积蓄降水，调控坡面径流，甚至使控制范围内的全部降雨就地入渗，不产生地表径流。

近年来国内外学者对梯田的减水减沙效应进行研究。在梯田措施自身的减水减沙作用方面，径流小区实验结果表明水平梯田与坡耕地相比，减蚀效益达到 92%～100%。对水土保持实验站实测资料的分析表明，黄土高原地区水平梯田的蓄水效益均值为 86.7%，保土效益均值为 87.7%。通过无定河水土保持工程对侵蚀产沙过程的影响进行分析，发现产沙模数与梯田、坝地、造林和种草面积成负相关。在梯田对上方来水来沙的截留作用方面，刘晓燕等（2014）的研究发现梯田不仅可以大幅减少所占坡面产沙，而且可以截留上方来沙来水，进而减少坡面径流下沟，实现沟谷减沙；梯田对上方来水来沙的截留作用取决于梯田在坡面的空间分布；泾渭河和祖厉河一带的水平梯田有机会截留自身面积 40%～50% 的上方坡面水沙，其原因在于这些地区梯田基本布置在山腰；河龙间和北洛河上游梯田多布置在梁峁顶部，故对上方水沙的截留作用极小。

一、水土流失模型的梯田优化原理

（一）梯田单元集水过程

天然坡面和有梯田坡面的水流方向如图 9-6（a）、图 9-6（b）所示。

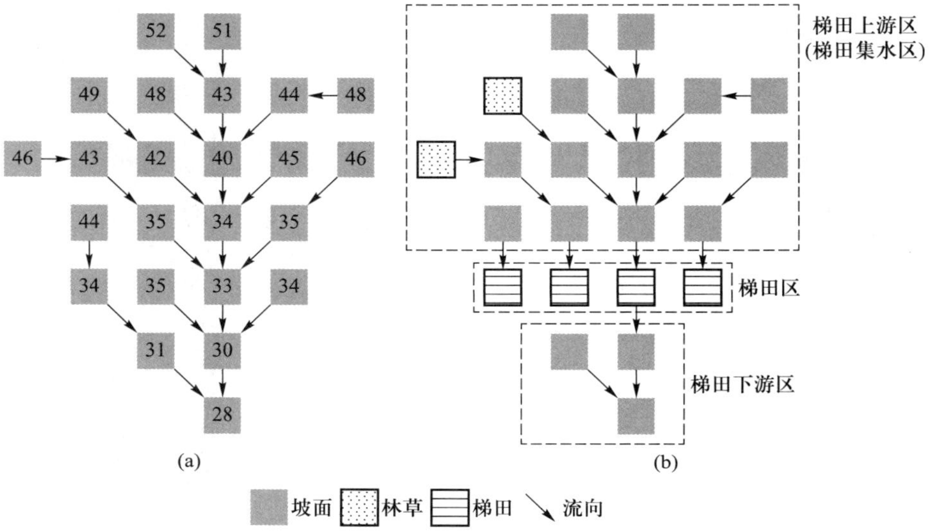

图 9-6　坡面水流方向示意图：（a）天然坡面；（b）有梯田坡面

图中栅格中的数字代表高程值。梯田会隔断天然坡面的汇流路径，将坡面分割为梯田上游区、梯田区、梯田下游区。在梯田田面和田埂的共同作用下，形成一定的拦水体积，来自梯田上游区的径流、泥沙会被拦截；整个梯田的控制区域包括两部分，即梯田区与梯田集水区（也称梯田上游区）。模型基于 D8 算法提取梯田集水区。

（二）梯田影响下的坡面汇流方法

LCM-MUSLE 模型将梯田单元假设为动态水箱，其蓄水容量为梯田面积与田埂高度的乘积，如图 9-7（a）（b）所示。模型中梯田类型均被假设为水平梯田，梯田出流方式仅考虑溢流出流，梯田拦水量超过梯田最大蓄水量的部分，会形成溢流出流，如图 9-7（c）（d）所示。

设 $\Delta R_j\,(j=1, 2, \cdots, m)$ 为时段 j 的地表径流量，则在时刻 j 等流时面 i 的出流量 $Q_{i,\,j}$ 为：

$$Q_{i,\,j}=Q_{i+1,\,j-1}+\Delta R_j\Delta A_i-\Delta T_{i,\,j} \tag{9-9}$$

式中：$Q_{i+1,\,j-1}$ 为时刻 $j-1$ 等流时面 $i+1$ 的出流量，m^3/s；$\Delta T_{i,\,j}$ 为 j 时刻等流时面 i 内所有梯田的拦截量，m^3/s；当 $\Delta T_{i,j}$ 等于 0 时，表示梯田处于蓄满状态。

在未蓄满的状态下，梯田在时刻 j 的实际拦水量等于梯田自身与梯田集水区产水量之和。

取一定比例的等流时面产水量近似为梯田实际拦水量，这个比例为等流时面中所有梯田的减水面积（即梯田面积和梯田集水面积之和）与等流时面面积的比值。$\Delta T_{i,j}$ 的计算公式如下：

$$\Delta T_{i,j} = T_{i,j} - T_{i,j-1} \tag{9-10}$$

$$T_{i,j} = \begin{cases} Tc_i & \text{蓄满} \\ T_{i,j-1} + \Delta R_j \Delta A_i^* Tu_i & \text{未蓄满} \end{cases} \tag{9-11}$$

$$Tu_i = \Delta A_{Tcontrol,i} \Delta A_i \tag{9-12}$$

$$Tc_i = \Delta A_{terrace,i}^* d_i \tag{9-13}$$

式中：$T_{i,j}$ 为 j 时刻等流时面 i 中全部梯田的蓄水量，m^3/s；$T_{i,j-1}$ 为 $j-1$ 时刻等流时面 i 中全部梯田的蓄水量，m^3/s；Tc_i 为等流时面 i 中全部梯田的最大蓄水能力，m^3/s；Tu_i 为等流时面 i 中所有梯田的减水面积和等流时面面积的比值；$\Delta A_{Tcontrol,i}$ 为等流时面 i 中全部梯田减水面积，m^2；$\Delta A_{terrace,i}$ 为等流时面 i 中全部梯田面积，m^2；d_i 是田埂高度，m。

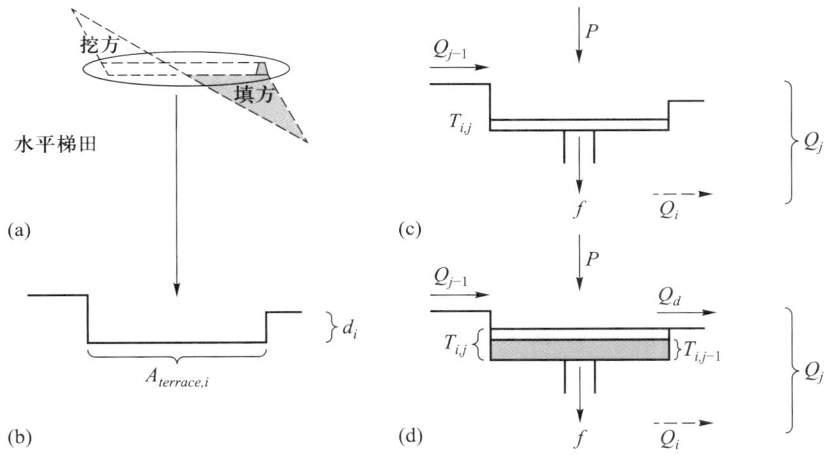

图 9-7　水平梯田单元水文过程示意图：（a）水平梯田截面图；（b）水平梯田概化图；（c）和（d）分别表示梯田未蓄满和蓄满的情形

将式（9-10）、式（9-11）代入式（9-9），可得到在时刻 j 等流时面 i 的出流量 $Q_{i,j}$ 为：

$$Q_{i,j} = \begin{cases} Q_{i+1,j-1} + \Delta R_j \Delta A_i - Tc_i + T_{i,j-1} & \text{蓄满} \\ Q_{i+1,j-1} + \Delta R_j \Delta A_i^* (1 - Tu_i) & \text{未蓄满} \end{cases} \tag{9-14}$$

同理，汇沙过程中梯田的减沙量随坡地出流量变化而变化。

二、水土流失梯田优化模型应用案例

（一）案例背景

山西省大同市浑源县位于黄土高原东北部边缘地带。黄土高原东北部边缘地带是中国北方农牧交错带的重要组成部分，也是京津风沙源防治荒漠化的重点地区之一。黄土缓坡丘陵为其主要地貌特征。受地表径流的长期侵蚀，形成千沟万壑的地表形态，其生态环境具有过渡性、敏感性和脆弱性。

（二）径流计算结果

LCM 梯田模块的模拟结果包括 5 类数据：① 坡沟系统出口逐时段径流量模拟结果。文件格式为文本格式，命名格式为“模拟结果 .txt”；在现状情景和场次降水 2012_203_15_19h 条件下，坡沟系统出口逐时段径流量模拟结果文本文件内容如图 9-8（a）所示。② 地表径流深度模拟结果空间分布图。文件格式为 ENVI 标准格式增加后缀“.tif”，命名格式为“surfaceflow_ 时段数 .tif”。③ 壤中流径流深度模拟结果空间分布图，文件格式为 ENVI 标准格式增加后缀“.tif”，命名格式为“interflow_ 时段数 .tif”。④ 一场降水在不同情景下的逐时段径流量模拟结果汇总，文件格式为文本格式，命名格式为“模拟结果汇总 .txt”；在场次降水 2012_203_15_19h 条件下，现状情景和梯田情景坡沟系统出口逐时段径流量模拟结果汇总文本文件内容如图 9-8（b）所示。⑤ 不同场次降水不同情景下的总径流量模拟结果汇总，文件格式为文本格式，命名格式为“所有场次降水情景模拟结果汇总 .txt”；在 2012 年 7 场次降水条件下，该文本文件内容如图 9-9 所示。

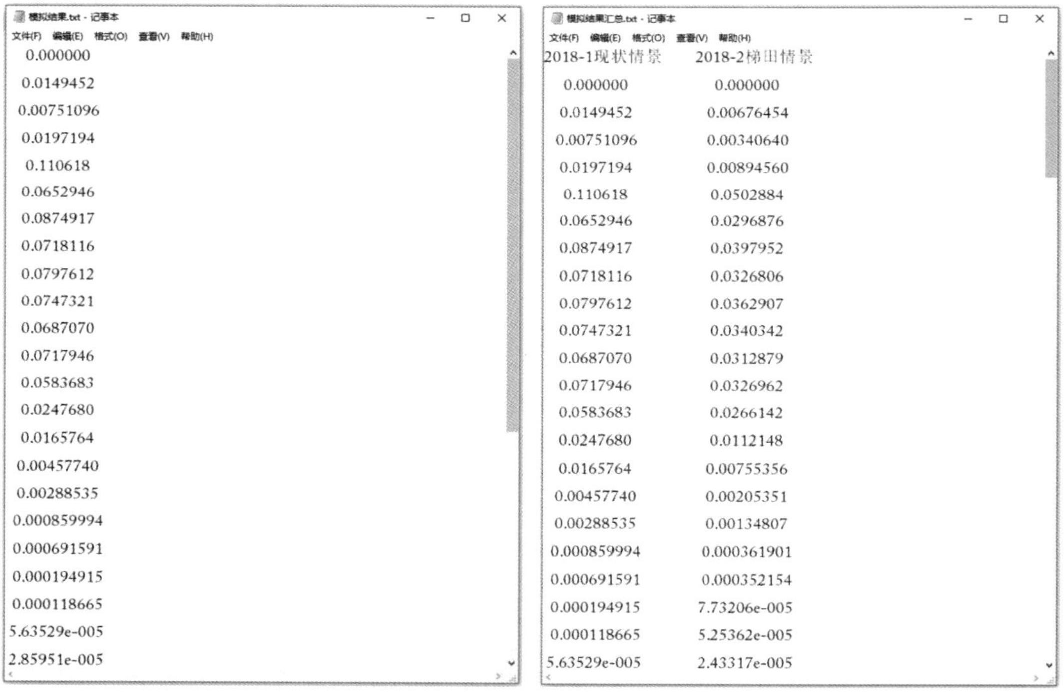

模拟结果.txt - 记事本

文件(F) 编辑(E) 格式(O) 查看(V) 帮助(H)

0.000000
0.0149452
0.00751096
0.0197194
0.110618
0.0652946
0.0874917
0.0718116
0.0797612
0.0747321
0.0687070
0.0717946
0.0583683
0.0247680
0.0165764
0.00457740
0.00288535
0.000859994
0.000691591
0.000194915
0.000118665
5.63529e-005
2.85951e-005

(a)

模拟结果汇总.txt - 记事本

文件(F) 编辑(E) 格式(O) 查看(V) 帮助(H)

2018-1现状情景	2018-2梯田情景
0.000000	0.000000
0.0149452	0.00676454
0.00751096	0.00340640
0.0197194	0.00894560
0.110618	0.0502884
0.0652946	0.0296876
0.0874917	0.0397952
0.0718116	0.0326806
0.0797612	0.0362907
0.0747321	0.0340342
0.0687070	0.0312879
0.0717946	0.0326962
0.0583683	0.0266142
0.0247680	0.0112148
0.0165764	0.00755356
0.00457740	0.00205351
0.00288535	0.00134807
0.000859994	0.000361901
0.000691591	0.000352154
0.000194915	7.73206e-005
0.000118665	5.25362e-005
5.63529e-005	2.43317e-005

(b)

图 9-8 径流计算结果

（a）出口逐时段径流量模拟结果；（b）逐时段径流量模拟结果

（三）产沙模块批处理计算结果

MUSLE 梯田模块的模拟结果为场次降水逐时段产沙量空间分布图。输出数据根目录下包括年份文件夹（表 9-2）。年份文件夹目录下包括各场次降水文件夹，命名格式为“年份 _ 天数 _ 降水起始时刻 _ 降水时长 _ 干中湿字段标识”（表 9-3）。场次降水文件夹目录下包括现状情景所属年份文件夹。现状情景所属年份文件夹目录下包括现状 / 梯田情景文件夹，命名格式为“编号 _ 现状 / 梯田情景”；情景文件夹目录下包括 1 个 sed 产沙文件夹，该文件夹中包括各时段产沙空间分布图数据文件，数据格式为 ENVI 标准格式，命名格式为“sed_ 年份 _ 降水时段数”（表 9-4）。

*所有场次降水情景模拟结果汇总.txt - 记事本
文件(F) 编辑(E) 格式(O) 查看(V) 帮助(H)

2018-1现状情景	2018-2梯田情景
0.124791	0.0558467
0.781540	0.355555
0.0470687	0.0213358
0.261600	0.118816
0.395087	0.177718
0.0461341	0.0208679
0.309558	0.140692
1.96578	0.890830

图 9-9 不同场次降水不同情景下的总径流量模拟结果汇总

表 9-2 输出数据根目录示例表

输出数据根目录	名称	类型
2012	2012 年	文件夹
2015	2015 年	

表 9-3 年份文件夹目录场次降水文件夹示意表

年份文件夹目录场次降水文件夹	名称	类型
2012_175_20_7h_wet	2012 年 _175 天 _ 降水起始时刻 20 时 _ 降水时长 7h_ 湿	
2012_203_15_19h_med	2012 年 _203 天 _ 降水起始时刻 15 时 _ 降水时长 19h_ 中	
2012_207_5_13h_med	2012 年 _207 天 _ 降水起始时刻 05 时 _ 降水时长 13h_ 中	
2012_212_11_22h_med	2012 年 _212 天 _ 降水起始时刻 11 时 _ 降水时长 22h_ 中	文件夹
2012_220_17_16h_wet	2012 年 _220 天 _ 降水起始时刻 17 时 _ 降水时长 16h_ 湿	
2012_224_8_22h_med	2012 年 _224 天 _ 降水起始时刻 08 时 _ 降水时长 22h_ 中	
2012_245_11_16h_med	2012 年 _245 天 _ 降水起始时刻 11 时 _ 降水时长 16h_ 中	

表 9-4 时段产沙空间分布图数据文件示例表

sed 产沙文件夹	名称	类型
sed_2012001	sed_2012 年 _ 第一时段	ENVI 标准格式

续表

sed 产沙文件夹	名称	类型
sed_2012002	sed_2012 年 _ 第二时段	
sed_2012003	sed_2012 年 _ 第三时段	
sed_2012004	sed_2012 年 _ 第四时段	ENVI 标准格式
sed_2012005	sed_2012 年 _ 第五时段	
sed_2012006	sed_2012 年 _ 第六时段	

（四）汇沙梯田模块批处理计算结果

MUSLE 汇沙模型的模拟结果包括 3 类数据：① 坡沟系统出口逐时段输沙量模拟结果，文件格式为文本格式，命名格式为“汇沙模拟结果 .txt”；在现状情景和场次降水 2012_203_15_19h 条件下，坡沟系统出口逐时段汇沙模拟结果文本文件内容如图 9-10（a）所示。② 一场降水在不同情景下的逐时段输沙量模拟结果汇总，文件格式为文本格式，命名格式为“模拟结果汇总 .txt”；在场次降水 2012_203_15_19h 条件下，现状情景和梯田情景坡沟系统出口逐时段输沙量模拟结果汇总文本文件内容如图 9-10（b）所示。③ 不同场次降水不同情景下的总输沙量模拟结果汇总，文件格式为文本格式，命名格式为“所有场次产沙情景模拟结果汇总 .txt”；在 2012 年 7 场次降水条件下，该文本文件内容如图 9-11 所示。

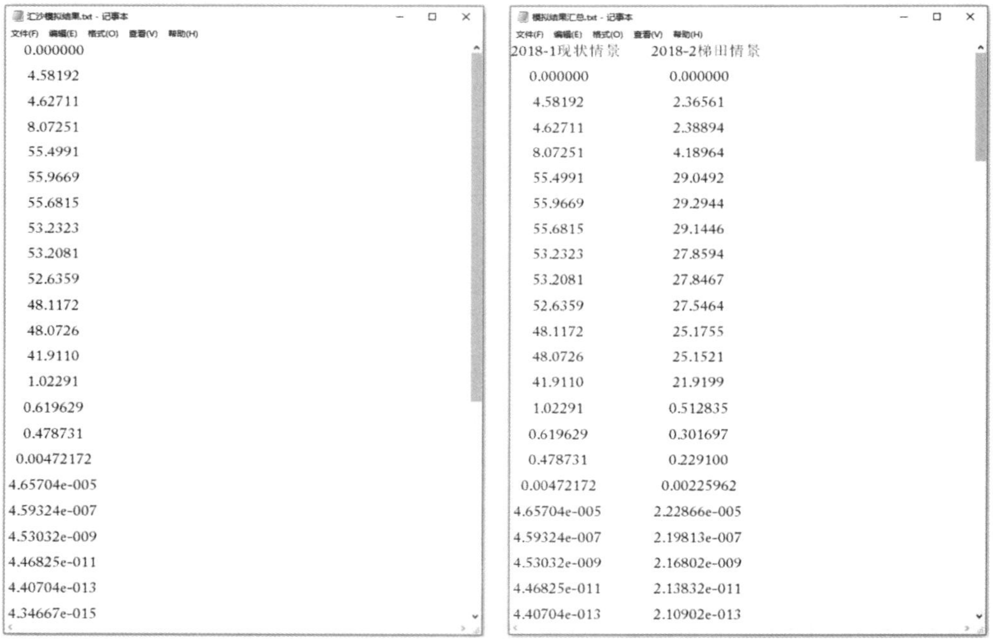

汇沙模拟结果.txt - 记事本

0.000000
4.58192
4.62711
8.07251
55.4991
55.9669
55.6815
53.2323
53.2081
52.6359
48.1172
48.0726
41.9110
1.02291
0.619629
0.478731
0.00472172
4.65704e-005
4.59324e-007
4.53032e-009
4.46825e-011
4.40704e-013
4.34667e-015

(a)

模拟结果汇总.txt - 记事本

2018-1现状情景	2018-2梯田情景
0.000000	0.000000
4.58192	2.36561
4.62711	2.38894
8.07251	4.18964
55.4991	29.0492
55.9669	29.2944
55.6815	29.1446
53.2323	27.8594
53.2081	27.8467
52.6359	27.5464
48.1172	25.1755
48.0726	25.1521
41.9110	21.9199
1.02291	0.512835
0.619629	0.301697
0.478731	0.229100
0.00472172	0.00225962
4.65704e-005	2.22866e-005
4.59324e-007	2.19813e-007
4.53032e-009	2.16802e-009
4.46825e-011	2.13832e-011
4.40704e-013	2.10902e-013

(b)

图 9-10　汇沙计算结果

（a）出口逐时段输沙量模拟结果；（b）逐时段输沙量模拟结果汇总

2018-1现状情景	2018-2梯田情景
49.1552	24.7611
483.732	252.978
15.8009	8.16959
130.378	67.8806
179.746	91.9368
12.2791	6.20017
169.271	88.1688
1040.36	540.095

图 9-11　不同场次降水不同情景下的总输沙量模拟结果汇总

复习思考题

一、基础部分

1. 查找黄土高原水土流失研究相关文献，了解我国水土流失治理的政策和措施。
2. 在 MUSLE 模型中，影响土壤侵蚀的因子有哪些？

二、操作实践

1. 下载水土流失模型代码，依据 EcoHAT_Sed_Overland.pro 过程，逐一查找出各因子计算的程序。
2. 下载教学示例数据，阅读理解教学示例数库的文件结构，并运行示例数据。
3. 理解黄土高原梯田减少水土流失的作用。

第10章

非点源污染模型

非点源污染是我国目前面临的重要环境问题之一，其影响范围广，不易防治，为此，必须认清非点源污染物的迁移流失规律。目前最有效、最直接的方法就是通过建立数学模型，模拟区域尺度上的非点源污染过程并计算污染负荷，在时间和空间上分析污染物的迁移流失过程，掌握其变化规律，进而为非点源污染治理提供支撑。

本章在简要回顾非点源污染模型研究现状的基础上，介绍大尺度非点源污染模型构建原理，并以EcoHAT中Macro-NPS（Non-point Source Pollution）模型为案例，讲解具体算法、程序设计与应用。

第一节　非点源污染模型研究现状

非点源污染模型的研究起始于国外，现有非点源污染模型可分为两类，即经验统计模型和机理模型。经验统计模型主要包括输出系数法、清单分析法、排污系数法，其中输出系数法使用最为广泛。随着计算机技术的发展，机理模型不断涌现并越来越受到重视。机理模型的优势在于能够完整地刻画非点源污染物迁移转化过程。机理模型种类众多，主要包括L-THIA 模型、HSPF 模型、SWAT 模型、SWMM 模型，以及 EcoHAT NPS 模型等。在所有模型中，SWAT 模型使用范围最广，是评估水资源与非点源污染问题的有效工具；EcoHAT_NPS 模型是自主开发的较为成熟的非点源污染模型，适用于大尺度区域的非点源污染负荷估算。

第二节　非点源污染模型原理和构建

一、Macro-NPS 模型原理

从污染物产生、输移和转化规律看，非点源污染物有两类，一类为溶解态污染物，另一类为吸附态污染物。溶解态污染物即表明该物质具有水溶性，能以分子态或离子态形式随地表径流一起迁移，整个过程受地表水循环控制，主要来自城市径流、农田径流、农村生活和畜禽养殖等人类活动；吸附态污染物，也被称为颗粒态污染物，即污染物通过附着于颗粒体（泥沙）的表层（或内部）或与颗粒体中某些成分发生黏合作用，从而实现迁移运动，其过程与水土流失密切联系，可狭义理解为土壤侵蚀过程是吸附态污染物最重要和最直接的来源。不同的污染物形态产生机理和输送过程存在一定的差异。Macro-NPS 模型对两种类型污染物的迁移规律分别进行模拟，溶解态污染物的模拟以产汇流过程为基础，吸附态污染物的模拟以土壤侵蚀为基础，其中模型中非点源污染分区分为三级，参照我国水文分区确定模型参数（郝芳华，2006）。

二、Macro-NPS 模型结构

Macro-NPS 模型计算过程整体上包括三个部分（图 10-1）。其一，将非点源污染负荷产生和运移过程分成溶解态污染负荷和吸附态污染负荷分别进行模拟；其二，根据水文过程和土壤侵蚀基本特征，配合非点源污染物的性状，分别建立溶解态污染模拟模型和吸附态污染模拟模型；其三，在溶解态污染模型中按城市径流、农村生活、畜禽养殖和农田径流四种类型进行模拟。

在吸附态污染负荷估算模型中先调用土壤侵蚀模型，并在水蚀、风蚀和冻融类型的校正前提下估算出研究区内的土壤侵蚀量，然后借助构建的表层土壤氮磷含量数据库，完成水蚀

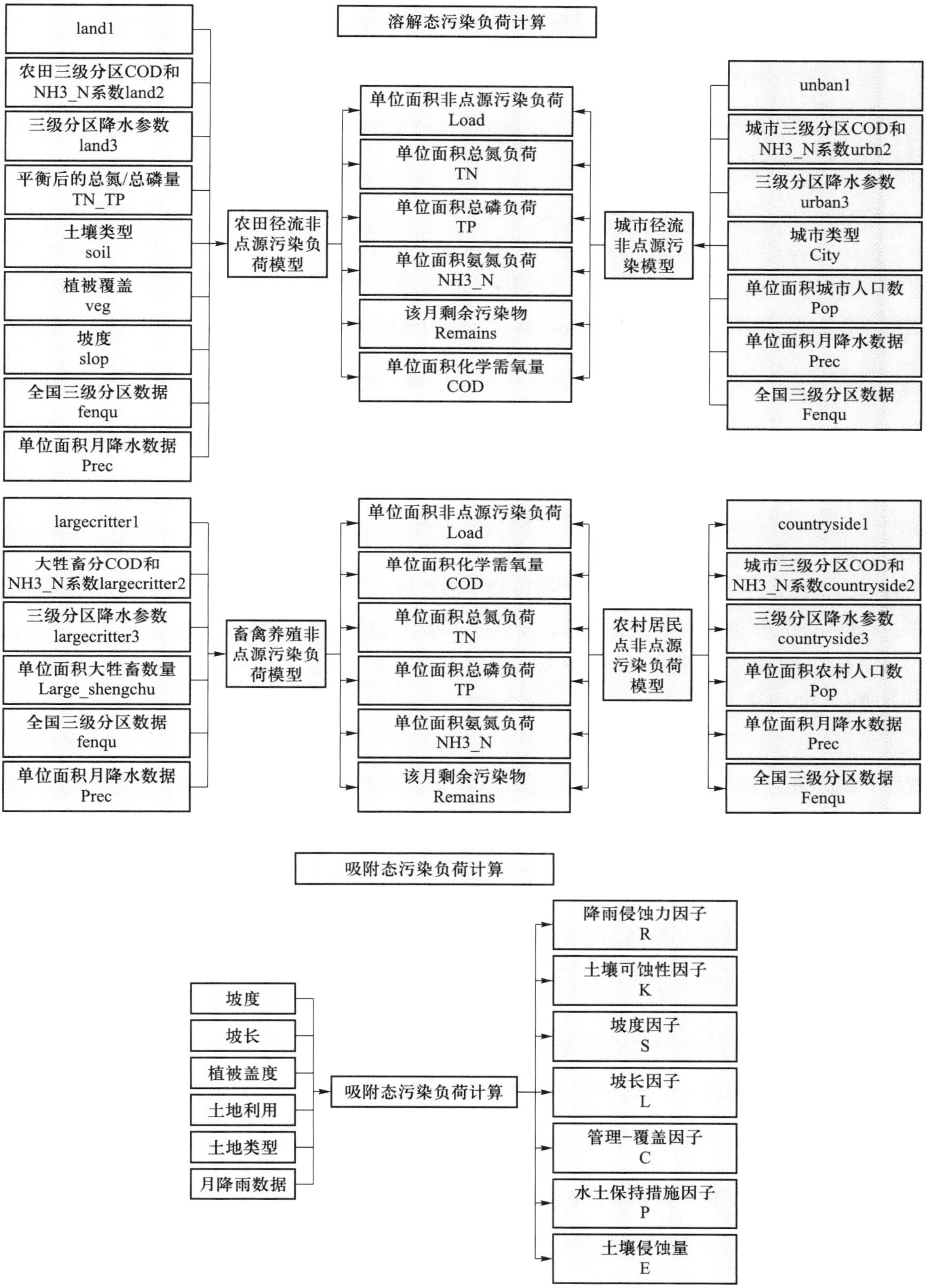

图 10-1　EcoHAT Marco-NPS 计算流程图

环境下吸附态氮磷的负荷量估算。非点源污染类型泥沙通过土壤侵蚀模型计算，土壤侵蚀量的计算基于 USLE 方程的完成，计算原理和程序设计参见第 9 章水土流失模型。

第三节 溶解态污染负荷计算与程序设计

影响非点源产生和分布的因子主要是两个方面，即自然环境特征和社会经济活动。这两个方面的影响又可以归纳为土壤类型、土地利用、地形、降雨，以及开发强度等。在上述因素中，地形、降雨和土壤结构属于自然因子，而土地利用和开发强度属于社会因子。区域非点源污染负荷可以用自然因素和社会因素二元结构模型表达：

$$C = \sum_{i}^{n} \rho_i \cdot Q_i \cdot N_i \cdot S_i \tag{10-1}$$

式中：i 是非点源污染类型，分别是城市径流、农村居民点、畜禽养殖、农田径流和工矿等类型；n 是非点源污染类型数，在计算中取值为 4；C 是单位面积非点源污染负荷，t/km^2；Q_i 是单位面积非点源污染源强，t/km^2；ρ_i 是非点源产污系数，体现降水、产流将非点源污染源强转换成非点源污染负荷的过程，表示产污过程的强弱程度；N_i 是自然因子修正系数，表示自然因子修正，如在非点源污染产生过程中需要进一步修正的坡度、植被覆盖和土壤等因子；S_i 是社会因子修正系数，表示社会发展度对非点源污染源强的影响程度。

非点源污染产污系数可以根据区域或计算单元的降雨情况和径流系数来计算。已有的资料表明，非点源污染在不透水的水平硬化地面满足一级动力学方程，即：

$$C_0 = Q_0 \times (1 - e^{kRt}) \tag{10-2}$$

式中：C_0 表示非点源污染负荷；Q_0 表示非点源污染源强；k 表示地面冲刷系数；R 表示标准降水雨强；t 表示降水历时。由式（10−2）可得：

$$\rho_0 = \frac{C_0}{Q_0} = 1 - e^{kRt} \tag{10-3}$$

式中：ρ_0 是不透水面硬化地面的非点源污染的产污系数。大量的研究和实际观测数据表明：降水、径流是影响非点源污染产生的主要因子，控制着非点源污染负荷产生，因此，在其他非点源污染影响因子，如非点源污染源强等不变的情况下，可以认为非点源污染产生程度与综合体现降水径流特征的径流系数成正比关系，即

$$\frac{C/Q}{C_0/Q_0} = \frac{\rho}{\rho_0} = \frac{\varepsilon}{\varepsilon_0} \tag{10-4}$$

式中：C、Q 表示计算单元非点源负荷和非点源源强；ρ 和 ε 为计算单元的产污系数和径流系数。由式（10−3）、式（10−4）可得：

$$\rho = \frac{\varepsilon}{\varepsilon_0} \cdot \rho_0 = \frac{\varepsilon}{\varepsilon_0} \cdot (1 - e^{kRt}) \tag{10-5}$$

将式（10-5）代入式（10-1）中，得出利用降水、径流特征，以及自然修正系数和社会修正系数计算非点源污染负荷的二元结构模型：

$$C=\sum_{i}^{n}\frac{\varepsilon}{\varepsilon_0}\cdot(1-\mathrm{e}^{kRt})\cdot Q_i\cdot N_i\cdot S_i \tag{10-6}$$

式中的自然因子修正系数可表示为：

$$N=slop_{\mathrm{co}}\cdot vegcover_{\mathrm{co}}\cdot soil_{\mathrm{co}} \tag{10-7}$$

式中：$slop_{co}$、$vegcover_{co}$ 和 $soil_{co}$ 分别为坡度、植被覆盖度和土壤修正系数。在一般情况下，它们分别用下列公式计算：

$$slop_{\mathrm{co}}=\frac{slop-slop_{\mathrm{min}}}{slop_{\mathrm{max}}-slop_{\mathrm{min}}} \tag{10-8}$$

$$vegcover_{\mathrm{co}}=\frac{vegcover_{\mathrm{max}}-vegcover}{vegcover_{\mathrm{max}}-vegcover_{\mathrm{min}}} \tag{10-9}$$

$$soil_{\mathrm{co}}=\frac{in-in_{\mathrm{min}}}{in_{\mathrm{max}}-in_{\mathrm{min}}} \tag{10-10}$$

在式（10-8）～式（10-10）中，$slop_{\mathrm{max}}$、$slop_{\mathrm{min}}$ 和 $slop$ 分别表示区域最大坡度、最小坡度和计算单元坡度；$vegcover_{\mathrm{max}}$、$vegcover_{\mathrm{min}}$ 和 $vegcover$ 分别表示区域植被最大覆盖度、最小覆盖度和计算单元植被覆盖度；in_{max}、in_{min} 和 in 分别表示区域土壤类型中黏粒的最大含量、最小含量和计算单元土壤黏粒含量。

社会因子修正系数表示为：

$$S=(1-W)\cdot(1-U) \tag{10-11}$$

式中：W 和 U 分别表示垃圾处理率和非点源污染物进入管网比例。

非点源污染类型一般可以分为城市径流、农村居民点、畜禽养殖（大、小牲畜）和农田径流 4 种类型，根据二元结构模型，确定不同类型在式（10-6）中的参数范围，即可得出各自的溶解态污染负荷计算模型。

一、城市径流非点源污染负荷模型

对于城市径流类型，城市地面已经是硬化地面，其径流系数 ε 和标准径流系数 ε_0 相等，于是城市类型非点源污染负荷模型为：

$$C=(1-\mathrm{e}^{kRt})\cdot Q\cdot(1-W)\cdot(1-U) \tag{10-12}$$

城市径流非点源污染模型计算程序如下：

```
;************************** 源代码信息 *************************
; Name: nonpoint_pollution_urban_0.pro
**************************************************************
```

```
;**************************** 输入说明 ***************************
; 输入参数
; 文本参数
;1. urban1,txt 格式， nonpoint_pollution_urban
;2. urban2,txt 格式， 城市三级分区 COD 和 NH3_N 系数，单位 :-
;3. urban3,txt 格式， 三级分区降水参数，单位 :-
; 影像参数
;1. City:City_class, 城市类型，单位 :-
;2. Pop: Population, 二维栅格格式，单位面积城市人口数， 单位：万人 / 平方千米
;3.  Prec:Precipitation, 二维栅格格式，单位面积月降水数据，单位：毫米 / 平方千米
;4. Fenqu, 二维栅格格式，全国三级分区数据, 分为九个区，单位 :-
; *************************************************************

;**************************** 输出说明 ****************************
;1. Load, 二维栅格格式，单位面积非点源污染负荷，单位：吨 (T) / 平方千米
;2. COD, 二维栅格格式，单位面积化学需氧量，单位：吨 (T) / 平方千米
;3. TN, 二维栅格格式，单位面积总氮负荷，单位：吨 (T) / 平方千米
;4. TP, 二维栅格格式，单位面积总磷负荷，单位：吨 (T) / 平方千米
;5. NH3_N, 二维栅格格式，单位面积氨氮负荷，单位：吨 (T) / 平方千米
;6.  Remains, 该月剩余污染物，二维栅格格式，该月剩余污染物，单位：吨 (T) / 平方千米
;**************************************************************

;**************************** 算法设置 ****************************
PRO nonpoint_pollution_urban_0_function,urban1,urban2,urban3,City,Pop,Prec,Fenqu,$
Result1=Load,Result2=COD,Result3=TN,Result4=TP,Result5=NH3_N,Result6=Remains

  ; 输出结果定义
  P_fac=0.0
  Load=0.0
  COD=0.0
  TN=0.0
```

```
TP=0.0
NH3_N=0.0
Remains=0.0

urban1=FLOAT(urban1)
urban2=FLOAT(urban2)
urban3=FLOAT(urban3)

;根据全国三级分区数据确定计算所需的参数
;Fenqu:定义三级分区
case Fenqu of
; start1，开始定义第一个分区源强Q、垃圾处理率W、垃圾入网率U、垃圾累积率、总氮（TN）和总磷（TP）系数、地面冲刷系数k1、降水历时
  1: begin
     ;定义源强Q，即每天人均垃圾排放，单位：千克/人
     Class1_Urban_Q=urban1[2,1]
     Class2_Urban_Q=urban1[2,2]
     Class3_Urban_Q=urban1[2,3]
     Class4_Urban_Q=urban1[2,4]
     ;定义垃圾处理率W
     Class1_Urban_W=urban1[3,1]
     Class2_Urban_W=urban1[3,2]
     Class3_Urban_W=urban1[3,3]
     Class4_Urban_W=urban1[3,4]
     ;定义垃圾入网率U
     Class1_Urban_U=urban1[4,1]
     Class2_Urban_U=urban1[4,2]
     Class3_Urban_U=urban1[4,3]
     Class4_Urban_U=urban1[4,4]
     ;定义垃圾累积率
     Class1_Urban_ratio=urban1[5,1]
     Class2_Urban_ratio=urban1[5,2]
     Class3_Urban_ratio=urban1[5,3]
     Class4_Urban_ratio=urban1[5,4]
     ;定义总氮（TN）和总磷（TP）系数，分别表示单位污染负荷所含的总氮和总磷的量
```

```
    Class1_Urban_ratio_TN=urban1[6,1]
    Class2_Urban_ratio_TN=urban1[6,2]
    Class3_Urban_ratio_TN=urban1[6,3]
    Class4_Urban_ratio_TN=urban1[6,4]
    Class1_Urban_ratio_TP=urban1[7,1]
    Class2_Urban_ratio_TP=urban1[7,2]
    Class3_Urban_ratio_TP=urban1[7,3]
    Class4_Urban_ratio_TP=urban1[7,4]
    ;定义地面冲刷系数 k1
    Class1_Urban_k1=urban1[8,1]
    Class2_Urban_k1=urban1[8,2]
    Class3_Urban_k1=urban1[8,3]
    Class4_Urban_k1=urban1[8,4]
    ;定义标准雨强，单位：毫米
    Class1_Urban_R=urban1[9,1]
    Class2_Urban_R=urban1[9,2]
    Class3_Urban_R=urban1[9,3]
    Class4_Urban_R=urban1[9,4]
    ;定义降水历时，本程序按一次降雨进行计算，取值为 1，单位：次
    Class1_Urban_t=urban1[10,1]
    Class2_Urban_t=urban1[10,2]
    Class3_Urban_t=urban1[10,3]
    Class4_Urban_t=urban1[10,4]
    if Class1_Urban_R eq 5    then P_fac=urban3[1,1]*0.1
    if Class1_Urban_R eq 12.7 then P_fac=urban3[2,1]*0.1
    if Class2_Urban_R eq 5    then P_fac=urban3[1,1]*0.1
    if Class2_Urban_R eq 12.7 then P_fac=urban3[2,1]*0.1
    if Class3_Urban_R eq 5    then P_fac=urban3[1,1]*0.1
    if Class3_Urban_R eq 12.7 then P_fac=urban3[2,1]*0.1
    if Class4_Urban_R eq 5    then P_fac=urban3[1,1]*0.1
    if Class4_Urban_R eq 12.7 then P_fac=urban3[2,1]*0.1
  end
; end1，第一个分区定义结束
; ……定义所有分区，参考 start1~end1 间代码
  else:
```

```
endcase

; 根据全国三级分区数据确定 COD 参数和 NH3_N 参数
;COD_fac:COD 参数，即单位污染负荷所含的 COD 值
;NH_N_fac:NH3_N 参数，反映氨氮（NH3_N）和总氮（TN）的量算关系
;Fenqu: 定义三级分区
case Fenqu of
; start2，开始定义第一个分区 COD 参数和 NH3_N 参数
  1: begin
    COD_fac=urban2[1,1]
    NH3_N_fac=urban2[2,1]
  end
  ; end2，第一个分区定义结束
  ; ……定义所有分区，参考 start2~end2 间代码
  else:
endcase

; 按城市类型计算每月产生的污染负荷    单位：吨
Case City of
; start3，开始计算第一种城市类型每月产生污染负荷
  1:begin
    ; 计算每个月降雨频率，单位：次
    P_frq=fix(Prec/P_fac)

    ; 计算每次降雨间隔时间，单位：天
    if P_frq eq 0 then begin
      goto,jump
    endif else begin
      P_frq_scope=fix(30/P_frq)
    endelse

    ; 每日固定的污染物排放量 / 垃圾量：
    ; 人天垃圾 / 污染源强（吨 / 人）× 人口数（万人 / 平方千米）×10×（1-
垃圾处理率）
    ; ×（1- 垃圾入网率）         单位：吨
```

```
Nonpoint_Day=Class1_Urban_Q*Pop*10$
  *(1-Class1_Urban_W)*(1-Class1_Urban_U)

;计算每月产生的污染负荷  单位：吨
for Num_R =0,P_frq-1 do begin

  ;计算每次降雨第一天的潜在污染负荷：
  ;上次降雨的污染物剩余量 × 每天的垃圾排放量 单位：吨
  Potential_load=Remains*Class1_Urban_ratio+Nonpoint_Day

  ;计算每次降雨前产生的潜在污染负荷  单位：吨
  for Num_R_scope = 0, P_frq_scope-1 do begin

    Potential_load=Potential_load+Potential_load*Class1_
Urban_ratio

  endfor

  ;计算每次降雨产生的非点源污染负荷  单位：吨
  Nonpoint_Produce=(1-exp(-Class1_Urban_k1*Class1_Urban_
R*Class1_Urban_t))*Potential_load

  ;计算总的非点源污染负荷  单位：吨
  Load=Load +Nonpoint_Produce

  ;计算每次降雨冲刷后剩余的污染物量  单位：吨
  Remains=Potential_load-Nonpoint_Produce

endfor

;计算最后结果
if Load le 0 then begin
  Load=0.0
endif else begin
  Load=Load
```

```
        endelse

        COD=Load*COD_fac; 计算 COD 负荷
        TN=Load*Class1_Urban_ratio_TN ; 计算 TN 负荷
        TP=Load*Class1_Urban_ratio_TP ; 计算 TP 负荷
        NH3_N=TN*NH3_N_fac; 计算 NH3_N 负荷

        if Remains le 0 then begin
          Remains=0.0
        endif else begin
          Remains=Remains
        endelse
        goto, jump
      end
      ; end3，第一种城市类型每月产生污染负荷计算结束
      ; ……计算所有 4 种城市类型每月产生污染负荷，参考 start3~end3 间代码
      else:
    endcase

END
```

二、农村居民点非点源污染负荷模型

对于农村居民点类型，缺少下水管道，其非点源污染负荷模型为：

$$C=\frac{\varepsilon}{\varepsilon_0}\cdot(1-e^{kRt})\cdot Q\cdot(1-W) \tag{10-13}$$

农村居民点非点源污染模型计算程序如下：

```
;************************** 源代码信息 *************************
; Name: nonpoint_pollution_countryside_0.pro
************************************************************

;**************************** 输入说明 *************************
; 输入参数
; 文本参数
```

```
;1. countryside1,txt 格式， nonpoint_pollution_countryside
;2. countryside2,txt 格式， 城市三级分区 COD 和 NH3_N 系数，单位 :-
;3. countryside3,txt 格式， 三级分区降水参数，单位 :-
;影像参数
;1. Pop:Population, 二维栅格格式，单位面积农村人口数，单位：万人 / 平方千米
;2. Prec:Precipitation, 二维栅格格式，单位面积月降水数据， 单位：毫米 / 平方千米
;3. Fenqu, 二维栅格格式，全国三级分区数据，分为九个区，单位 :-
; *************************************************************

;*************************** 输出说明 ***************************
;1. Load, 二维栅格格式，单位面积非点源污染负荷，单位：吨 (T) / 平方千米
;2. COD, 二维栅格格式，单位面积化学需氧量，单位：吨 (T) / 平方千米
;3. TN, 二维栅格格式，单位面积总氮负荷，单位：吨 (T) / 平方千米
;4. TP, 二维栅格格式，单位面积总磷负荷，单位：吨 (T) / 平方千米
;5. NH3_N, 二维栅格格式，单位面积氨氮负荷，单位：吨 (T) / 平方千米
;6. Remains, 二维栅格格式，该月剩余污染物，单位：吨 (T) / 平方千米
;***************************************************************

;*************************** 算法设置 ****************************
PROnonpoint_pollution_countryside_0_function,countryside1,countryside2,countryside3,Pop,Prec,Fenqu,$
Result1=Load,Result2=COD,Result3=TN,Result4=TP,Result5=NH3_N,Result6=Remains$

  ;计算中间量
  Countryside_Q=0.0
  Countryside_W=0.0
  Countryside_U=0.0
  ratio_C=0.0
  ratio_TN=0.0
  ratio_TP=0.0
  Index_Runoff_Standard=0.0
  Index_Runoff_Countryside=0.0
  k1=0.0
```

```
R=0.0
t=0.0
COD_fac=0.0
NH3_N_fac=0.0
P_fac=0.0

; 输出结果定义
Load=0.0
COD=0.0
TN=0.0
TP=0.0
NH3_N=0.0
Remains=0.0
countryside1=FLOAT(countryside1)
countryside2=FLOAT(countryside2)
countryside3=FLOAT(countryside3)

; 根据全国三级分区数据确定计算所需的参数
;Fenqu: 定义三级分区
case Fenqu of
;  start1，开始定义第一个分区源强 Q、垃圾处理率 W、垃圾入网率 U、垃圾累积率 C、总氮（TN）和总磷（TP）系数、标准径流系数 ε0、农村径流系数 ε、地面冲刷系数 k1、标准降水雨强、降水历时
 1: begin
    ; 定义源强 Q，即每天人均垃圾排放，单位：千克 / 人
    Countryside_Q=Countryside1[1,1]
    ; 定义垃圾处理率 W
    Countryside_W=Countryside1[2,1]
    ; 定义垃圾入网率 U
    Countryside_U=Countryside1[3,1]
    ; 定义垃圾累积率 C
    ratio_C=Countryside1[4,1]
    ; 定义总氮（TN）和总磷（TP）系数，分别表示单位污染负荷所含的总氮和总磷的量
    ratio_TN=Countryside1[5,1]
```

```
    ratio_TP=Countryside1[6,1]
    ;定义标准径流系数ε0
    Index_Runoff_Standard=Countryside1[7,1]
    ;定义农村径流系数ε
    Index_Runoff_Countryside=Countryside1[8,1]
    ;定义地面冲刷系数k1
    k1=Countryside1[9,1]
    ;定义标准降水雨强，单位：毫米
    R=Countryside1[10,1]
    ;定义降水历时，本程序按一次降雨进行计算，取值为1，单位：次
    t=Countryside1[11,1]
    end
    ; end1，第一个分区定义结束
    ; ……定义所有分区，参考start1~end1间代码
  else:
endcase

;根据全国三级分区数据确定COD参数和NH3_N参数
;COD_fac:COD参数，即单位污染负荷所含的COD值
;NH_N_fac:NH3_N参数，反映氨氮（NH3_N）和总氮（TN）的量算关系
;Fenqu:定义三级分区
case Fenqu of
  ; start2，开始定义第一个分区COD参数和NH3_N参数
  1: begin
    COD_fac=Countryside2[1,1]
    NH3_N_fac=Countryside2[2,1]
  end
  ; end2，第一个分区定义结束
  ; ……定义所有分区，参考start2~end2间代码
  else:
endcase

;根据全国三级分区数据确定计算模型所需的降水参数
;P_fac:降水参数
;Fenqu:定义三级分区
```

```
if R eq 5 then begin
  case Fenqu of
    1: P_fac=Countryside3[1,1]*0.1
    2: P_fac=Countryside3[1,2]*0.1
    3: P_fac=Countryside3[1,3]*0.1
    4: P_fac=Countryside3[1,4]*0.1
    5: P_fac=Countryside3[1,5]*0.1
    6: P_fac=Countryside3[1,6]*0.1
    7: P_fac=Countryside3[1,7]*0.1
    8: P_fac=Countryside3[1,8]*0.1
    9: P_fac=Countryside3[1,9]*0.1
    else:
  endcase
endif

if R eq 12.7 then begin
  case Fenqu of
    1: P_fac=Countryside3[2,1]*0.1
    2: P_fac=Countryside3[2,2]*0.1
    3: P_fac=Countryside3[2,3]*0.1
    4: P_fac=Countryside3[2,4]*0.1
    5: P_fac=Countryside3[2,5]*0.1
    6: P_fac=Countryside3[2,6]*0.1
    7: P_fac=Countryside3[2,7]*0.1
    8: P_fac=Countryside3[2,8]*0.1
    9: P_fac=Countryside3[2,9]*0.1
    else:
  endcase
endif

; 计算每个月降雨频率，单位：次
P_frq=fix(Prec/P_fac)

; 计算每次降雨间隔时间，单位：天
if P_frq eq 0 then begin
```

```
  goto,jump
endif else begin
  P_frq_scope=fix(30/P_frq)
endelse

; 每日固定的污染物排放量 / 垃圾量：
; 人天垃圾 / 污染源强（吨 / 人）× 人口数（万人 / 平方千米）×10×（1- 垃圾处理率）
; ×  (1- 垃圾入网率）         单位：吨
Nonpoint_Day=Countryside_Q*Pop*10$
  *(1-Countryside_W)*(1-Countryside_U)

; 计算每月产生的污染负荷   单位：吨
for Num_R =0,P_frq-1 do begin

  ; 计算每次降雨第一天的潜在污染负荷：
  ; 上次降雨的污染物剩余量 × 每天的垃圾排放量 单位：吨
  Potential_load=Remains*ratio_C+Nonpoint_Day

  ; 计算每次降雨前产生的潜在污染负荷   单位：吨
  for Num_R_scope = 1, P_frq_scope-1 do begin

  Potential_load=Nonpoint_Day+Potential_load*ratio_C

endfor

; 计算每次降雨产生的非点源污染负荷   单位：吨
Nonpoint_Produce=(Index_Runoff_Countryside/Index_Runoff_Standard)*
(1-exp(-k1*R*t))*Potential_load

; 计算总的非点源污染负荷   单位：吨
Load=Load+Nonpoint_Produce

; 计算每次降雨冲刷后剩余的污染物量   单位：吨
Remains=Potential_load-Nonpoint_Produce
```

```
  endfor

  ; 计算最后结果
  if Load le 0 then begin
    Load=0.0
  endif else begin
    Load=Load
  endelse

  COD=Load*COD_fac   ; 计算 COD 负荷
  TN=Load*ratio_TN  ; 计算 TN 负荷
  TP=Load*ratio_TP  ; 计算 TP 负荷
  NH3_N=TN*NH3_N_fac ; 计算 NH3_N 负荷

  if Remains le 0 then begin
    Remains=0.0
  endif else begin
    Remains=Remains
  endelse
  jump:
END
```

三、农田径流非点源污染负荷模型

对于农田径流类型，非点源污染物主要受自然因子的影响，其模型为：

$$C=\frac{\varepsilon}{\varepsilon_0}\cdot(1-e^{kRt})\cdot Q\cdot N \tag{10-14}$$

农田径流非点源污染模型计算程序如下：

```
;************************** 源代码信息 *************************
; Name: nonpoint_pollution_agriculture_land_0.pro
**************************************************************

;*************************** 输入说明 *************************
; 输入参数
```

```
; 文本参数
;1. land1,txt 格式， nonpoint_pollution_agriculture_land
;2. land2,txt 格式， 农田三级分区 COD 和 NH3_N 系数，单位 :-
;3. land3,txt 格式， 三级分区降水参数，单位 :-
; 影像参数
;1. TN_TP, 二维栅格格式，平衡后的总氮 / 总磷量，单位：吨
;2. Prec, 二维栅格格式，单位面积月降水数据，单位：毫米 / 平方千米
;3. fenqu, 二维栅格格式，全国三级分区数据，分为九个区，单位 :-
;4. soil, 二维栅格格式，土壤类型，单位 :-
;5. veg, 二维栅格格式，植被覆盖，单位 :-
;6. slop, 二维栅格格式，坡度，单位 :-
; ***********************************************************

;*************************** 输出说明 ***************************
;1. Load, 二维栅格格式，单位面积非点源污染负荷，单位：吨 / 平方千米
;3. TN, 二维栅格格式，单位面积总氮负荷，单位：吨 / 平方千米
;4. TP, 二维栅格格式，单位面积总磷负荷，单位：吨 / 平方千米
;5. NH3_N, 二维栅格格式，单位面积氨氮负荷，单位：吨 / 平方千米
;6. Remains, 二维栅格格式，该月剩余污染物，单位：吨 / 平方千米
;************************************************************

;*************************** 算法设置 ****************************
PR Ononpoint_pollution_agriculture_land_0_function,land1,land2,
land3,TN_TP,prec,fenqu,soil,veg,slop,$
Result1=Load,Result2=TN,Result3=TP,Result4=NH3_N,Result5=Nonpoint_
Remains

  ; 计算中间量
  agriculture_land_Q=0
  agriculture_land_W=0
  agriculture_land_U=0
  ratio_C=0
  ratio_TN=0
  ratio_TP=0
  Index_Runoff_Standard=0
```

```
k1=0
R=0
t=0
COD_fac=0
NH3_N_fac=0
P_fac=0

; 输出结果定义
Load=0.0
TN=0.0
TP=0.0
NH3_N=0.0
Nonpoint_Remains=0.0
land1=float(land1)
land2=float(land2)
land3=float(land3)

; 确定计算所需的坡度参数
if Slop GE 35 then Slop = 35
if Slop LE 5  Then Slop =3.5

Slop_fac=Slop/35

; 确定计算所需的植被覆盖参数
if veg GE 90 then veg = 90
if veg LE 0  Then veg =0

Veg_fac=(100-veg)/100

; 根据土壤类型参数确定计算所需的农田径流系数参数
Runoff_fac = 0.0
if (soil GE 1) and (soil LE 3) then Runoff_fac = 0.4
if (soil GE 4) and (soil LE 9) then Runoff_fac = 0.1
if (soil GE 10) and (soil LE 30) then Runoff_fac = 0.6
;****************************************************************
```

```
;if (soil GE 30) and (soil LE 40) then Runoff_fac = 0.5
;**************************************************************
if (soil GE 40) and (soil LE 92) then Runoff_fac = 0.15
if (soil GE 101) and (soil LE 103) then Runoff_fac = 0.2
if (soil GE 111) and (soil LE 133) then Runoff_fac = 0.4
if (soil GE 151) and (soil LE 164) then Runoff_fac = 0.3
if soil EQ 170 then Runoff_fac = 0.1
if (soil GE 181) and (soil LE 200) then Runoff_fac = 0.3
if (soil GE 211) and (soil LE 220) then Runoff_fac = 0.15
if (soil GE 281) and (soil LE 343) then Runoff_fac = 0.1
if (soil GE 351) and (soil LE 374) then Runoff_fac = 0.4
if (soil GE 381) and (soil LE 410) then Runoff_fac = 0.4
if (soil GE 431) and (soil LE 433) then Runoff_fac = 0.3
if (soil GE 441) and (soil LE 443) then Runoff_fac = 0.28
if (soil GE 450) and (soil LE 463) then Runoff_fac = 0.0
if (soil GE 470) and (soil LE 523) then Runoff_fac = 0.3
if (soil GE 530) and (soil LE 900) then Runoff_fac = 0.0

;根据全国三级分区数据确定计算所需的参数
;fenqu:定义三级分区
case fenqu of
; start1,开始定义第一个分区源强Q、垃圾处理率W、垃圾入网率U、垃圾累积率C、总氮(TN)和总磷(TP)系数、标准径流系数ε0、地面冲刷系数k1、标准降水雨强、降水历时
 1: begin
    ;定义源强Q,即每天人均垃圾排放,单位:千克/人
    agriculture_land_Q=land1[1,1]
    ;定义垃圾处理率W
    agriculture_land_W=land1[2,1]
    ;定义垃圾入网率U
    agriculture_land_U=land1[3,1]
    ;定义垃圾累积率C
    ratio_C=land1[4,1]
    ;定义总氮(TN)和总磷(TP)系数,分别表示单位污染负荷所含的总氮和总磷的量
    ratio_TN=land1[5,1]
```

```
    ratio_TP=land1[6,1]
    ; 定义标准径流系数 ε0
    Index_Runoff_Standard=land1[7,1]
    ; 定义地面冲刷系数 k1
    k1=land1[8,1]
    ; 定义标准降水雨强，单位：毫米
    R=land1[9,1]
    ; 定义降水历时，本程序按一次降雨进行计算，取值为 1，单位：次
    t=land1[10,1]
    end
    ; end1，第一个分区定义结束
    ; ……定义所有分区，参考 start1~end1 间代码
  else:
endcase

; 根据全国三级分区数据确定 COD 参数和 NH3_N 参数
;COD_fac:COD 参数，即单位污染负荷所含的 COD 值
;NH_N_fac:NH3_N 参数，反映氨氮（NH3_N）和总氮（TN）的量算关系
;Fenqu: 定义三级分区
case Fenqu of
; start2，开始定义第一个分区 COD 参数和 NH3_N 参数
  1: begin
      COD_fac=land2[1,1]
      NH3_N_fac=land2[2,1]
     end
  ; end2，第一个分区定义结束
  ; ……定义所有分区，参考 start2~end2 间代码
    else:
endcase

; 根据全国三级分区数据确定计算模型所需的降水参数
;P_fac: 降水参数
;Fenqu: 定义三级分区
if R eq 5 then begin
 case Fenqu of
```

```
   1: P_fac=land3[1,1]*0.1
   2: P_fac=land3[1,2]*0.1
   3: P_fac=land3[1,3]*0.1
   4: P_fac=land3[1,4]*0.1
   5: P_fac=land3[1,5]*0.1
   6: P_fac=land3[1,6]*0.1
   7: P_fac=land3[1,7]*0.1
   8: P_fac=land3[1,8]*0.1
   9: P_fac=land3[1,9]*0.1
   else:
  endcase
endif

if R eq 12.7 then begin
  case Fenqu of
   1: P_fac=land3[2,1]*0.1
   2: P_fac=land3[2,2]*0.1
   3: P_fac=land3[2,3]*0.1
   4: P_fac=land3[2,4]*0.1
   5: P_fac=land3[2,5]*0.1
   6: P_fac=land3[2,6]*0.1
   7: P_fac=land3[2,7]*0.1
   8: P_fac=land3[2,8]*0.1
   9: P_fac=land3[2,9]*0.1
   else:
  endcase
endif

;计算每个月降雨频率，单位：次
P_frq=fix(prec/P_fac)

;计算每月的潜在污染负荷：
;上月降雨的污染物剩余量+本月的污染物排放量 单位：吨
Potential_load=Nonpoint_Remains*ratio_C+TN_TP
;计算每月产生的污染负荷   单位：吨
```

```
  for Num_R =0,P_frq-1 do begin

  ; 计算每次降雨产生的非点源污染负荷　单位：吨
  Nonpoint_Produce=(Runoff_fac/Index_Runoff_Standard)*(1-exp(-k1*R*
t))*Potential_load*Veg_fac*Slop_fac

  ; 计算总的非点源污染负荷　单位：吨
  Load=Load+Nonpoint_Produce

  ; 计算每次降雨冲刷后剩余的污染物量　单位：吨
  Potential_load=Potential_load-Nonpoint_Produce
  Nonpoint_Remains=Potential_load
  endfor

  ; 计算最后结果
    if Load le 0 then begin
       Load=0.0
    endif else begin
       Load=Load
    endelse

    TN=Load*ratio_TN ; 计算 TN 负荷
    TP=Load*ratio_TP ; 计算 TP 负荷
    NH3_N=TN*NH3_N_fac ; 计算 NH3_N 负荷
  if Nonpoint_Remains le 0 then begin
      Nonpoint_Remains=0.0
     endif else begin
        Nonpoint_Remains=Nonpoint_Remains
     endelse

END
```

四、畜禽养殖非点源污染负荷模型

对于畜禽养殖类型，由于我国大部分地区畜禽养殖为农村散养，对畜禽养殖的废弃物基本上没有进行处理，所以畜禽养殖类型的计算公式为：

$$C = \frac{\varepsilon}{\varepsilon_0} \cdot (1 - e^{kRt}) \cdot Q \tag{10-15}$$

畜禽养殖非点源污染模块分为大牲畜和小牲畜计算，二者的模块结构一致，仅是参数存在差异，畜禽养殖（大牲畜）程序如下：

```
;************************* 源代码信息 *************************
; Name: nonpoint_pollution_large_Critter_0.pro
************************************************************

;************************** 输入说明 *************************
; 输入参数
; 文本参数
;1. largecritter1,txt 格式， nonpoint_pollution_large_critter
;2. largecritter2,txt 格式，大牲畜分区 COD 和 NH3_N 系数，单位 :-
;3. largecritter3,txt 格式，三级分区降水参数，单位 :-
; 影像参数
;1. Large_shengchu, 二维栅格格式，单位面积大牲畜数量， 单位：万口 / 平方千米
;2. Prec:Precipitation, 二维栅格格式，单位面积月降水数据，单位：毫米 / 平
方千米
;3. Fenqu, 二维栅格格式，全国三级分区数据，分为九个区，单位 :-
; **********************************************************

;************************** 输出说明 ***************************
;1. Load, 二维栅格格式，单位面积非点源污染负荷，单位：吨 / 平方千米
;2. COD, 二维栅格格式，单位面积化学需氧量，单位：吨 / 平方千米
;3. TN, 二维栅格格式，单位面积总氮负荷，单位：吨 / 平方千米
;4. TP, 二维栅格格式，单位面积总磷负荷，单位：吨 / 平方千米
;5. NH3_N, 二维栅格格式，单位面积氨氮负荷，单位：吨 / 平方千米
;6. Remains, 二维栅格格式，该月剩余污染物，单位：吨 / 平方千米
;***********************************************************

;************************** 算法设置 ***************************
PRO nonpoint_pollution_large_Critter_0_function,largecritter1,
largecritter2,largecritter3, $
Large_shengchu,Prec,Fenqu,$
```

```
Result1=Load,Result2=COD,Result3=TN,Result4=TP,Result5=NH3_N,
Result6=Remains

 ; 计算中间量
 ratio_C=0.0
 ratio_TN=0.0
 ratio_TP=0.0
 Index_Runoff_Standard=0.0
 Index_Runoff_large_Critter=0.0
 k1=0.0
 R=0.0
 t=0.0
 COD_fac=0.0
 NH3_N_fac=0.0
 P_fac=0.0

 ; 输出结果定义
 Load=0.0
 COD=0.0
 TN=0.0
 TP=0.0
 NH3_N=0.0
 Remains=0.0
 largecritter1=FLOAT(largecritter1)
 largecritter2=FLOAT(largecritter2)
 largecritter3=FLOAT(largecritter3)

 ; 该段程序用于根据全国三级分区数据确定计算所需的参数
 ;Fenqu: 定义三级分区
 case Fenqu of
 ;  start1，开始定义第一个分区源强 Q、垃圾处理率 W、垃圾入网率 U、垃圾累积率
 C、总氮（TN）和总磷（TP）系数、标准径流系数 ε0、农村径流系数 ε、地面冲刷系数
 k1、标准降水雨强、降水历时
  1: begin
     ; 定义源强 Q，即每天人均垃圾排放，单位：千克 / 人
```

```
    largecritter_Q=largecritter1[1,1]
    ; 定义垃圾处理率 W
    largecritter_W=largecritter1[2,1]
    ; 定义垃圾入网率 U
    largecritter_U=largecritter1[3,1]
    ; 定义垃圾累积率 C
    ratio_C=largecritter1[4,1]
    ; 定义总氮（TN）和总磷（TP）系数，分别表示单位污染负荷所含的总氮和总磷的量
    ratio_TN=largecritter1[5,1]
    ratio_TP=largecritter1[6,1]
    ; 定义标准径流系数 ε0
    Index_Runoff_Standard=largecritter1[7,1]
    ; 定义农村径流系数 ε
    Index_Runoff_largecritter=largecritter1[8,1]
    ; 定义地面冲刷系数 k1
    k1=largecritter1[9,1]
    ; 定义标准降水雨强，单位：毫米
    R=largecritter1[10,1]
    ; 定义降水历时，本程序按一次降雨进行计算，值取为 1，单位：次
    t=largecritter1[11,1]
    end
    ; end1，第一个分区定义结束
    ; ……定义所有分区，参考 start1~end1 间代码
  else:
endcase

; 根据全国三级分区数据确定 COD 参数和 NH3_N 参数
;COD_fac:COD 参数，即单位污染负荷所含的 COD 值
;NH_N_fac:NH3_N 参数，反映氨氮（NH3_N）和总氮（TN）的量算关系
;Fenqu: 定义三级分区
case Fenqu of
; start2，开始定义第一个分区 COD 参数和 NH3_N 参数
  1: begin
    COD_fac=largecritter2[1,1]
```

```
      NH3_N_fac=largecritter2[2,1]
end
    ; end2，第一个分区定义结束
    ; ……定义所有分区，参考 start2~end2 间代码
    else:
  endcase

  ;根据全国三级分区数据确定计算模型所需的降水参数
  ;P_fac:降水参数
  ;Fenqu:定义三级分区
  if R eq 5 then begin
    case Fenqu of
      1: P_fac=largecritter3[1,1]*0.1
      2: P_fac=largecritter3[1,2]*0.1
      3: P_fac=largecritter3[1,3]*0.1
      4: P_fac=largecritter3[1,4]*0.1
      5: P_fac=largecritter3[1,5]*0.1
      6: P_fac=largecritter3[1,6]*0.1
      7: P_fac=largecritter3[1,7]*0.1
      8: P_fac=largecritter3[1,8]*0.1
      9: P_fac=largecritter3[1,9]*0.1
      else:
    endcase
  endif

  if R eq 12.7 then begin
    case Fenqu of
      1: P_fac=largecritter3[2,1]*0.1
      2: P_fac=largecritter3[2,2]*0.1
      3: P_fac=largecritter3[2,3]*0.1
      4: P_fac=largecritter3[2,4]*0.1
      5: P_fac=largecritter3[2,5]*0.1
      6: P_fac=largecritter3[2,6]*0.1
      7: P_fac=largecritter3[2,7]*0.1
      8: P_fac=largecritter3[2,8]*0.1
```

```
        9: P_fac=largecritter3[2,9]*0.1
        else:
      endcase
    endif

    ;计算每个月降雨频率，单位：次
    P_frq=fix(Prec/P_fac)

    ;计算每次降雨间隔时间，单位：天
    if P_frq eq 0 then begin
      goto,jump
    endif else begin
      P_frq_scope=fix(30/P_frq)
    endelse

    ;每日固定的污染物排放量/垃圾量：
    ;人天垃圾/污染源强（吨/人）× 人口数（万人/平方千米）×10×（1-垃圾处
  理率）
    ;×（1-垃圾入网率）           单位：吨
    Nonpoint_Day=largecritter_Q*Large_shengchu*10$
      *(1-largecritter_W)*(1-largecritter_U)


    ;计算每月产生的污染负荷    单位：吨
    for Num_R =0,P_frq-1 do begin

      ;计算每次降雨第一天的潜在污染负荷：
      ;上次降雨的污染物剩余量 × 每天的垃圾排放量 单位：吨
      Potential_load=Remains*ratio_C+Nonpoint_Day


      ;计算每次降雨前产生的潜在污染负荷    单位：吨
      for Num_R_scope = 1, P_frq_scope-1 do begin
        Potential_load=Nonpoint_Day+Potential_load*ratio_C
      endfor
```

```
    ; 计算每次降雨产生的非点源污染负荷    单位：吨
    Nonpoint_Produce=(Index_Runoff_largecritter/Index_Runoff_
Standard)*(1-exp(-k1*R*t))*Potential_load

    ; 计算总的非点源污染负荷    单位：吨
    Load=Load+Nonpoint_Produce

    ; 计算每次降雨冲刷后剩余的污染物量     单位：吨
    Remains=Potential_load-Nonpoint_Produce

  endfor

  ; 计算最后结果
  if Load le 0 then begin
    Load=0.0
  endif else begin
    Load=Load
  endelse

  COD=Load*COD_fac   ; 计算 COD 负荷
  TN=Load*ratio_TN  ; 计算 TN 负荷
  TP=Load*ratio_TP  ; 计算 TP 负荷
  NH3_N=TN*NH3_N_fac ; 计算 NH3_N 负荷

  if Remains le 0 then begin
    Remains=0.0
  endif else begin
    Remains=Remains
  endelse
  jump:

END
```

第四节　非点源污染模型应用案例

一、案例背景

潮白河发源于燕山北部山区，是北京市第二大河，作为北京市生态廊道和城市防洪的安全屏障，承载着生态与城市发展的双重功能。潮白河上游由潮河、白河两大支流组成，两大支流在密云区共同汇入密云水库，出密云水库后，两河在密云区河槽村汇合始称潮白河，向下游流经北京市密云区、怀柔区、顺义区，从通州区西集镇大沙务村出境进入河北。潮白河贯穿河北、北京、天津三个省级行政区，全长为 467 km，流域面积为 19 354 km^2。2016 年北京市人民政府印发《北京市“十三五”时期环境保护和生态建设规划》，提出统筹水污染防治、控制面源污染。TP、TN、COD、NH_3–N 是四种主要污染指标，减少这四种面源污染成为提升潮白河流域生态文明建设质量的关键。

二、数据准备

Macro–NPS 模型溶解态污染负荷计算模块输入数据可分为文本数据和影像数据，文本数据包括三级分区 COD 系数、NH_3–N 系数、TN 系数、TP 系数、降水参数、源强、垃圾处理率、垃圾入网率、垃圾累积率、标准径流系数、农村径流系数、地面冲刷系数、标准降水雨强、降水历时；影像数据包括单位面积人口数量、单位面积牲畜数量、单位面积降水数据、全国三级分区数据、平衡后的总氮 / 总磷量、土壤类型、植被覆盖、坡度等。吸附态污染负荷计算模块输入数据为影像数据，包括坡度、坡长、植被盖度、土地利用、土壤类型和月降雨数据。其中非点源污染分区分级参照全国水文分区确定（郝芳华，2006）。

在完成前期基础数据准备之后，将各子模块的数据分别放入文件夹中，如城市径流非点源污染示例数据，见表 10–1 所示，文件夹中输入数据子文件的命名要遵守示例数据中的命名规则。

表 10–1　城市径流示例数据示意表

输入数据	名称	类型
urban1	nonpoint_pollution_urban	文本参数
Urban2	城市三级分区 COD 和 NH_3–N 系数	
Urban3	三级分区降水参数	
City	城市类型	影像参数
Pop	单位面积城市人口数	
Prec	降水数据	
Fenqu	分区数据	

全国非点源分区分级定性确定了非点源污染产生的空间规律，根据不同的非点源分区分级，确定大区域尺度非点源污染负荷估算模型参数。表 10−2 列出了大区域尺度非点源污染负荷估算模型参数、说明和全国统一的标准取值；表 10−3 列出了以非点源污染分级分区一级为空间单位的冲刷渗出系数和大牲畜垃圾处理率，反映出不同流域中农田径流中 TN、TP 的冲刷渗出情况和大牲畜垃圾处理情况；表 10−4 列出了根据城市社会经济发展水平划分的不同城市类型条件下，通过调查归纳的城市垃圾处理率和垃圾入网率，反映出不同城市发展水平下城市垃圾的可处理状况；表 10−5 列出了 4 种污染类型（城市径流、农村生活、大牲畜和小牲畜）产生的单位垃圾中所含的 TN 和 TP 百分含量，取值参照《水资源规划技术细则》；表 10−6 列出了模型计算中，根据非点源污染三级分区为空间单位，标准降水 R 为 5 mm 和 12.7 mm 的月降水频率计算参数，反映出模型计算中标准降水在全国降水月降水频率空间差异；表 10−7 列出了在非点源污染三级分区基础上不同非点源污染类型中各污染指标的转化率参数，反映出非点源污染物在空间尺度上物理、化学和生物转化过程的差异。

表 10−2　溶解态污染负荷计算模型参数选用及说明

参数	说明
冲刷渗出系数 k	反映各流（区）域的降水径流对污染物的冲刷携带能力，与降水特征、土地利用等因素有关
标准径流系数 ε_0	反映不透水硬化地面的产流状况，参考大量文献资料，将其确定为 0.87
农村径流系数 ε	根据我国农村的降雨特征、地形地貌条件，将 ε 确定为 0.6
植被滞留系数 VC	反映植被覆盖对土壤侵蚀、降雨产流过程的影响，VC 与植被覆盖度 V 成反比
坡度参数 L	反映地形特征对非点源污染的发生过程的影响，调查发现以 35° 作为衡量值较为适宜
降雨侵蚀力 R	反映在土壤侵蚀计算公式中，采用国外 Wischmeier 经验公式计算
源强 P	反映不同流（区）域、不同污染类型的非点源其强度在计算单元上的分布，根据 P 值，可求出垃圾产生量
垃圾累积率 C	根据我国居民现有生活消费水平和道路清扫现状，将农村、城市的垃圾累积率 C 确定为 0.05；在文献调查的基础上，认为大牲畜和小牲畜的垃圾累积率 C 取 0.037 为宜
垃圾处理率 W	根据各流（区）域的经济发展状况，确定不同地区不同污染物类型的垃圾处理百分比
垃圾入网率 U	按照城市规模及其基建水平，划分为 4 个等级，每个等级对应 4 个不同的取值
TN 系数	反映不同类型的单位污染物中所含的 TN 量
TP 系数	反映不同类型的单位污染物中所含的 TP 量
降水参数	用于统计每月降水量在 5 mm 和 12.7 mm 以上的降水次数，从而计算出地表的垃圾累积量
COD 系数	反映不同类型的单位污染物（源强量）中所含的 COD 值。不同的流（区）域，COD 系数存在差异
NH_3−N 系数	反映不同地区、不同类型的污染物中 NH_3−N 与 TN 的量算关系

表 10-3 模型参数取值说明（一）

参数		一级区									
		西北诸河	西南诸河	松花江	辽河	淮河	黄河	东南诸河	珠江	长江	海河
冲刷渗出系数 k	农业 TN	0.002 4	0.007 4	0.007 4	0.007 4	0.004 4	0.003 6	0.005 1	0.007 4	0.007 4	0.004 4
	农业 TP	0.005	0.047	0.047	0.035	0.007	0.007	0.035	0.047	0.047	0.030
农村生活源强 P		2.8	3.2	3.0	3.0	3.0	3.0	3.2	3.4	3.2	3.0

表 10-4 模型参数取值说明（二）

参数	农业生产	大牲畜	小牲畜	城市等级划分（四级）			
				小城镇	小城市	中等城市	大城市及以上
垃圾处理率 /%	0	10～20	0	20	30	50	70
垃圾入网率 /%	0	0	0	10	20	30	40
源强 P	0.3	1.0	0.2	0.6	1.0	1.6	2.2

表 10-5 模型参数取值说明（三）

参数	污染类型			
	城市径流	农村居民生活点	大牲畜	小牲畜
TN 含量 /%	0.002 1	0.002 1	0.003 5	0.016
TP 含量 /%	0.002 2	0.002 2	0.000 4	0.005 4
垃圾累积率 C	0.05	0.05	0.037	0.037

表 10-6 模型参数取值说明（四）

降水参数	三级水文分区								
	东北温带多水区	华北暖温带平水区	秦巴山地北亚热带多水区	东南亚热带、热带丰水区	西南亚热带多水区	滇西亚热带、热带丰水区	西北暖温带、温带少水区	西北暖温带、温带干枯区	青藏高寒少水区
5 mm	184.464	218.634	179.363	184.464	198.630	198.751	151.567	132.411	150.499
12.7 mm	358.977	389.392	393.183	358.977	380.627	358.581	345.042	361.569	371.287

表 10-7 模型参数取值说明（五）

污染物转化参数		三级水文分区								
		东北温带多水区	华北暖温带平水区	秦巴山地北亚热带多水区	东南亚热带、热带丰水区	西南亚热带多水区	滇西亚热带、热带丰水区	西北暖温带、温带少水区	西北暖温带、温带干枯区	青藏高寒少水区
城市径流	COD	0.002 4	0.004 1	0.003 8	0.000 88	0.001 0	0.000 5	/	/	/
	NH_3-N	0.518	0.571	0.482	0.690	0.385	0.416	/	/	/

续表

污染物转化参数		三级水文分区								
		东北温带多水区	华北暖温带平水区	秦巴山地北亚热带多水区	东南亚热带、热带丰水区	西南亚热带多水区	滇西亚热带、热带丰水区	西北暖温带、温带少水区	西北暖温带、温带干枯区	青藏高寒少水区
农村生活	COD	0.005 1	0.004 2	0.007 3	0.003 5	0.004 2	0.007 9	/	/	/
	NH_3−N	0.623	0.614	0.528	0.541	0.535	0.537	/	/	/
农业生产	COD	0.138	0.062	0.170	0.148	0.054	0.079	/	/	/
	NH_3−N	0.335	0.623	0.332	0.394	0.204	0.368	/	/	/
畜禽养殖	COD	0.003 5	0.006 7	0.013 4	0.010 9	0.002 3	0.001 9	/	/	/
	NH_3−N	0.325	0.186	0.655	0.598	0.304	0.251	/	/	/

三、计算流程

准备好基础数据之后，启动 Macro−NPS 运行赋初值模块。溶解态非点源污染负荷以城市径流为例，输入数据步骤见图 10−2。点击“指定所有参数所在文件夹”选项，会弹出选

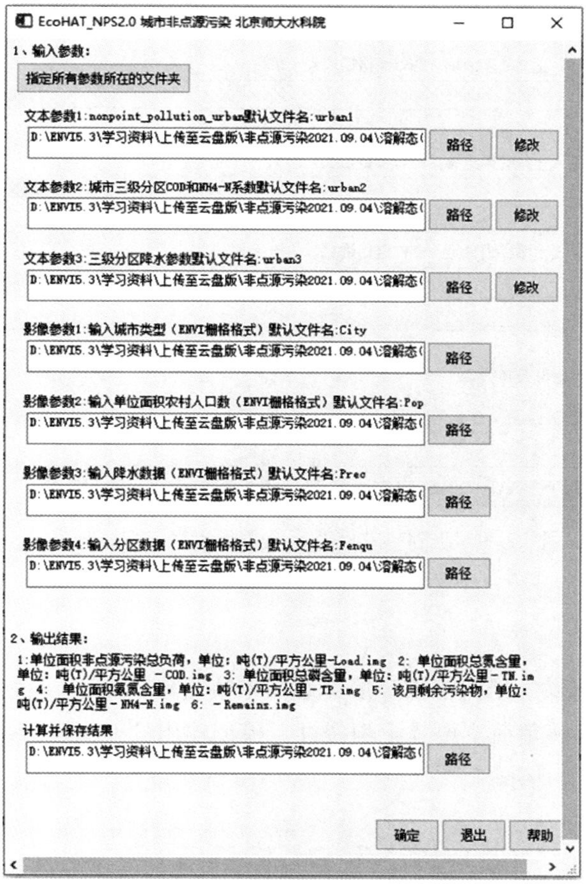

图 10−2　溶解态非点源污染模型赋初值模块示意图

择放置数据集的文件夹选项，选择之前放置数据集的文件夹，需要输入的文本参数和影像参数数据将会自动填充；下一步选择输出结果路径；最后点击确定输出结果。吸附态污染负荷见图 10-3，输入数据后，点击“计算并保存结果”输出结果。

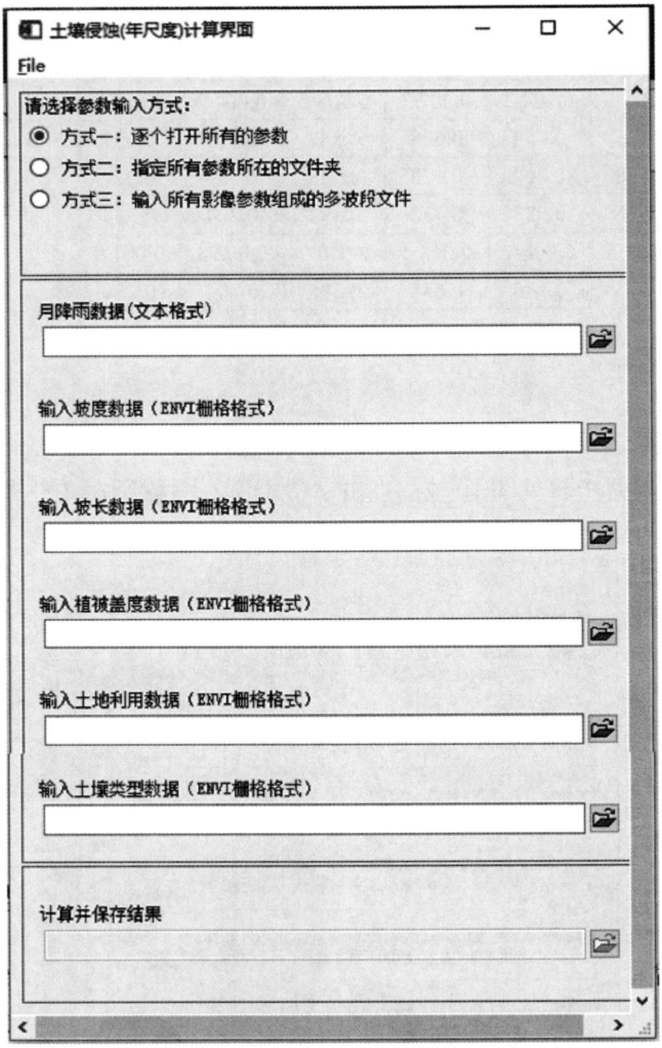

图 10-3　吸附态非点源污染模型赋初值模块示意图

四、模型结果

非点源污染模型结果为栅格格式，溶解态污染负荷包括城市、农村居民点、大牲畜、小牲畜和农田，吸附态溶解负荷主要是土壤侵蚀。模型输出的 COD、TN、TP、NH_3-N 四种污染物空间分布如图 10-4 所示。

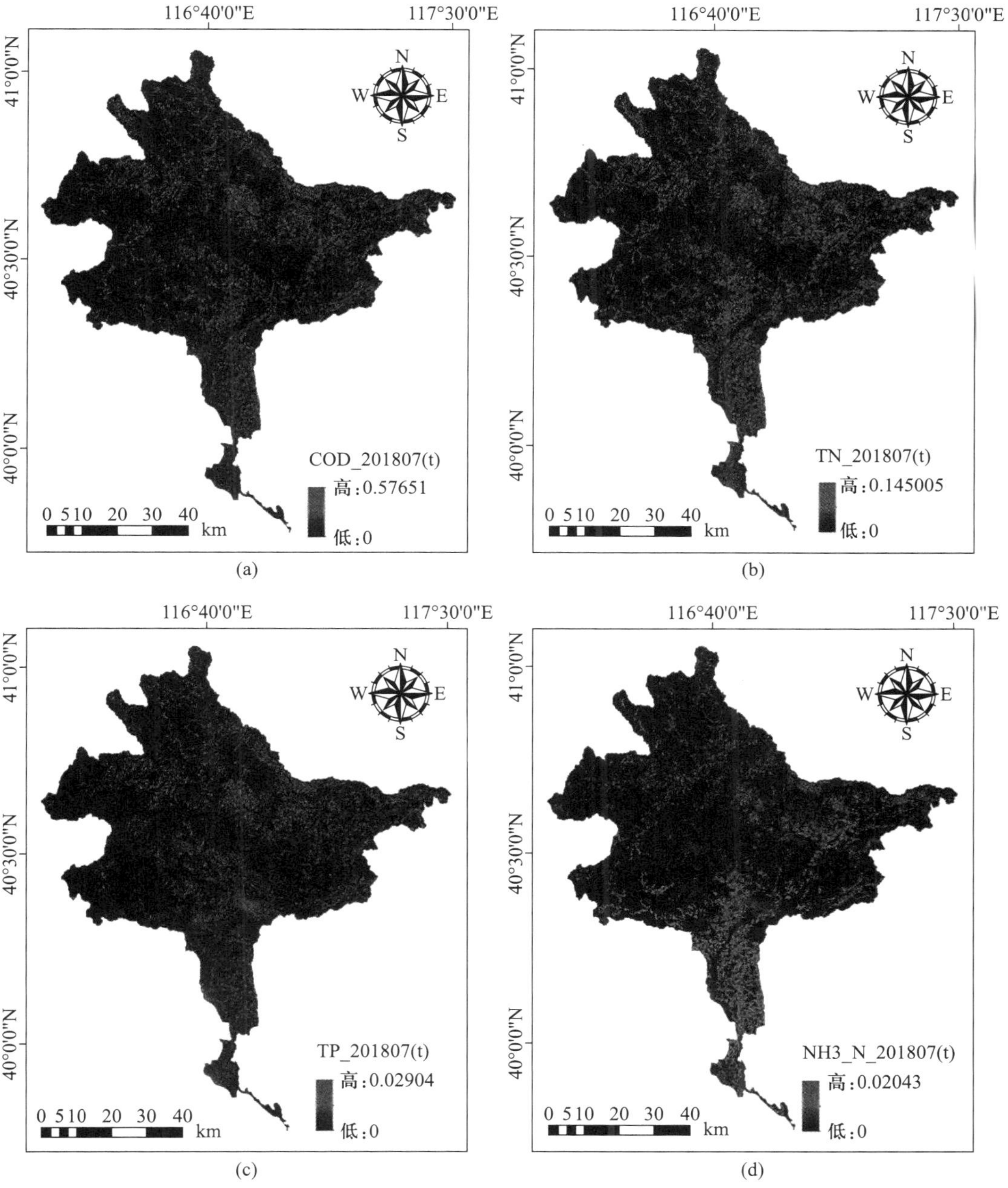

图 10-4　模型模拟结果示例：（a）COD、（b）TN、（c）TP、（d）NH_3-N 空间分布图

复习思考题

一、基础部分

1. 什么是非点源污染？

2. EcoHAT Macro-NPS 模型中影响非点源产生的因子有哪些？

二、操作实践

1. 下载 EcoHAT Macro-NPS 模型代码，了解不同模块运行的原理，掌握各模块之间的联系。

2. 以学校所在的小流域为研究区，根据教学示例数据准备相应的数据，运行并分析模型结果。

3. 学习了解非点源污染的特点，思考非点源污染模拟的重点和难点在哪里。

第11章

氮素迁移转化模型

氮素是植物生长的重要营养元素，也是水环境中重要的污染物。氮素在大气–植被–土壤圈层的循环非常复杂，正是氮循环的复杂性及其重要的生态作用，成为全球变化科学研究的重要主题之一，明晰氮素迁移转化过程对农业生产和面源污染防治都有重要的意义。

本章回顾了氮素迁移转化研究发展现状，介绍氮素迁移转化模型原理、模型构建，以 EcoHAT 中 NT（nitrogen transfer）模块为案例讲解算法和应用。

第一节　氮素迁移转化研究进展

氮素迁移转化与生态水文过程密切联系，用水文模型分析流域氮素迁移转化一直是重要的研究领域，从早期的径流系数法、SCS 曲线法等经验统计方法发展到综合气候、土壤、地形等因素，并与 GIS 相耦合的分布式生态水文模型，开展了流域氮素迁移转化模拟。近年来，我国陆续引进这些模型进行国内的研究工作，并在参数本地化基础上开展相应的研究工作（郝芳华等，2006）。

目前，氮素迁移转化机理模型主要有城市地表径流模型 STOM（Storm Treatment overflow Runoff Model）、化学污染物模型 CREAMS、农业非点源污染源模型 AGNPS/AnnAGNPS、土地生产力数学模型 EPIC，以及大型流域非点源污染负荷模拟模型 SWRRB/SWAT 等。城市地表径流模型 STOM 一般适用于很小的水域面积，农业管理系统中的化学污染物模型 CREAMS 主要用于农业非点源管理，而农业非点源污染源模型 AGNPS/AnnAGNPS 主要应用于政策制定，ANSWERS 则用于模拟农业典型小流域中次降雨条件下地表径流、土壤侵蚀和泥沙运动过程，以及氮磷营养元素的运移过程，EPIC 模型能定量评价水土资源管理和土地生产力，SWRRB/SWAT 主要用于模拟大型流域非点源污染负荷。随着非点源污染模型与地理信息系统和遥感技术的结合，这些模型得到了更加广泛的应用。同时，网格分析和空间分析功能的扩展使得一些大型 GIS 软件如 ArcGIS 与 AnnAGNPS、SWAT 有效集成，广泛应用于流域降雨－径流过程、土壤侵蚀、氮磷营养物的迁移模拟。

我国早期的氮流失研究主要是针对一些水体污染较为严重的河湖，大多是采用经验统计方法估计污染物中的氮负荷，通过对农田暴雨径流逐小时的水质、水量数据进行同步监测，建立径流量与污染负荷之间的统计关系。如利用水文监测资料，根据农田铵态氮重点解析机理，建立了太湖湖区铵态氮流失模拟模型，该模型由水田排水子模型，旱地排水子模型，产沙子模型，土壤铵态氮平衡与流失子模型部分组成。在引进外国模型的同时，也开始注重本地模型的自主开发，在实际应用中取得良好效果。

第二节　氮素迁移转化模型原理与构建

一、NT模型原理

自然界中氮元素循环过程复杂。从形态上看，可以将氮元素分为有机类和无机类两大类；从价态上看，氮元素在其转化过程中存在八个价态；从元素转化过程上看，氮元素循环主要包括微生物腐化分解、矿化、固定、吸附解析、硝化、反硝化和氨挥发等过程。氮素迁移转化过程模拟包括水文过程模拟和氮素迁移转换模拟；水文过程是氮素迁移转换的动力因素，主要包括降雨，融雪，植被截留，蒸散发和产、汇流等过程；氮素迁移转换模拟主要包括植被中氮素迁移转换模拟和土壤中氮素迁移转换模拟两大部分；植被中氮素迁移转换模拟主要包括植被营养元素吸收、植被 NPP 计算、生产力分配和凋落物计算；土壤中氮素迁移转换模拟主要包括大气沉降、矿化、分解、硝化、反硝化和氨化的计算。

二、NT模型构建

模型主要的结构见图 11-1。它主要包括：

（1）氮素施肥过程：获取研究区氮素施肥量。

（2）植物对氮素的吸收：按植被 NPP 计算、植被生产力分配和植被对氮素吸收三个部分计算。

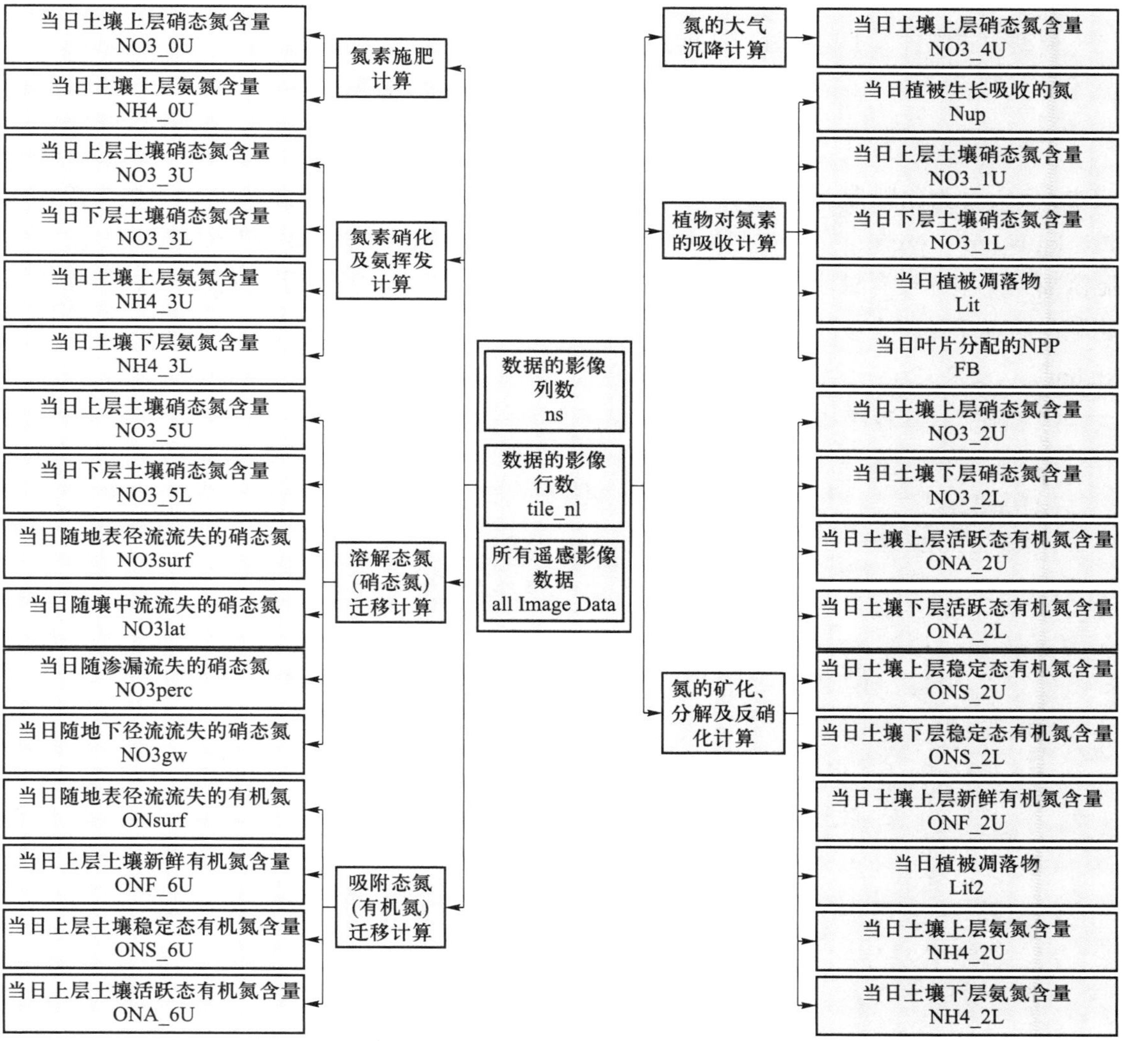

图 11-1　EcoHAT NT 计算流程图

（3）氮素矿化、分解及反硝化模块：按有机质矿化、凋落物矿化和分解，以及氮的反硝化过程计算。

（4）氮的硝化和氨挥发模块：按氮的硝化和氨气挥发过程计算。

（5）大气氮沉降模块：按大气氮沉降过程计算。

（6）溶解态氮（硝态氮）迁移模块：氮素随径流发生迁移的过程。

（7）吸附态氮（有机氮）迁移模块：氮素随土壤流失发生迁移的过程。

第三节 氮素施肥与大气沉降

一、氮素施肥计算与程序设计

模型中施肥进入土壤的氮的计算公式为：

$$NO_{3\,fert} = fert_{\min N} \cdot (1 - fert_{NH_4}) \cdot fert \tag{11-1}$$

$$NH_{4\,fert} = fert_{\min N} \cdot fert_{NH_4} \cdot fert \tag{11-2}$$

式中：$NO_{3\,fert}$ 为化肥带入土壤的硝酸盐的量，kg N/hm^2；$NH_{4\,fert}$ 为化肥添加到土壤内的铵的量，kg N/hm^2；$orgN_{frsh,\,fert}$ 为化肥添加到土壤新鲜有机池氮内的量，kg N/hm^2；$orgN_{act,\,fert}$ 为化肥添加到土壤活性有机池氮内的量，kg N/hm^2；$fert_{\min N}$ 为化肥内矿物质氮的分数；$fert_{NH_4}$ 为化肥内矿物质氮转为铵的分数；$fert_{orgN}$ 为化肥内有机氮的分数；$fert$ 为土壤中化肥的施用量，kg/hm^2。

氮素施肥计算程序如下：

```
;**************************** 源代码信息 ****************************
; Name: EcoHAT_Fert_N_Procedure.PRO
;*******************************************************************

;**************************** 输入说明 ***************************
; 输入参数
;1. NO3_U 二维栅格格式，浮点型，前一日土壤上层硝态氮含量，单位：kg/hm2
;2. NH4_U 二维栅格格式，浮点型，前一日土壤上层氨氮含量，单位：kg/hm2
;3. Fert_NH4_U 二维栅格格式，浮点型，当日施铵氮折纯量，单位：kg/hm2
;4. Fert_NO3_U 二维栅格格式，浮点型，当日施硝酸盐折纯量，单位：kg/hm2
;*******************************************************************

;**************************** 输出说明 ***************************
; 输出参数
;1. NO3_OU 二维栅格格式，浮点型，当日土壤上层硝态氮含量，单位：kg/hm2;
```

```
;2. NH4_0U 二维栅格格式，浮点型，当日土壤上层氨氮含量，单位：kg/hm2;
;***************************************************************

;*************************** 其他说明 ***************************
;Fert_NH4_U 取值参考研究区农业资料
;Fert_NO3_U 取值参考研究区农业资料
;***************************************************************

;*************************** 算法设置 ***************************
PRO EcoHAT_Fert_N_Procedure,NO3_U,NH4_U,Fert_NH4_U,Fert_NO3_U,$
  Result1=Result1,Result2=Result2

  ; 不同土地利用类型对氮元素的吸收情况
  NO3_0U=NO3_U+Fert_NO3_U
  NH4_0U=NH4_U+Fert_NH4_U

  ; 输出数据设置
  Result1=NO3_0U
  Result2=NH4_0U

END
```

二、氮的大气沉降计算与程序设计

大气沉降的氮化合物有干湿沉降两种形式。湿沉降的氮种类主要是 NH_4^+ 和 NO_3^-，以及少量的可溶性有机氮。干沉降氮的形式主要有气态 NO、N_2O、NH_3 和 NHO_3，以及 $(NH_4)_2SO_4$ 和 NH_4NO_3，还有吸附在其他粒子上的氮。除了自然来源外，大气中的氮化合物主要来源于工业（NO_x）、化石燃料的燃烧（NO_x）、农田施肥和集约畜牧业（NO_x）。模拟湿沉降的 NO_3^-：

$$N_{\text{rain}} = 0.01 \cdot R_{\text{NO}_3} \cdot P \tag{11-3}$$

式中：N_{rain} 为随降雨增加的硝酸盐的量，kg · N/hm^2；R_{NO_3} 为降雨中硝酸根离子的浓度，mg · N/L；P 为日降雨量，mm。

```
;************************** 源代码信息 **************************
; Name:    EcoHAT_Nrainfall_Procedure.PRO
```

```
;**************************************************************

;**************************** 输入说明 ***************************
; 输入参数
;1. Nrain_txt 文本格式，降雨中氮的浓度（RNO3）
;2. Precipitation 二维栅格格式，浮点型，当日降水量，单位：mm
;3. NO3_U 二维栅格格式，浮点型，前一日土壤上层硝态氮含量，单位：kg/hm2
;**************************************************************

;**************************** 输出说明 ***************************
; 输出参数
; NO3_4U 二维栅格格式，浮点型，当日土壤上层硝态氮含量，单位：kg/hm2
;**************************************************************

;**************************** 其他说明 ****************************
;Nrain_txt 降雨中氮的浓度（RNO3）参考研究区历史资料或者实验测定结果。在没有数据的情况下，可默认值为 1.0 mg N/L。
; 以下为 Nrain_txt.txt 的示例数据
;Nrain  concentration(mg/L)
;1 1.0
;2 0
;**************************************************************

;**************************** 算法设置 ****************************
PRO EcoHAT_Nrainfall_Procedure,Nrain_txt,Precipitation,NO3_U,$
  Result1=Result1

  ; 初始值设置
  RNO3=Nrain_txt[0,0]
  if Precipitation gt 0 then begin
    NO3_4U=NO3_U+0.1*0.01*RNO3*Precipitation
  endif else begin
    NO3_4U=NO3_U
  endelse
```

```
；输出数据设置
Result1=NO3_4U

END
```

第四节 植物对氮素的吸收计算与程序设计

一、植被凋落物模拟

对林木和灌丛，凋落物子模型将植被的凋落物分为叶片凋落物、根系凋落物与枝干凋落物三部分。其中，叶片凋落物的计算要根据研究区的植被类型与温度共同确定，根系凋落物与枝干凋落物由根系和枝干分配的生产力按比例求取。对草本植物，凋落物子模型将植被视为一个整体，凋落物与草本植物的总生物量相关。

对林木和灌木，分别考虑叶片、根系、枝干的凋落，叶片的凋落与温度和植被类型有关，设阈值温度 T_{fall}，对落叶林，低于阈值温度则叶片全部凋落，高于阈值温度则与叶片生产力成比例；对常绿林与叶片生产力成比例凋落：

$$F_{lit}=\begin{cases}a_{fh}F_B, T_{air}>T_{fall}\\ F_B, T_{air}<T_{fall}\\ a_{fs}F_B\end{cases} \tag{11-4}$$

式中：F_{lit} 为叶片凋落量，g · C · m^{-2}；a_{fh}，a_{fs} 为叶片凋落系数，分别是落叶林、常绿林的凋落系数；F_B 为叶片的生产力，g · C · m^{-2}；T_{air} 为气温，℃；T_{fall} 为落叶林叶片凋落的阈值温度，℃。

根的凋落物量（R_{lit}）：

$$R_{lit}=a_{fr}R_B \tag{11-5}$$

式中：R_{lit} 为根系的凋落量，g · C · m^{-2}；a_{fr} 为根凋落系数；F_B 为根系的生产力，g · C · m^{-2}。

枝干的凋落物量（W_{lit}）：

$$W_{lit}=a_{fw}W_B \tag{11-6}$$

式中：W_{lit} 为枝干的凋落量，g · C · m^{-2}；a_{fw} 为树干凋落系数；W_B 为枝干的生产力，g · C · m^{-2}。

对于草本植物，视植被为一个整体，并设定温度阈值，若高于这个温度，则按植被生产力的比例凋落，若低于这个温度，则全部凋落。

$$L_{lit}=\begin{cases}a_{fl}\times FL, & T_{air}>T_{fall}\\ FL, & T_{air}<T_{fall}\end{cases} \tag{11-7}$$

式中：L_{lit} 为草本植物的凋落量，g · C · m^{-2}；FL 为草本植物的生产力，g · C · m^{-2}；a_{fl} 为草本植物的凋落系数；T_{air} 为气温，℃；T_{fall} 为草本植物凋落的阈值温度，℃。

二、生产力分配模拟

植被净初级生产力（*NPP*）在植被各部分的分配次序是首先分配到叶片，其次是根系，最后是枝干。在植物生长季，*NPP* 分配到树叶部分的生物量 F_B 与叶面积的增加量成比例，由式（11−8）确定；非植物生长季，*NPP* 分配到叶片的生产力与 *NPP* 成比例，分配比例系数均由研究区实验数据确定。

$$\frac{\mathrm{d}F_B}{\mathrm{d}t}=R_{LA\_W}\frac{\varepsilon_{LA}}{\mathrm{d}t} \tag{11-8}$$

式中：F_B 为分配到叶片的生产力，g · C · m^{-2}；R_{LA-W} 为单位面积（1 m^2）叶片的生物量；ε_{LA} 为叶面积的月增加量，m^2。

分配到叶片后，*NPP* 再成比例地分配到根：

$$\frac{\mathrm{d}R_B}{\mathrm{d}t}=K_{ra}\left(\frac{\mathrm{d}NPP}{\mathrm{d}t}-\frac{\mathrm{d}F_B}{\mathrm{d}t}\right) \tag{11-9}$$

式中：R_B 为分配到根系的生产力，g · C · m^{-2}；*NPP* 为植被净初级生产力，g · C · m^{-2}；K_{ra} 为系数。

剩余的 *NPP* 分配到枝：

$$\frac{\mathrm{d}W_B}{\mathrm{d}t}=\frac{\mathrm{d}NPP}{\mathrm{d}t}-\frac{\mathrm{d}F_B}{\mathrm{d}t}-\frac{\mathrm{d}R_B}{\mathrm{d}t} \tag{11-10}$$

式中：W_B 为分配到枝干的生产力，g · C · m^{-2}。

在使用遥感数据时，仅考虑林灌植被 *NPP* 的分配，不考虑草本和耕作植被，林灌植被 *NPP* 的分配。*NPP* 分配顺序依次为叶、根和茎，分配到叶片的 *NPP* 按下式计算：

$$NPP_L=\mathrm{d}B_L/\mathrm{d}t-\mathrm{d}F_{lit}/\mathrm{d}t \tag{11-11}$$

式中：NPP_L 为分配到叶片的 *NPP*，g · C/m^2；B_L 为叶片生物量，g · C · m^{-2}；F_{lit} 为叶片凋落物量，g · C/m^2。

叶片生物量采用 MODIS 数据 *NPP* 产品的算法进行计算：

$$B_L=LAI/SLA \tag{11-12}$$

式中：*SLA* 为比叶面积，m^2/kg，参考查找表进行取值（表 11−1）。

表 11−1　比叶面积取值表

植被类型	比叶面积 /（m^2 · kg^{-1}）	植被类型	比叶面积 /（m^2 · kg^{-1}）
常绿针叶林	21.1	落叶灌丛及稀树草原	33.8
常绿阔叶林	23.3	矮林灌丛	12.0
落叶针叶林	31.0	稀疏灌木	19.0
落叶阔叶林	26.2	草地	40.0
混交林	21.5	耕作植被	36.0
灌木林	33.8		

分配到叶后的 NPP 再成比例地分配到根：

$$NPP_R = K_{ra}(NPP - NPP_L) \tag{11-13}$$

式中：NPP_R 为分配到根系的 NPP，g · C/m^2；K_{ra} 为根系凋落系数。

分配到树干的 NPP 为：

$$NPP_w = NPP - NPP_L - NPP_R \tag{11-14}$$

式中：NPP_w 为分配到根系的 NPP，g · C/m^2。

三、植物吸收模拟

植被吸收养分物质的量应由维持植被生长的需求量与土壤中可供给的养分物质含量共同决定。当土壤中可供给的养分物质充足时，植被吸收由植被生产力和养分含量所决定的养分需求量；当土壤的某种养分供给不够时，植被对其全部吸收。即植物吸收的元素量（X=N，Ca，Mg，K）是植物的生长需求量与可利用量的最小值，表达式为：

$$X_{update} = \min(X_{avail}, X_{dem}) \tag{11-15}$$

式中：X_{avail} 为植物对 X（X=N，Ca，Mg，K）元素的可利用量，g · C · m^{-2}；X_{dem} 为植物对 X 元素的需求量，营养元素可利用量由土壤酸化模型计算得到。

植被对营养元素的需求量是叶片、枝干、根系各部分的生产力与营养元素浓度乘积的加和，其中叶片有一部分生物量在生长过程中返回土壤，植被各器官的营养元素浓度均由实测数据确定。

对林木和灌木，植物对 N 和 P 营养元素的需求量计算如下：

$$X_{dem} = (1 - K_{retra}) \times folX \times F_B + X_W \times W_B + X_r \times R_B \tag{11-16}$$

式中：K_{retra} 为返回系数，$folX$ 为叶片中 X 元素的含量，g/g；F_B 为植被叶片部分的生产力，g · C · m^{-2}；X_w 为枝干中 X 元素的含量，g/g；W_B 为植被枝干部分的生产力，g · C · m^{-2}；X_r 为根系中 X 元素的含量，g/g；R_B 植被根系部分的生产力，g · C · m^{-2}。

对于草本植物，X_{dem} 的表达式如下：

$$X_{\mathrm{dem}} = NPP \times X_{cont} \tag{11-17}$$

式中：NPP 为植被净初级生产力，g · C · m^{-2}；X_{cont} 为草本植物中 X 元素的含量，g/g。

土壤中可利用的营养元素，对于盐基阳离子与铵根离子 NH_4^+ 而言，是交换性的元素含量；对于硝酸根 NO_3^- 而言，是溶液中的离子含量。对于 N 元素，假设优先吸收 NH_4^+，NH_4^+ 不足时再吸收 NO_3^-。

$$N_{avai} = ExchNH_4^+ + SoluNO_3^- \tag{11-18}$$

式中：N_{avail} 是可利用的 N 元素的含量；$ExchNH_4^+$ 是交换性的氨根离子含量；$SoluNO_3^-$ 是溶液中的硝酸根离子含量。

植物对氮素的吸收计算程序如下：

```
;**************************** 源代码信息 ****************************
```

```
; Name: EcoHAT_Nuptake_Procedure.PRO
;***************************************************************

;*************************** 输入说明 ***************************
; 输入参数
;1. Alloc_txt 文本格式，比叶面积（SLA）、叶片凋落系数（affh）、根系凋落系数
(Kra)
;2.  Demand_txt  文本格式，各植被类型各组织的氮磷养分浓度、叶片养分返回系数
(Kretra)、养分吸收分布参数（b）、根系深度
;3. LAI 二维栅格格式，浮点型，当日叶面积指数，单位：m²/m²
;4. LAI0 二维栅格格式，浮点型，前一日叶面积指数  ，单位：m²/m²
;5. NPP 二维栅格格式，浮点型，当日净初级生产力，单位：gC/m²
;6. NPP0 二维栅格格式，浮点型，前一日净初级生产力  ，单位：gC/m²
;7. Landuse 二维栅格格式，浮点型，土地利用类型 ，单位：量纲为 1
;8. NO3_U 二维栅格格式，浮点型，前一日土壤上层硝态氮含量，单位：kg/hm²
;9. NO3_L 二维栅格格式，浮点型，前一日土壤下层硝态氮含量，单位：kg/hm²
;10. FB0 二维栅格格式，浮点型，前一日叶片分配的 NPP，单位：gC/m²
;11. Lit0 二维栅格格式，浮点型，前一日植被凋落物，单位：kg/hm²
;***************************************************************

;*************************** 输出说明 ***************************
; 输出参数
;1. Nup 二维栅格格式，浮点型，当日植被生长吸收的氮，单位：kg/hm²
;2. NO3_1U 二维栅格格式，浮点型，当日上层土壤硝态氮含量，单位：kg/hm²
;3. NO3_1L 二维栅格格式，浮点型，当日下层土壤硝态氮含量，单位：kg/hm²
;4. Lit 二维栅格格式，浮点型，当日植被凋落物，单位：kg/hm²
;5. FB 二维栅格格式，浮点型，当日叶片分配的 NPP，单位：gC/m²
;***************************************************************

;*************************** 其他说明 ****************************
;Alloc_txt:  比叶面积（SLA）参考 MOD17 的查找表进行取值；叶片凋落系数（affh）
和根系凋落系数（Kra） 参考研究区历史资料或者实验测定结果
;
;***************************************************************
```

```
;**************************** 算法设置 ***************************
PRO EcoHAT_Nuptake_Procedure,Alloc_txt,Demand_txt,LAI,LAI0,NPP,NPP0,
Landuse,NO3_U,NO3_L,FB0,Lit0,$
  Result1=Result1,Result2=Result2,Result3=Result3,Result4=Result4,
Result5=Result5

  ;不同土地利用类型对氮元素的吸收情况
  ;农田
  if Landuse eq 3 or Landuse eq 4 then begin

    if LAI gt LAI0 then begin; 分配到叶片的 NPP
      Lit=Alloc_txt[1,0]*(LAI/Alloc_txt[0,0])*1000
      FB = ((LAI-LAI0)/Alloc_txt[0,0])*1000-Lit
    endif else begin
      Lit=Alloc_txt[1,0]*(LAI/Alloc_txt[0,0])*1000
      FB = (NPP/NPP0)*FB0
    endelse

    if FB gt NPP then begin
      FB= NPP*0.8
      FB= max([0,FB])
    endif else begin
      FB= max([0,FB])
    endelse

    RB = Alloc_txt[2,0]*(NPP-FB); 分配到根的 NPP
    RB = max([0,RB])

    WB = NPP - FB - RB; 分配到枝干的 NPP
    WB = max([0,WB])

    Ndem = ((1 - Demand_txt[6,0]) * FB * Demand_txt[0,0] + WB *
Demand_txt[1,0] + RB * Demand_txt[2,0])*10; 植被对氮元素的需求量
    Ndem_U=Ndem*(1-exp(-Demand_txt[8,0]*200/Demand_txt[9,0]))/
(1-exp(-Demand_txt[8,0])); 上层土壤中植被对氮元素的需求量
```

```
  Ndem_2=Ndem*(1-exp(-Demand_txt[8,0]*400/Demand_txt[9,0]))/
(1-exp(-Demand_txt[8,0]))
  Ndem_L=Ndem_2-Ndem_U; 下层土壤中植被对氮元素的需求量
  Nup_U=min([Ndem_U,NO3_U]); 上层土壤中植被对氮元素的实际吸收量

  if Ndem_U gt Nup_U then begin
     Ndem_U1=Ndem_U-Nup_U
  endif else begin
     Ndem_U1=0.0
  endelse

  Nup_L=min([Ndem_L+Ndem_U1,NO3_L]); 下层土壤中植被对氮元素的实际吸
收量
    Nup = Nup_U+Nup_L

    NO3_1U=max([0,NO3_U-Nup_U])
    NO3_1L=max([0,NO3_L-Nup_L])
endif

;湿地
if Landuse eq 5 then begin

  if LAI gt LAI0 then begin; 分配到叶片的NPP
     Lit=Alloc_txt[1,1]*(LAI/Alloc_txt[0,1])*1000
     FB = ((LAI-LAI0)/Alloc_txt[0,1])*1000-Lit
  endif else begin
     Lit=Alloc_txt[1,1]*(LAI/Alloc_txt[0,1])*1000
     FB = (NPP/NPP0)*FB0
  endelse

  if FB gt NPP then begin
     FB=NPP*0.8
     FB= max([0,FB])
  endif else begin
     FB= max([0,FB])
```

```
    endelse

    RB = Alloc_txt[2,1]*(NPP-FB); 分配到根的 NPP
    RB = max([0,RB])
    WB = NPP - FB - RB; 分配到枝干的 NPP
    WB = max([0,WB])
    Ndem = ((1 - Demand_txt[6,1]) * FB * Demand_txt[0,1] + WB * 
Demand_txt[1,1] + RB * Demand_txt[2,1])*10; 植被对氮元素的需求量
    Ndem_U=Ndem*(1-exp(-Demand_txt[8,1]*200/Demand_txt[9,1]))/
(1-exp(-Demand_txt[8,1])); 上层土壤中植被对氮元素的需求量
    Ndem_2=Ndem*(1-exp(-Demand_txt[8,1]*400/Demand_txt[9,1]))/
(1-exp(-Demand_txt[8,1]))
    Ndem_L=Ndem_2-Ndem_U; 下层土壤中植被对氮元素的需求量
    Nup_U=min([Ndem_U,NO3_U]); 上层土壤中植被对氮元素的实际吸收量

    if Ndem_U gt Nup_U then begin
      Ndem_U1=Ndem_U-Nup_U
    endif else begin
      Ndem_U1=0.0
    endelse

    Nup_L=min([Ndem_L+Ndem_U1,NO3_L]); 下层土壤中植被对氮元素的实际吸
收量
    Nup = Nup_U+Nup_L

    NO3_1U=max([0,NO3_U-Nup_U])
    NO3_1L=max([0,NO3_L-Nup_L])
  endif

  ; 草地
  if Landuse eq 6 then begin

    if LAI gt LAI0 then begin; 分配到叶片的 NPP
      Lit=Alloc_txt[1,2]*(LAI/Alloc_txt[0,2])*1000
      FB = ((LAI-LAI0)/Alloc_txt[0,2])*1000-Lit
```

```
    endif else begin
       Lit=Alloc_txt[1,2]*(LAI/Alloc_txt[0,2])*1000
       FB = (NPP/NPP0)*FB0
    endelse

    if FB gt NPP then begin
       FB=NPP*0.8
       FB= max([0,FB])
    endif else begin
       FB= max([0,FB])
    endelse

    RB = Alloc_txt[2,2]*(NPP-FB); 分配到根的NPP
    RB = max([0,RB])
    WB = NPP - FB - RB; 分配到枝干的NPP
    WB = max([0,WB])
    Ndem = ((1 - Demand_txt[6,2]) * FB * Demand_txt[0,2] + WB *
Demand_txt[1,2] + RB * Demand_txt[2,2])*10; 植被对氮元素的需求量
    Ndem_U=Ndem*(1-exp(-Demand_txt[8,2]*200/Demand_txt[9,2]))/
(1-exp(-Demand_txt[8,2])); 上层土壤中植被对氮元素的需求量
    Ndem_2=Ndem*(1-exp(-Demand_txt[8,2]*400/Demand_txt[9,2]))/
(1-exp(-Demand_txt[8,2]))
    Ndem_L=Ndem_2-Ndem_U; 下层土壤中植被对氮元素的需求量
    Nup_U=min([Ndem_U,NO3_U]); 上层土壤中植被对氮元素的实际吸收量

    if Ndem_U gt Nup_U then begin
       Ndem_U1=Ndem_U-Nup_U
    endif else begin
       Ndem_U1=0.0
    endelse

    Nup_L=min([Ndem_L+Ndem_U1,NO3_L]); 下层土壤中植被对氮元素的实际吸
收量
    Nup = Nup_U+Nup_L
```

```
    NO3_1U=max([0,NO3_U-Nup_U])
    NO3_1L=max([0,NO3_L-Nup_L])
  endif

  ;林地
  if Landuse eq 7 then begin

    if LAI gt LAI0 then begin; 分配到叶片的NPP
      Lit=Alloc_txt[1,3]*(LAI/Alloc_txt[0,3])*1000
      FB = ((LAI-LAI0)/Alloc_txt[0,3])*1000-Lit
    endif else begin
      Lit=Alloc_txt[1,3]*(LAI/Alloc_txt[0,3])*1000
      FB = (NPP/NPP0)*FB0
    endelse

    if FB gt NPP then begin
      FB=NPP*0.8
      FB= max([0,FB])
    endif else begin
      FB= max([0,FB])
    endelse

    RB = Alloc_txt[2,3]*(NPP-FB); 分配到根的NPP
    RB = max([0,RB])
    WB = NPP - FB - RB; 分配到枝干的NPP
    WB = max([0,WB])
    Ndem = ((1 - Demand_txt[6,3]) * FB * Demand_txt[0,3] + WB *
Demand_txt[1,3] + RB * Demand_txt[2,3])*10; 植被对氮元素的需求量
    Ndem_U=Ndem*(1-exp(-Demand_txt[8,3]*200/Demand_txt[9,3]))/
(1-exp(-Demand_txt[8,3])); 上层土壤中植被对氮元素的需求量
    Ndem_2=Ndem*(1-exp(-Demand_txt[8,3]*400/Demand_txt[9,3]))/
(1-exp(-Demand_txt[8,3]))
    Ndem_L=Ndem_2-Ndem_U; 下层土壤中植被对氮元素的需求量
    Nup_U=min([Ndem_U,NO3_U]); 上层土壤中植被对氮元素的实际吸收量
```

```
    if Ndem_U gt Nup_U then begin
       Ndem_U1=Ndem_U-Nup_U
    endif else begin
       Ndem_U1=0.0
    endelse

    Nup_L=min([Ndem_L+Ndem_U1,NO3_L]); 下层土壤中植被对氮元素的实际吸收量
    Nup = Nup_U+Nup_L

    NO3_1U=max([0,NO3_U-Nup_U])
    NO3_1L=max([0,NO3_L-Nup_L])
  endif

  ; 裸地，居工地，水体
  if Landuse lt 3 or Landuse eq 8 then begin
    Nup=0.0
    NO3_1U=0.0
    NO3_1L=0.0
    Lit=0.0
    FB=0.0
  endif

  ; 输出数据设置
  Result1=Nup
  Result2=NO3_1U
  Result3=NO3_1L
  Result4=Lit
  Result5=FB

END
```

第五节　氮素矿化、分解及反硝化计算与程序设计

一、氮的矿化、分解过程

矿化是指土壤有机质碎屑中的氮素，在土壤动物和微生物作用下，由难以被植物吸收利用的有机态转化为可被植物直接吸收利用的无机态（主要为铵态氮）的过程，土壤氮素矿化受土壤肥力、土壤基质、土壤水热条件和土壤微生物等因素的综合影响。分解是指凋落物分解为简单有机分子的过程；固定是指可被植物直接吸收利用的无机态在土壤动物和微生物的作用下转化为难以被植物吸收利用的有机态的过程。

腐殖质的矿化过程，腐殖质活跃态有机氮和稳定态有机氮会发生相互转化，其过程表达式为：

$$N_{trns} = \beta_{trns} orgN_{act} \cdot \left(\frac{1}{fr_{act,N}} - 1 \right) - orgN_{sta} \tag{11-19}$$

式中：N_{trns} 为土壤上层活跃态和稳定态有机氮间转移的氮量，kg N/hm^2；β_{trns} 为速率常数，取值 1×10^{-5}；$orgN_{act}$ 为土壤上层活跃态有机氮的含量，kg N/hm^2；$fr_{act,N}$ 为腐殖质氮中活跃态氮的分数，取值为 0.02；$orgN_{sta}$ 为土壤上层稳定态有机氮的含量为 kg N/hm^2。

若 N_{trns} 值为正，则氮从土壤上层活跃态有机氮转化为稳定态有机氮；反之，则相反。

土壤上层腐殖质活跃态有机氮到硝酸盐的矿化过程表达式为：

$$N_{mina} = \beta_{min} \cdot orgN_{act} \cdot (\gamma_{tem} \cdot \gamma_{sw})^{1/2} \tag{11-20}$$

式中：N_{mina} 为土壤上层腐殖质活跃态有机氮通过矿化作用转化为硝酸盐的氮量，kg N/hm^2；β_{min} 为腐殖质活跃态有机养分的矿化系数，参考取值为 0.000 6；γ_{tem} 为温度影响因子；γ_{sw} 为水分影响因子。

温度影响因子 γ_{tem} 的计算公式为：

$$\gamma_{tem} = 0.9 \cdot \frac{T_{soil}}{T_{soil} + \exp[9.93 - 0.312 \cdot T_{soil}]} + 0.1 \tag{11-21}$$

式中：T_{soil} 为上层土壤温度，可用地表温度代替，℃。

水分影响因子 γ_{sw} 的计算公式为：

$$\gamma_{sw} = \frac{SW}{FC} \tag{11-22}$$

式中：SW 为上层土壤实际含水量，mm；FC 为上层土壤田间持水量，mm。

凋落物的分解与矿化过程，新鲜有机氮的矿化过程表达式为：

$$N_{minf} = 0.8 \cdot \delta_{ntr} \cdot orgN_{frsh} \tag{11-23}$$

式中：N_{minf} 为土壤上层新鲜有机氮通过矿化作用转化为硝酸盐的氮量，kg N/hm^2；$orgN_{frsh}$ 为

土壤上层新鲜有机氮含量，kg N/hm^2，其主要来源为凋落物；δ_{ntr} 为凋落物腐烂速率，计算公式为：

$$\delta_{ntr}=\beta_{rsd}\bullet\gamma_{tmp}\bullet(\gamma_{tmp}\bullet\gamma_{sw})^{1/2} \tag{11-24}$$

式中：β_{rsd} 为新鲜有机养分的矿化系数；γ_{tmp} 为温度影响因子；γ_{sw} 为水分影响因子；γ_{ntr} 为土壤上层养分循环凋落物组成因子，计算公式为：

$$\gamma_{ntr}=\min\begin{cases}\exp\left[-0.693\bullet\dfrac{\varepsilon_{C:N}-25}{25}\right]\\ 1.0\end{cases} \tag{11-25}$$

式中：$\varepsilon_{C:N}$ 为上层土壤凋落物碳氮比；$\varepsilon_{C:P}$ 为上层土壤凋落物碳磷比，计算公式为：

$$\varepsilon_{C:N}=\frac{0.58\bullet rsd}{orgN_{fresh}+NO_3} \tag{11-26}$$

式中：rsd 为土壤上层凋落物含量，kg N/hm^2；NO_3 为土壤上层硝酸盐含量，kg N/hm^2；$orgN_{fresh}$ 为土壤上层新鲜有机氮含量，kg N/hm^2；0.58 为凋落物中碳的比例。

新鲜有机氮的分解过程表达式为：

$$N_{dec}=0.2\bullet\delta_{ntr}\bullet orgN_{frsh} \tag{11-27}$$

式中：N_{dec} 为土壤上层新鲜有机氮通过分解作用转化为腐殖质活跃态有机氮的氮量，kg N/hm^2。

二、氮的反硝化过程

反硝化是指细菌在厌氧条件下将硝酸盐或亚硝酸盐还原成气态氮的过程。反硝化作用需要的三个条件是低氧、高硝酸盐浓度和可利用的有机碳。因为水阻碍了通过土壤孔隙的氧扩散，土壤含水量高会降低氧气。由于反硝化过程主要是通过异养细菌进行的，有机碳底物的可利用性会限制反硝化作用。

目前，大多数氮循环的模型中均包括土壤反硝化模块，该模块的模型类型包括微生物生长模型（Microbial Growth Model，MGM）、土壤结构模型（Soil Structural Model，SSM）、简单的过程模型（Simplified Process Model，SPM）等 3 类。由于微生物活动的复杂性和土壤结构的空间异质性，MGM 和 SSM 模型从表达形式到实际的应用都较为复杂，而 SPM 模型不考虑微生物活动和气体在土壤中的扩散作用，将土壤反硝化过程用容易测得的参数表达出来，如土壤水分、土壤温度和硝态氮含量等，因此 SPM 模型的应用性更强。模型中选用通用简单反硝化模型对土壤反硝化过程进行模拟，模型表达式为：

$$D_a=\alpha f_N f_S f_T f_{pH} \tag{11-28}$$

式中：D_a 为实际反硝化速率，mg · N · kg^{-1} · d^{-1} 或者 mg · N · m^{-2} · d^{-1}；f_N 为土壤硝酸盐衰减函数，取值范围为［0，1］；f_S 为无维土壤水分衰减函数；f_T 为无维土壤温度衰减函数；f_{pH} 为无维土壤酸碱性衰减函数；α 为可变系数，也是模型中的重要参数，根据假定的反应机理不同取值不同。

当 α 代表理想条件下的潜在反硝化速率时，则可用 D_p 表示，单位与 D_a 同；当假定硝酸盐按照一级动力学衰减时，α 为衰减系数 k_d。已有的研究和调查表明，在所有采用 SPM 模块的氮循环模型中，35% 的模型采用 D_p 表达式，65% 采用表达式 k_d。模型中采用 D_p 表达式，其函数的表达式如下：

$$f_N = \frac{N}{K+N} \tag{11-29}$$

$$f_s = \begin{cases} 0 & SW < S_t \\ \left(\dfrac{SW - S_t}{S_m - S_t}\right)^w & S_t \leqslant SW \leqslant S_m \\ 1 & S_m < SW \end{cases} \tag{11-30}$$

$$f_T = \begin{cases} 0 & T_s < 0 \\ (Q_{10})^{0.1(T_s - T_r)} & 0 < T_s < T_r \\ 1 & T_r \leqslant T_s \end{cases} \tag{11-31}$$

$$f_{pH} = \begin{cases} 0 & \mathrm{pH} < 0 \\ (\mathrm{pH} - 3.5)/3 & 3.5 < \mathrm{pH} < 6.5 \\ 1 & \mathrm{pH} \geqslant 6.5 \end{cases} \tag{11-32}$$

式中：N 为土壤溶液中硝酸盐的浓度或者土壤中硝酸盐含量，mg · N · kg^{-1}；K 为当 f_N=0.5 时，土壤溶液中硝酸盐的浓度或者土壤中硝酸盐含量，mg · N · kg^{-1}；SW 为土壤实际的含水量，cm^3 · cm^{-3}；S_t 和 S_m 分别为小于等于 0 和大于等于 1 时所对应的土壤水分含量，cm^3 · cm^{-3}，通常在应用中 S_t 为田间持水量，S_m 取值为 1 或者 0.9；w 为线性参数，即决定曲线方程陡度的参数，三个参数的统计见表 11-2；T_s 为实际的土壤温度，℃；T_r 为参考温度，通常取值为 25 ℃或者 20 ℃；Q_{10} 为温度增长 10 ℃时反硝化速率的增长因子。

表 11-2　参数 S_m、S_t 和 w 在各模型中的统计

S_m	S_t	w	模型
1.0	1.6	1.0	CERES
1.0	S_{FC}	0.0	CREAMS-NT
1.0	0.85	2.0	DRAINMOD-N
1.0	0.62	1.735	Grundmann and Rolston
1.0	0.9	0.0	LASCAM-NP
1.0	0.62	1.74	NEMIS，STICS
1.0	0.5	2.5	NITDEN
1.0	0.9	1.0	NITWAT
1.0	0.58	2.0	SOILN
1.0	0.577	2.0	SONICG
1.0	0.9−（T−10）/100	1.0	STOTORASIM

续表

S_m	S_t	w	模型
1.0	S_{FC}	1.0	WASMOD
1.0	0.8	2.0	WAVE
1.0	0.9 或者 S_{FC}	1.0	WHNSIM

反硝化模型为：

$$D_a = D_p f_A f_T[\alpha f_N + (1-\alpha) f_c] \tag{11-33}$$

$$f_A = \min\{1, \max[0.4, \beta f_A^{t-1} f_s(2 - \exp(-\gamma C))]\} \tag{11-34}$$

$$f_s = \min[1, 0.003\,04 \cdot \exp(0.081\,5SW)] \tag{11-35}$$

$$f_T = \begin{cases} 0 & T_s < 0 \\ (Q_{10})^{0.1(T_s-25)} & 0 < T_s < 25 \\ 1 & 25 \leqslant T_s \end{cases} \tag{11-36}$$

$$f_N = \min\left[1, \frac{N}{N_{crit}}\right] \tag{11-37}$$

$$f_c = \frac{C}{0.01 + C} \tag{11-38}$$

式中：D_a 为实际反硝化速率，kg · N · m^{-2} · d^{-1}；D_p 为潜在反硝化速率，kg · N · m^{-2} · d^{-1}；f_A 为土壤水分衰减函数；f_T 为土壤温度衰减函数；f_N 为土壤硝酸盐衰减函数；f_c 为土壤有机碳衰减函数；α 为硝酸盐对反硝化速率的影响系数（0.19）；β 为还原环境对反硝化影响的最大程度（1.5）；γ 为 C 含量对反硝化作用的影响，0.1 kg · mg^{-1}；SW 为土壤含水量，cm^3 · cm^{-3}；C 为反硝化过程中微生物需要的有效碳含量，mgC · kg^{-1}；N_{crit} 为土层中反硝化反应 N 素含量临界值，mgN · kg^{-1}。

模型中增加 pH 影响因子项后，采用的模型为：

$$D_{\mathrm{a}} = D_{\mathrm{p}} f_{\mathrm{N}} f_{\mathrm{s}} f_{\mathrm{T}} f_{\mathrm{pH}} \tag{11-39}$$

参数方程为：

$$D_p = \frac{4}{5}\frac{\alpha_{om}}{365} C \frac{14}{12} 10^6 \tag{11-40}$$

$$f_N = \min\left[1, \frac{N}{N_{crit}}\right] \tag{11-41}$$

$$f_s = \begin{cases} 0.000\,304\exp(8.15SW) & SW < SW_{FC} \\ \left(\dfrac{SW - SW_{FC}}{1 - SW_{FC}}\right)^w & SW_{FC} \leqslant SW \leqslant SW_S \\ 1 & SW_S < SW \end{cases} \tag{11-42}$$

$$f_T=\begin{cases}0 & T_s<0\\(Q_{10})^{0.1(T_s-25)} & 0<T_s<25\\1 & 25\leqslant T_s\end{cases} \tag{11-43}$$

$$f_{pH}=\begin{cases}0 & \text{pH}\leqslant 3.5\\(\text{pH}-3.5)/3 & 3.5<\text{pH}<6.5\\1 & \text{pH}\geqslant 6.5\end{cases} \tag{11-44}$$

式中：SW 为土壤含水量，$cm^3 \cdot cm^{-3}$；SW_{FC} 为土壤田间持水量，$cm^3 \cdot cm^{-3}$；SW_s 为土壤饱和含水量，$cm^3 \cdot cm^{-3}$；α_{om} 为土壤有机质衰减率；C 为土壤中有机碳的含量，$gC \cdot g^{-1}$；其他参数同上。

反硝化是水分含量、温度、碳含量和硝酸盐含量的函数，模型中反硝化模型，表述为：

$$N_{denit,ly}=\begin{cases}NO_{3ly}(1-\exp[-\beta_{denit}\gamma_{tmp,ly}\cdot orgC_{ly}]), & \gamma_{sw,ly}\geqslant\gamma_{sw,thr}\\0, & \gamma_{sw,ly}\leqslant\gamma_{sw,thr}\end{cases} \tag{11-45}$$

式中：$N_{denit,ly}$ 为反硝化损失的氮量，kg N/hm^2；NO_{3ly} 为土层硝酸盐含量，kg N/hm^2；β_{denit} 为反硝化系数；$\gamma_{tmp,ly}$ 为温度影响因子；$\gamma_{sw,ly}$ 为水分影响因子；$orgC_{ly}$ 为土层有机碳含量，%；$\gamma_{sw,thr}$ 为反硝化发生的阈值水分影响因子。

氮素矿化、分解及反硝化的计算程序如下：

```
;*************************** 源代码信息 ***************************
; Name: EcoHAT_Nmindn_Procedure.PRO
;*****************************************************************


;*************************** 输入说明 ***************************
; 输入参数
;1. NPmindn_para_txt  文本格式，矿化速率常数(Bmin)、新鲜有机养分的矿化系数(Brsd)、反硝化系数(Bdenit)、反硝化发生的阈值水分影响因子(Rswthr)、活跃有机氮比例(fractN)。
;2. NO3_U 二维栅格格式，浮点型，前一日上层土壤硝态氮含量，单位:kg/hm2
;3. NO3_L 二维栅格格式，浮点型，前一日下层土壤硝态氮含量，单位:kg/hm2
;4. NH4_U 二维栅格格式，浮点型，前一日上层土壤氨氮含量，单位:kg/hm2
;5. NH4_L 二维栅格格式，浮点型，前一日下层土壤氨氮含量，单位:kg/hm2
;6. ONA_U 二维栅格格式，浮点型，前一日上层土壤活跃态有机氮含量，单位:kg/hm2
;7. ONA_L 二维栅格格式，浮点型，前一日下层土壤活跃态有机氮含量，单位:kg/hm2
;8. ONS_U 二维栅格格式，浮点型，前一日上层土壤稳定态有机氮含量，单位:kg/hm2
;9. ONS_L 二维栅格格式，浮点型，前一日下层土壤稳定态有机氮含量，单位:kg/hm2
;10. Lit  二维栅格格式，浮点型，前一日植被凋落物，单位:kg/hm2
```

```
;11. SW_U 二维栅格格式，浮点型，前一日上层土壤实际含水量，单位：%
;12. SW_L 二维栅格格式，浮点型，前一日下层土壤实际含水量，单位：%
;13. FC_U 二维栅格格式，浮点型，上层土壤田间含水量，单位：%
;14. FC_L 二维栅格格式，浮点型，下层土壤田间含水量，单位：%
;15. Ts_U 二维栅格格式，浮点型，当日上层土壤温度，单位：℃
;16. Ts_L 二维栅格格式，浮点型，当日下层土壤温度，单位：℃
;17. ONF_U 二维栅格格式，浮点型，前一日上层新鲜有机氮含量，单位：kg/hm^2
;18. OC_U单位为kg/hm^2 二维栅格格式，浮点型 ，上层有机碳含量，单位：kg/hm^2
;19. OC_L单位为kg/hm^2 二维栅格格式，浮点型 ，下层有机碳含量，单位：kg/hm^2
;************************************************************

;**************************** 输出说明 ****************************
;输出参数；
;1. NO3_2U 二维栅格格式，浮点型，当日土壤上层硝态氮含量，单位：kg/hm^2
;2. NO3_2L 二维栅格格式，浮点型，当日土壤下层硝态氮含量，单位：kg/hm^2
;3. ONA_2U 二维栅格格式，浮点型，当日土壤上层活跃态有机氮含量，单位：kg/hm^2
;4. ONA_2L 二维栅格格式，浮点型，当日土壤下层活跃态有机氮含量，单位：kg/hm^2
;5. ONS_2U 二维栅格格式，浮点型，当日土壤上层稳定态有机氮含量，单位：kg/hm^2
;6. ONS_2L 二维栅格格式，浮点型，当日土壤下层稳定态有机氮含量，单位：kg/hm^2
;7. ONF_2U 二维栅格格式，浮点型，当日土壤上层新鲜有机氮含量，单位：kg/hm^2
;8. Lit2   二维栅格格式，浮点型，当日植被凋落物，单位：kg/hm^2
;9. NH4_2U  二维栅格格式，浮点型，当日土壤上层氨氮含量，单位：kg/hm^2
;10. NH4_2L 二维栅格格式，浮点型，当日土壤下层氨氮含量，单位：kg/hm^2
;************************************************************

;**************************** 其他说明 ****************************
;NPmindn_para_txt：数据来自研究区历史资料或者实验测定结果。$
;没有数据情况下，可采用SWAT模型默认值：$
;矿化速率常数(Bmin)默认值为0.0003; $
;新鲜有机养分的矿化系数(Brsd) 默认值为0.05; $
;反硝化系数(Bdenit) 取值范围为0.0-3.0，默认值为1.4; $
;反硝化发生的阈值水分影响因子(Rswthr) 默认值为1.1; $
;活跃有机氮比例(fractN)默认值为0.02。
;
;************************************************************
```

```
;*************************** 算法设置 ***************************
PRO EcoHAT_Nmindn_Procedure,NPmindn_para_txt,NO3_U,NO3_L,NH4_U,
NH4_L,ONA_U,ONA_L,ONS_U,ONS_L,$
  Lit,SW_U,SW_L,FC_U,FC_L,Ts_U,Ts_L,ONF_U,OC_U,OC_L,$
  Result1=Result1,Result2=Result2,Result3=Result3,Result4=Result4,
Result5=Result5,Result6=Result6,Result7=Result7,Result8=Result8,
Result9=Result9,Result0=Result0

  ;初始值设置
  Bmin=NPmindn_para_txt[0,0]; 腐殖质活跃态有机营养元素的矿化系数 0.0003;
修正为 0.003
  Brsd=NPmindn_para_txt[1,0]; 新鲜有机养分的矿化系数 0.05(待率定)
  Bdenit=NPmindn_para_txt[2,0]; 反硝化速率 2(待率定);修正为 0.02
  Rswthr=NPmindn_para_txt[3,0]; 反硝化反应发生的水分因子阈值 1.1
  Btrns=0.00001; 腐殖质矿化速率,一般取值为 0.00001
  fractN=NPmindn_para_txt[4,0]; 活跃有机氮比例 0.02

  ;计算土壤上层氮的分解、矿化量
  if Ts_U ge 0 then begin; 当上层土壤温度大于 0 时开始计算

    ;计算土壤上层温度影响因子
    rtmp_U=0.9*Ts_U/(Ts_U+exp(9.93-0.312*Ts_U))+0.1
    rtmp_U=max([0.1,rtmp_U])

    ;计算土壤上层水分影响因子
    rsw_U=SW_U/FC_U
    rsw_U=max([0.05,rsw_U])

    ;温度影响因子与水分影响因子求乘积
    xx=rtmp_U*rsw_U
    if xx le 0 then xx=0
    if xx gt 10 then xx=1

    ;计算土壤上层活跃态和稳定态有机氮间转移的氮量
```

```
Ntrns_U=Btrns*(ONA_U*(1/fractN-1)-ONS_U)
if Ntrns_U ge 0 then begin
   Ntrns_U=min([Ntrns_U,ONA_U])
endif
if Ntrns_U lt 0 then begin
   Ntrns_U=-min([-Ntrns_U,ONS_U])
endif
ONS_2U=max([0.000001,ONS_U+Ntrns_U])
ONA_U=max([0.000001,ONA_U-Ntrns_U])

;计算土壤上层活跃态有机氮的矿化量
Nmina_U=Bmin*sqrt(xx)*ONA_U
Nmina_U=min([Nmina_U,ONA_U])

;计算土壤上层氮素在氮池间的转移、矿化的量
ONA_U=max([0.000001,ONA_U-Nmina_U])
NH4_2U=NH4_U+Nmina_U

;计算土壤上层新鲜有机氮的分解、矿化量
ONF_U=ONF_U+0.0015*Lit
if (ONF_U+NO3_U) gt 0.0001 then begin
   cnr=0.58*Lit/(ONF_U+NO3_U)
   if cnr gt 500 then cnr=500
   cnrf=exp(-0.693*(cnr-25)/25)
endif else begin
   cnrf=1
endelse

cprf=0.1; 假定磷对矿化反应无影响

;计算凋落物的分解量
ca=min([cnrf,cprf,1])
decr=Brsd*ca*sqrt(xx)
decr=max([0.01,decr])
decr=min([1.0,decr])
```

```
  rdc=decr*Lit
  Lit2=Lit-rdc
  if Lit2 lt 0 then Lit2=0
  rmnl=decr*ONF_U
  ONF_2U=ONF_U-rmnl
  if ONF_2U lt 0 then ONF_2U=0
  NH4_2U=NH4_2U+0.8*rmnl
  ONA_2U=ONA_U+0.2*rmnl

;计算土壤上层反硝化量
if rsw_U ge Rswthr then begin
   Ndenit_U=NO3_U*(1-exp(-Bdenit*rtmp_U*OC_U))
endif else begin
   Ndenit_U=0.0
endelse
   NO3_2U=NO3_U-Ndenit_U
endif

if Ts_U lt 0 then begin
   NO3_2U=NO3_U
   NH4_2U=NH4_U
   ONA_2U=ONA_U
   ONS_2U=ONS_U
   ONF_2U=ONF_U
   Lit2=Lit
endif

;计算土壤下层氮的分解、矿化量
if Ts_L ge 0 then begin; 当下层土壤温度大于 0 时开始计算

  ;计算下层土壤温度影响因子
  rtmp_L=0.9*Ts_L/(Ts_L+exp(9.93-0.312*Ts_L))+0.1
  rtmp_L=max([0.1,rtmp_L])

  ;计算下层土壤水分影响因子
```

```
  rsw_L=SW_L/FC_L
  rsw_L=max([0.05,rsw_L])

  ;温度影响因子与水分影响因子求乘积
  xx=rtmp_L*rsw_L
  if xx le 0 then xx=0
  if xx gt 10 then xx=1

  ;计算土壤下层活跃态和稳定态有机氮间转移的氮量
  Ntrns_L=Btrns*(ONA_L*(1/fractN-1)-ONS_L)
  if Ntrns_L ge 0 then begin
    Ntrns_L=min([Ntrns_L,ONA_L])
  endif
  if Ntrns_L lt 0 then begin
    Ntrns_L=-min([-Ntrns_L,ONS_L])
  endif
  ONS_2L=max([0.000001,ONS_L+Ntrns_L])
  ONA_L=max([0.000001,ONA_L-Ntrns_L])

  ;计算土壤下层活跃态有机氮的矿化量
  Nmina_L=Bmin*sqrt(xx)*ONA_L
  Nmina_L=min([Nmina_L,ONA_L])

  ;计算土壤下层氮素在氮池间的转移、矿化的量
  ONA_2L=max([0.000001,ONA_L-Nmina_L])
  NH4_2L=NH4_L+Nmina_L

;计算土壤下层反硝化量
if rsw_L ge Rswthr then begin
  Ndenit_L=NO3_L*(1-exp(-Bdenit*rtmp_L*OC_L))
endif else begin
  Ndenit_L=0.0
endelse
  NO3_2L=NO3_L-Ndenit_L
endif
```

```
    if Ts_L lt 0 then begin
      NO3_2L=NO3_L
      ONA_2L=ONA_L
      ONS_2L=ONS_L
      NH4_2L=NH4_L
    endif

    ;输出数据设置
    Result1=NO3_2U
    Result2=NO3_2L
    Result3=ONA_2U
    Result4=ONA_2L
    Result5=ONS_2U
    Result6=ONS_2L
    Result7=ONF_2U
    Result8=Lit2
    Result9=NH4_2U
    Result0=NH4_2L

END
```

第六节　氮素硝化及氨挥发计算与程序设计

硝化是指 NH_4^+ 通过硝化细菌被氧化成 NO_2^- 和 NO_3^- 的过程。氨挥发是指石灰性土壤表面 NH_4^+ 或其他土壤表面尿素的气体损失过程。土壤中参与硝化和氨挥发反应的铵态氮总量见式（11−47），其中硝化反应的速率见式（11−48），氨挥发速率见式（11−49）。

$$N_{nit,vol,l} = NH_{4,l}^{+}(1-\exp[-\eta_{nit.l}-\eta_{vol.l}]) \tag{11-46}$$

$$N_{nit,l} = [1-\exp(-\eta_{nit.l})]/[1-\exp(-\eta_{nit.l})+1-\exp(-\eta_{vol.l})]\times N_{nit,vol,l} \tag{11-47}$$

$$N_{vol,l} = [1-\exp(-\eta_{vol.l})]/[1-\exp(-\eta_{nit.l})+1-\exp(-\eta_{vol.l})]\times N_{nit,vol,l} \tag{11-48}$$

参数方程为：

$$N_{nit,l} = N_{tem,l}\bullet N_{s,l} \tag{11-49}$$

$$N_{vol,l} = N_{tem,l}\bullet N_{midz,l}\bullet N_{cec,l} \tag{11-50}$$

$$N_{tem,l} = 0.41 \cdot \frac{(T_{s,l}-5)}{10} \qquad T_{s,l}>5 \tag{11-51}$$

$$\eta_{s.l} = \begin{cases} \dfrac{SW - SW_s}{0.25 \cdot (SW_{FC} - SW_w)} & sw<0.25 \cdot SW_{FC} - 0.75SW_w \\ 1 & sw \geqslant 0.25 \cdot SW_{FC} - 0.75SW_w \end{cases} \tag{11-52}$$

$$\eta_{midz.l} = 1 - \frac{Z_{mid,l}}{Z_{mid,l} + \exp[4.706 - 0.030\,5 \cdot Z_{mid,l}]} \tag{11-53}$$

$$\eta_{cec.l} = 0.15 \tag{11-54}$$

式中：$N_{nit,\,vol,\,l}$ 为 l 土层中参与硝化和氨气挥发释放过程的铵态氮量，kg N · m^{-2}；$NH_{4,\,l}^{+}$ 为 l 土层中 NH_4^+ 的含量，kg N · m^{-2}；$N_{nit,\,l}$ 为硝化反应速率，kg N · m^{-2}；$N_{vol,\,l}$ 为氨气挥发速率，kg N · m^{-2}；$N_{vol,\,l}$ 为 l 土层中氨气蒸发的影响因子；$\eta_{tem.l}$ 为温度影响因子；$\eta_{s.l}$ 为土壤水分影响因子；SW_w 为土壤萎蔫含水量；$\eta_{midz.l}$ 为土层深度影响因子；$\eta_{cec.l}$ 为阳离子交换影响因子；$T_{s.l}$ 为 l 土层的温度，℃；$Z_{mid,\,l}$ 为 l 土层半深度距离，mm。

氮素硝化及氨挥发计算程序如下：

```
;****************************** 源代码信息 ****************************
; Name: EcoHAT_NitvoN_Procedure.PRO
;**********************************************************************

;***************************** 输入说明 ******************************
; 输入参数
;1. NO3_U 二维栅格格式，浮点型，前一日上层土壤硝态氮含量，单位：kg/hm2
;2. NO3_L 二维栅格格式，浮点型，前一日下层土壤硝态氮含量，单位：kg/hm2
;3. NH4_U 二维栅格格式，浮点型，前一日上层土壤氨氮含量，单位：kg/hm2
;4. NH4_L 二维栅格格式，浮点型，前一日下层土壤氨氮含量，单位：kg/hm2
;5. WP_U 二维栅格格式，浮点型，上层土壤凋萎含水量，单位：%
;6. WP_L 二维栅格格式，浮点型，下层土壤凋萎含水量，单位：%
;7. SW_U 二维栅格格式，浮点型，上层土壤实际含水量，单位：%
;8. SW_L 二维栅格格式，浮点型，下层土壤实际含水量，单位：%
;9. FC_U 二维栅格格式，浮点型，上层土壤田间含水量，单位：%
;10. FC_L 二维栅格格式，浮点型，下层土壤田间含水量，单位：%
;11. Ts_U 二维栅格格式，浮点型，当日上层土壤温度，单位：℃
;12. Ts_L 二维栅格格式，浮点型，当日下层土壤温度，单位：℃
;**********************************************************************
```

```
;************************** 输出说明 *************************
; 输出参数
;1. NO3_3U 二维栅格格式，浮点型，当日上层土壤硝态氮含量，单位：kg/hm2
;2. NO3_3L 二维栅格格式，浮点型，当日下层土壤硝态氮含量，单位：kg/hm2
;3. NH4_3U 二维栅格格式，浮点型，当日上层土壤氨氮含量，单位：kg/hm2
;4. NH4_3L 二维栅格格式，浮点型，当日下层土壤氨氮含量，单位：kg/hm2
;***************************************************************
; *************************** 算法设置 *************************
PRO EcoHAT_NitvoN_Procedure,NO3_U,NO3_L,NH4_U,NH4_L,WP_U,WP_L,SW_U,
SW_L,FC_U,FC_L,Ts_U,Ts_L,$
  Result1=Result1,Result2=Result2,Result3=Result3,Result4=Result4

  ;初始值设置
  Zmid_U=100; 上土层半深度距离 (mm)
  dpf_U=1-Zmid_U/(Zmid_U+exp(4.706-0.0305*Zmid_U)); 上层土壤深度影
响因子
  Zmid_L=300 ;下土层半深度距离 (mm)
  dpf_L=1-Zmid_L/(Zmid_L+exp(4.706-0.0305*Zmid_L)); 下层土壤深度影
响因子
  cecf=0.15; 挥发阳离子交换因子

  if Ts_U gt 5 then begin
    if NH4_U gt 0 then begin

    ;计算土壤上层温度影响因子
    tf_U=0.41*(Ts_U-5)/10

    ;计算土壤上层水分影响因子
    sw25_U=0.25*FC_U-0.75*WP_U
    if SW_U lt sw25_U then begin
       swf_U=(SW_U-WP_U)/(0.25*(FC_U-WP_U))
    endif else begin
       swf_U=1
    endelse
```

```
    akn_U=tf_U*swf_U ;0.24

    ;计算氨气蒸发系数
    akv_U=tf_U*dpf_U*cecf ;0.0045
    rnv_U=NH4_U*(1-exp(-akn_U-akv_U))*0.1; 硝化速率过快，导致氨氮显著减少，乘以 0.1
    rnit_U=1-exp(-akn_U)
    rvol_U=1-exp(-akv_U)

    ;计算硝化反应速率 (NH3 => NO3)
    if (rnit_U+rvol_U) gt 0.000001 then begin
      rvol_U=rnv_U*rvol_U/(rvol_U+rnit_U)
      rnit_U=rnv_U-rvol_U
    if rnit_U lt 0 then rnit_U=0
      NH4_U=max([0.000001,NH4_U-rnit_U])
    endif
    NO3_3U=NO3_U+rnit_U

    ;计算氨气挥发
    NH4_3U=max([0.000001,NH4_U-rvol_U])
    endif else begin
     NO3_3U=NO3_U
     NH4_3U=NH4_U
    endelse

    endif else begin
       NO3_3U=NO3_U
       NH4_3U=NH4_U
    endelse

  if Ts_L gt 5 then begin
    if NH4_L gt 0 then begin

    ;计算土壤下层温度影响因子
    tf_L=0.41*(Ts_L-5)/10
```

```
；计算土壤下层水分影响因子
sw25_L=0.25*FC_L-0.75*WP_L
if SW_L lt sw25_L then begin
   swf_L=(SW_L-WP_L)/(0.25*(FC_L-WP_L))
endif else begin
   swf_L=1
endelse

akn_L=tf_L*swf_L

；计算氨气挥发系数
akv_L=tf_L*dpf_L*cecf
rnv_L=NH4_L*(1-exp(-akn_L-akv_L))*0.1
rnit_L=1-exp(-akn_L)
rvol_L=1-exp(-akv_L)

；计算硝化反应速率 (NH3 => NO3)
if (rnit_L+rvol_L) gt 0.000001 then begin
   rvol_L=rnv_L*rvol_L/(rvol_L+rnit_L)
   rnit_L=rnv_L-rvol_L
if rnit_L lt 0 then rnit_L=0
   NH4_L=max([0.000001,NH4_L-rnit_L])
endif
NO3_3L=NO3_L+rnit_L

；计算氨气挥发
NH4_3L=max([0.000001,NH4_L-rvol_L])
endif else begin
   NO3_3L=NO3_L
   NH4_3L=NH4_L
endelse

endif else begin
    NO3_3L=NO3_L
```

```
        NH4_3L=NH4_L
    endelse

  ；输出数据设置
  Result1=NO3_3U
  Result2=NO3_3L
  Result3=NH4_3U
  Result4=NH4_3L

END
```

第七节　溶解态氮（硝态氮）迁移计算与程序设计

硝态氮主要随地表径流、壤中流、地下径流或渗漏在水体中迁移。用自由水中的硝态氮浓度乘以各流向径流总量，即可得到土壤中流失的硝态氮总量（包括地表径流、壤中流和渗漏）。对于地下径流流失的硝态氮，浅层含水层磷随地下径流流失的方法进行计算。

自由水中硝态氮浓度的计算公式为：

$$conc_{NO_3,moblie}=\frac{NO_{3ly}\cdot\left(1-\exp\left[\frac{-w_{mobile}}{(1-\theta_e)\cdot SAT_{ly}}\right]\right)}{w_{mobile}} \tag{11-55}$$

式中：$conc_{NO_3,moblie}$ 为自由水中硝态氮浓度，kg N/mm；NO_{3ly} 为土壤中硝态氮量，kg N/hm^2；w_{mobile} 为土壤中自由水的量，mm；θ_e 为孔隙度的分数，阴离子从中被排除；SAT_{ly} 为土壤饱和含水量。

地表径流流失的溶解态氮负荷的计算公式为

$$NO_{3surf}=\beta_{NO_3}\cdot conc_{NO_3,mobile}\cdot RS \tag{11-56}$$

式中：NO_{3surf} 为通过地表径流流失的硝态氮，kg N/hm^2；β_{NO_3} 为硝态氮渗流系数；RS 为地表径流，mm。

壤中流流失的溶解态氮负荷的计算公式为：

$$NO_{3lat,ly}=\beta_{NO_3}\cdot conc_{NO_3,mobile}\cdot RSS\ （土壤上层） \tag{11-57}$$

$$NO_{3lat,ly}=conc_{NO_3,mobile}\cdot RSS\ （土壤中下层） \tag{11-58}$$

式中：$NO_{3lat,ly}$ 为通过壤中流流失的硝态氮，kg N/hm^2；β_{NO_3} 为硝态氮渗流系数；RSS 为壤中流，mm。

渗流流失的溶解态氮负荷的计算公式为：

$$NO_{3perc,ly} = conc_{NO_3,mobile} \cdot Perc_{ly} \tag{11-59}$$

式中：$NO_{3perc,ly}$ 为通过渗漏流失的硝态氮，kg N/hm^2；$Perc_{ly}$ 为渗流，mm。

地下径流流失的溶解态氮负荷参考 SWAT 模型中浅层含水层磷随地下径流流失的方法进行计算：

$$NO_{3rg} = conc_{rg} \cdot RG \tag{11-60}$$

式中：NO_{3rg} 为通过地下径流流失的硝态氮，kg N/hm^2；$conc_{rg}$ 为地下径流中硝态氮浓度，kg N/mm；RG 为地下径流，mm。

溶解态氮（硝态氮）迁移计算程序如下：

```
;*************************** 源代码信息 ***************************
; Name: EcoHAT_Nmove_Procedure.PRO
;*************************************************************

;*************************** 输入说明 ***************************
; 输入参数
;1. NO3move_txt 文本格式，硝酸盐渗漏系数(BNO3)、ANION_EXCL、地下径流中
硝酸盐含量(GW_NO3)
;2. Rs 二维栅格格式，浮点型，当日地表径流 ，单位:mm
;3. NO3_U 二维栅格格式，浮点型，前一日上层土壤硝态氮含量，单位:kg/hm2
;4. NO3_L 二维栅格格式，浮点型，前一日下层土壤硝态氮含量，单位:kg/hm2
;5. perc_U 二维栅格格式，浮点型，当日上层渗漏水量，单位:mm
;6. perc_L 二维栅格格式，浮点型，当日下层渗漏水量，单位:mm
;7. Interflow 二维栅格格式，浮点型，当日壤中流，单位:mm
;8. Rg 二维栅格格式，浮点型，栅格格式，当日地下径流，单位:mm
;9. SAT_U 二维栅格格式，浮点型，上层土壤饱和含水量，单位:%
;10. SAT_L 二维栅格格式，浮点型，下层土壤饱和含水量，单位:%
;11. Bulkd 二维栅格格式，浮点型，土壤容重，单位:Mg/m3
;*************************************************************

;*************************** 输出说明 ***************************
; 输出参数
;1. NO3_5U 二维栅格格式，浮点型，当日土壤上层硝态氮含量，单位:kg/hm2
;2. NO3_5L 二维栅格格式，浮点型，当日土壤下层硝态氮含量，单位:kg/hm2
;3. NO3surf 二维栅格格式，浮点型，当日随地表径流流失的硝态氮，单位:kg/hm2
;4. NO3lat 二维栅格格式，浮点型，当日随壤中流流失的硝态氮，单位:kg/hm2
```

```
;5. NO3perc 二维栅格格式，浮点型，当日随渗漏流失的硝态氮，单位：kg/hm2
;6. NO3gw 二维栅格格式，浮点型，当日随地下径流流失的硝态氮，单位：kg/hm2
;*************************************************************

;**************************** 其他说明 ****************************
;NO3move_txt: 硝酸盐渗漏系数（BNO3）、ANION_EXCL、地下径流中硝酸盐含量
(GW_NO3) 参考研究区历史资料或者实验测定结果。$
; 没有数据情况下，可采用SWAT模型默认值：硝酸盐渗漏系数（BNO3） 取值范围为
0.01~1.0，默认值为0.2；孔隙度分数（ANION_EXCL）默认值为0.5。
;
;*************************************************************

;**************************** 算法设置 ***************************
PRO EcoHAT_Nmove_Procedure,NO3move_txt,Rs,NO3_U,NO3_L,perc_U,
perc_L,Interflow,Rg,SAT_U,SAT_L,Bulkd,$
  Result1=Result1,Result2=Result2,Result3=Result3,Result4=Result4,
Result5=Result5,Result6=Result6

  ;初始值设置
  BNO3=NO3move_txt[0,0]; 硝酸盐在土壤中的透过系数
  ANION_EXCL=NO3move_txt[1,0]
  GW_NO3=NO3move_txt[2,0]
  NO3lat_U=0.0
  NO3lat_L=0.0

  SAT_U=SAT_U*200/Bulkd; 将体积含水量乘以土层厚度，转换到水深，mm
  SAT_L=SAT_L*200/Bulkd

  if (Rs+Interflow+Rg) gt 0 then begin
    NO3perc_U=0.0
    NO3perc_L=0.0
    NO3_U=NO3_U
    NO3_L=NO3_L

   if NO3_U gt 0 then begin
```

```
    Interflow_U=Interflow*200/400
    perc_U=perc_U*200/400
    w_U=Rs+Interflow_U+perc_U
    conc_U=NO3_U*(1-exp(-w_U/((1-ANION_EXCL)*SAT_U)))/w_U
    conc_U=max([conc_U,0.0])
    NO3surf=BNO3*conc_U*Rs
    NO3surf=min([NO3surf,NO3_U])
    NO3_U=NO3_U-NO3surf
    NO3lat_U=BNO3*conc_U*Interflow_U
    NO3lat_U=min([NO3lat_U,NO3_U])
    NO3_U=NO3_U-NO3lat_U
    NO3perc_U=conc_U*perc_U
    NO3perc_U=min([NO3perc_U,NO3_U])
    NO3_U=NO3_U-NO3perc_U
endif else begin
    NO3surf=0.0
    NO3lat_U=0.0
    NO3perc_U=0.0
    NO3_U=NO3_U
endelse

NO3_L=NO3_L+NO3perc_U

if NO3_L gt 0 then begin
    Interflow_L=Interflow*200/400
    perc_L=perc_L*200/400
    w_L=Interflow_L+perc_L
    conc_L=NO3_L*(1-exp(-w_L/((1-ANION_EXCL)*SAT_L)))/w_L
    conc_L=max([conc_L,0.0])
    NO3lat_L=conc_L*Interflow_L
    NO3lat_L=min([NO3lat_L,NO3_L])
    NO3_L=NO3_L-NO3lat_L
    NO3perc_L=conc_L*perc_L
    NO3perc_L=min([NO3perc_L,NO3_L])
    NO3_L=NO3_L-NO3perc_L
```

```
        endif else begin
           NO3lat_L=0.0
           NO3perc_L=0.0
           NO3_L=NO3_L
        endelse

        NO3surf=NO3surf
        NO3lat=NO3lat_U+NO3lat_L
        NO3perc=NO3perc_U+NO3perc_L
        NO3gw=Rg*GW_NO3
        NO3_5U=NO3_U
        NO3_5L=NO3_L

      endif else begin
         NO3surf=0.0
         NO3lat=0.0
         NO3perc=0.0
         NO3gw=0.0
         NO3_5U=NO3_U
         NO3_5L=NO3_L
      endelse

      ;输出数据设置
      Result1=NO3_5U
      Result2=NO3_5L
      Result3=NO3surf
      Result4=NO3lat
      Result5=NO3perc
      Result6=NO3gw

    END
```

第八节 吸附态氮（有机氮）迁移计算与程序设计

有机氮通常吸附在土壤颗粒上并通过径流迁移，这种形式的氮负荷与土壤流失量密切相关，土壤流失量直接反映了有机氮负荷，有机氮随土壤流失的输移负荷函数：

$$orgN_{surf} = 0.001 \cdot conc_{orgN} \cdot \frac{sed}{A_{pixel}} \cdot \varepsilon_e \tag{11-61}$$

式中：$orgN_{surf}$ 为有机氮流失量，kg N/hm^2；$conc_{orgN}$ 为有机氮在上层土壤中的浓度，kg N/t；sed 为土壤流失量，t；A_{pixel} 为栅格单元的面积，hm^2；ε_e 为富集比。

富集比定义为地表土壤黏粒含量和受侵蚀进入径流的土壤黏粒含量的比值：

$$\varepsilon_e = \frac{C_m}{C_e} \tag{11-62}$$

式中：C_m 为地表土壤黏粒含量，%，可通过实测获取；C_e 为侵蚀土壤黏粒含量，%。采用下述公式进行计算：

$$C_i + S_i + S_d = 1 \tag{11-63}$$

$$SS_i = 200C_i + 40S_i + 0.5S_d \tag{11-64}$$

$$CR_i = \frac{C_i}{S_i + C_i} \tag{11-65}$$

$$SS_e = 14.6 + 0.84SS_m \tag{11-66}$$

$$CR_e = 0.021 + 1.08CR_m \tag{11-67}$$

式中：S_d 为沙粒含量，%；S_i 为粉粒含量，%；C_i 为黏粒含量，%；SS_i 为比表面积；CR_i 为黏土比；下标 m 和 e 分别表示地表土壤和侵蚀土壤。

吸附态氮（有机氮）迁移计算程序如下：

```
;*************************** 源代码信息 ***************************
; Name: EcoHAT_Erosion_ON_Procedure.PRO
;*****************************************************************

;**************************** 输入说明 ***************************
; 输入参数
;1. ONF_U 二维栅格格式，浮点型，前一日上层土壤新鲜有机氮含量，单位：kg/hm2
;2. ONS_U 二维栅格格式，浮点型，前一日上层土壤稳定态有机氮含量，单位：kg/hm2
;3. ONA_U 二维栅格格式，浮点型，前一日上层土壤活跃态有机氮含量，单位：kg/hm2
;4. Bulkd 二维栅格格式，浮点型，土壤容重，单位：Mg/m3
;5. Sed 二维栅格格式，浮点型，当日土壤侵蚀量，单位：t/m2
;6. Rs 二维栅格格式，浮点型，当日地表径流 ，单位：mm
;*****************************************************************

;**************************** 输出说明 ***************************
; 输出参数
```

```
;1. ONsurf 二维栅格格式，浮点型，当日随地表径流流失的有机氮，单位：kg/hm²
;2. ONF_6U 二维栅格格式，浮点型，当日上层土壤新鲜有机氮含量，单位：kg/hm²
;3. ONS_6U 二维栅格格式，浮点型，当日上层土壤稳定态有机氮含量，单位：kg/hm²
;4. ONA_6U 二维栅格格式，浮点型，当日上层土壤活跃态有机氮含量，单位：kg/hm²
;*************************************************************
;*************************** 算法设置 ***************************
PRO EcoHAT_Erosion_ON_Procedure,ONF_U,ONS_U,ONA_U,Bulkd,Sed,Rs,$
  Result1=Result1,Result2=Result2,Result3=Result3,Result4=Result4

  if Sed gt 0 then begin
     xx=ONF_U+ONS_U+ONA_U
     if xx gt 0 then begin
     conc=100*xx/(Bulkd*10); 氮素在上层土壤中的浓度（含量），单位 g/t

       ern=0.78*(sed*10.0^(-4)/(10*Rs))^(-0.2468); 富集比
       ONsurf=0.1*0.001*conc*Sed*ern/100; 除以 100，将 ONsurf 单位由
t/km2 转化为 t/ha,ONsurf 单位为 kg/(ha*day)，吸附态氮的流失                ;
       if xx gt 0.000001 then begin

       ONF_6U=ONF_U-ONsurf*ONF_U/xx
       ONS_6U=ONS_U-ONsurf*ONS_U/xx
       ONA_6U=ONA_U-ONsurf*ONA_U/xx

       if ONA_6U lt 0 then begin
          ONsurf=ONsurf+ONA_6U
          ONA_6U=0.0
       endif else begin
          ONsurf=ONsurf
          ONA_6U=ONA_6U
       endelse

       if ONS_6U lt 0 then begin
          ONsurf=ONsurf+ONS_6U
          ONS_6U=0.0
       endif else begin
```

```
        ONsurf=ONsurf
        ONS_6U=ONS_6U
     endelse

     if ONF_6U lt 0 then begin
        ONsurf=ONsurf+ONF_6U
        ONF_6U=0.0
     endif else begin
        ONsurf=ONsurf
        ONF_6U=ONF_6U
     endelse

     endif else begin
         ONsurf=ONsurf
         ONA_6U=ONA_U
         ONS_6U=ONS_U
         ONF_6U=ONF_U
     endelse

   endif else begin
       ONsurf=0.0
       ONA_6U=ONA_U
       ONS_6U=ONS_U
       ONF_6U=ONF_U
   endelse

endif else begin
    ONsurf=0.0
    ONF_6U=ONF_U
    ONS_6U=ONS_U
    ONA_6U=ONA_U
endelse


; 输出数据设置
```

```
    Result1=ONsurf
    Result2=ONF_6U
    Result3=ONS_6U
    Result4=ONA_6U

END
```

第九节 氮素迁移转化模型应用案例

一、案例背景

三江平原位于黑龙江省东部，北自黑龙江畔，南抵兴凯湖，西起小兴安岭，东至乌苏里江，是由“黑龙江”“乌苏里江”及“松花江”三江冲积而成的低地平原。它的地势由西南向东北倾斜。三江平原位于43°49′55″—48°27′40″N，129°11′20″—135°05′26″E之间，面积有108.90万km^2。该区属于温带湿润、半湿润大陆性季风气候区，年平均气温为2.5～3.6 ℃，冻结期为140～190 d，年降水量为500～650 mm，降水时空分布不均匀，75%～85%的降水集中在6—10月。土壤类型主要有暗棕壤、沼泽土、白浆土、草甸土、黑土和水稻土，自然肥力高，适宜农作物生长。植被种类主要以森林、沼泽化草甸和沼泽植被为主，属于长白植物区系。区内水资源丰富，分属黑龙江、乌苏里江和松花江3大水系，总流程为5 418 km，多年平均径流深度为124.4 mm，多年平均径流量为135.45亿m^3。该区是全国重要的商品粮生产基地，自1949年以来，经历了4次土地开发热潮，随着农业开发强度的增大，湿地面积不断下降，耕地面积不断增长，氮、磷营养元素的迁移转化过程受到强烈扰动，生态环境问题日益突出。

二、数据准备

氮素迁移转换模拟主要包括8个子模块，分别是土壤温度计算模块，太阳辐射计算子模块，净辐射计算子模块，潜在蒸散发计算子模块，植被净初级生产力计算子模块，施肥计算子模块，N、P元素赋初值模块，氮素迁移计算子模块。前7个子模块主要为氮素迁移模块提供必需的计算参数。

氮素迁移转化的8个子模块有43个输入参数（表11-3），输入参数中5个为文本格式，38个为ENVI标准格式。具体输入参数见表11-3。

表11-3 氮迁移转化模型计算输入参数列表

序号	输入参数	数据格式	内容	单位
1	Alloc_txt	文本格式	比叶面积（SLA）、叶片凋落系数（affh）、根系凋落系数（Kra）	

续表

序号	输入参数	数据格式	内容	单位
2	Demand_txt	文本格式	各类型各组织的氮磷养分浓度、叶片养分返回系数（Kretra）、养分吸收分布参数（b）、根系深度	
3	NPmindn_para_txt	文本格式	矿化速率常数（Bmin）、新鲜有机养分的矿化系数（Brsd）、反硝化系数（Bdenit）、反硝化发生的阈值水分影响因子（Rswthr）、活跃有机氮比例。	
4	Nrain_txt	文本格式	降雨中氮的浓度（RNO3）	mg/L
5	NO3move_txt	文本格式	硝酸盐渗漏系数（BNO3）ANION_EXCL、地下径流中硝酸盐含量（GW_NO3）	
6	Landuse	栅格格式	土地利用类型	量纲为 1
7	FC_U	栅格格式	上层土壤田间含水量	%
8	FC_L	栅格格式	下层土壤田间含水量	%
9	WP_U	栅格格式	上层土壤凋萎含水量	%
10	WP_L	栅格格式	下层土壤凋萎含水量	%
11	SAT_U	栅格格式	上层土壤饱和含水量	%
12	SAT_L	栅格格式	下层土壤饱和含水量	%
13	OC_U	栅格格式	上层有机碳含量	kg/hm^2
14	OC_L	栅格格式	下层有机碳含量	kg/hm^2
15	Bulkd	栅格格式	土壤容重	Mg/m^3
16	LAI+ 日期	栅格格式	当日叶面积指数	m^2/m^2
17	LAI0+ 日期	栅格格式	前一日叶面积指数	m^2/m^2
18	NPP+ 日期	栅格格式	当日净初级生产力	gC/m^2
19	NPP0+ 日期	栅格格式	前一日净初级生产力	gC/m^2
20	Ts_U+ 日期	栅格格式	当日上层土壤温度	℃
21	Ts_L+ 日期	栅格格式	当日下层土壤温度	℃
22	Precipitation+ 日期	栅格格式	当日降水量	mm
23	Rs+ 日期	栅格格式	当日地表径流	mm
24	Perc_U+ 日期	栅格格式	当日上层渗漏水量	mm
25	Perc_L+ 日期	栅格格式	当日下层渗漏水量	mm
26	Interflow+ 日期	栅格格式	当日壤中流	mm
27	Rg+ 日期	栅格格式	当日地下径流	mm
28	Sed+ 日期	栅格格式	当日土壤侵蚀量	t/m^2
29	Lit+ 日期	栅格格式	前一日植被凋落物	kg/hm^2
30	FB+ 日期	栅格格式	前一日叶片分配的 NPP	gC/m^2

续表

序号	输入参数	数据格式	内容	单位
31	NO3_U+ 日期	栅格格式	前一日上层硝态氮含量	kg/hm^2
32	NO3_L+ 日期	栅格格式	前一日下层硝态氮含量	kg/hm^2
33	ONA_U+ 日期	栅格格式	前一日上层活跃态有机氮含量	kg/hm^2
34	ONA_L+ 日期	栅格格式	前一日下层活跃态有机氮含量	kg/hm^2
35	ONS_U+ 日期	栅格格式	前一日上层稳定态有机氮含量	kg/hm^2
36	ONS_L+ 日期	栅格格式	前一日下层稳定态有机氮含量	kg/hm^2
37	ONF_U+ 日期	栅格格式	前一日上层新鲜有机氮含量	kg/hm^2
38	SW_U+ 日期	栅格格式	前一日上层土壤实际含水量	%
39	SW_L+ 日期	栅格格式	前一日下层土壤实际含水量	%
40	NH4_U+ 日期	栅格格式	前一日上层氨氮含量	kg/hm^2
41	NH4_L+ 日期	栅格格式	前一日下层氨氮含量	kg/hm^2
42	Fert_NH4_U+ 日期	栅格格式	当日施铵氮折纯量	kg/hm^2
43	Fert_NO3_U+ 日期	栅格格式	当日施硝酸盐折纯量	kg/hm^2

三、计算流程

在完成前期基础数据准备之后，将准备好的数据放入同一个文件中，如“氮素迁移转化模型输入数据”，文件夹中输入数据子文件的命名应遵守表 11-3 中的命名规则，如表 11-4 所示。

表 11-4　输入数据的准备的及命名表

	输入参数	内容
文本参数	Alloc_txt.txt	叶片凋落系数
	Demand_txt.txt	氮磷养分浓度
	NPmindn_para_txt.txt	矿化速率常数
	Nrain_txt.txt	降雨中氮的浓度
	NO3move_txt.txt	硝酸盐渗漏系数
影像参数	Landuse	土地利用
	FC_U	上层土壤田间持水量
	FC_L	下层土壤田间持水量
	WP_U	上层土壤凋萎含水量
	WP_L	下层土壤凋萎含水量
	SAT_U	上层土壤饱和含水量

续表

	输入参数	内容
影像参数	SAT_L	下层土壤饱和含水量
	OC_U	上层有机碳含量
	OC_L	下层有机碳含量
	Bulkd	土壤容重

准备好基础数据之后，启动 EcoHAT 运行赋初值模块。如图 11-2 所示，点击右侧“浏览”选项，会弹出选择放置数据集的文件夹选项，选择之前放置数据集的文件夹“氮素迁移转化模型输入数据”，下面的输入参数和影像参数数据将会自动填充，如图 11-3 所示。

图 11-2　氮素迁移转化模型赋初值模块示意图

也可对应需要计算的子模块，单独选择某些参数进行输入。具体方法为点击文本参数和影像参数右边的“选择”按钮，对照参数文件名选择相应文件，如图 11-4 所示。

四、模型结果

氮素迁移转化模型的模拟结果如表 11-5 和图 11-5 所示。图 11-5 的内容为在每组输出数据中选取其中一张结果图。

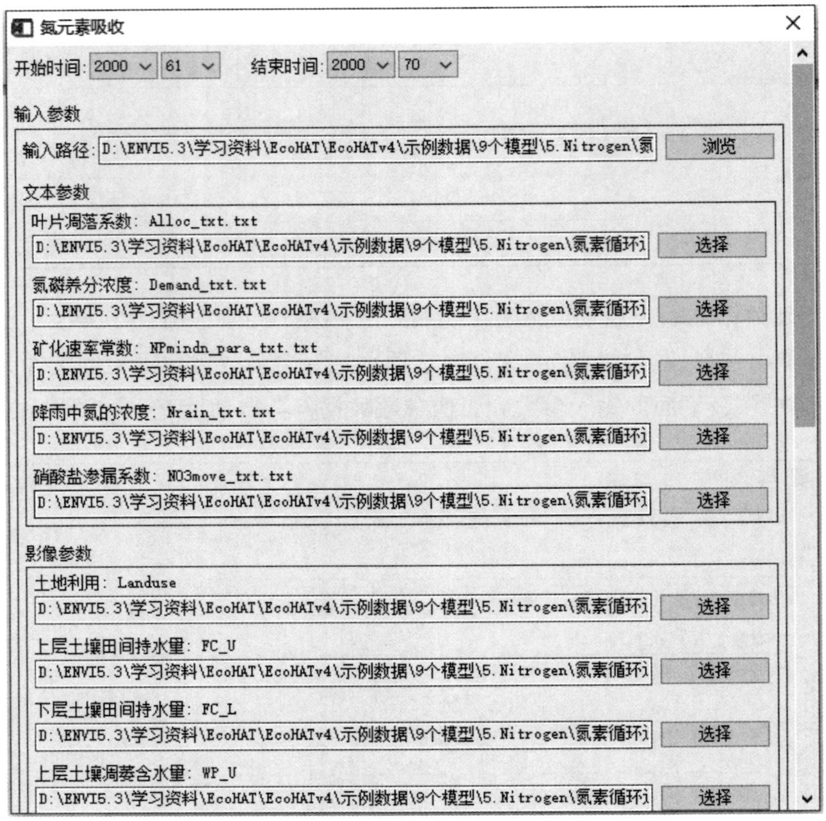

图 11-3　数据自动填充示意图

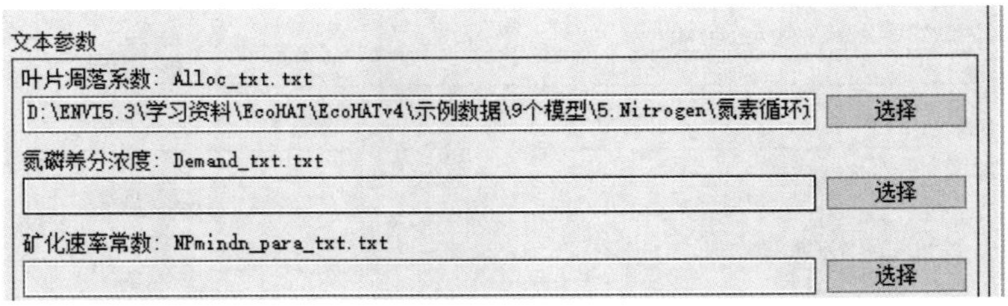

图 11-4　输入某些参数数据示意图

表 11-5　模型输出结果文件

序号	输出文件	内容
1	Lit	前一天凋落物含量
2	FB	前一天叶片分配的 NPP
3	NO3_U	初始上层硝酸盐含量
4	NO3_L	初始下层硝酸盐含量
5	ONA_U	前一天上层活跃有机氮含量
6	ONA_L	前一天下层活跃有机氮含量

续表

序号	输出文件	内容
7	NH4_U	前一天上层氨氮含量
8	NH4_L	前一天下层氨氮含量
9	NO3gw	当日随地下径流流失的硝态氮
10	NO3lat	当日随壤中流流失的硝态氮
11	NO3perc	当日随渗漏流失的硝态氮
12	Nup	当日植被生长吸收的氮
13	ONF_U	当日土壤上层新鲜有机氮含量
14	ONS_L	当日土壤下层稳定态有机氮含量
15	ONS_U	当日土壤上层稳定态有机氮含量

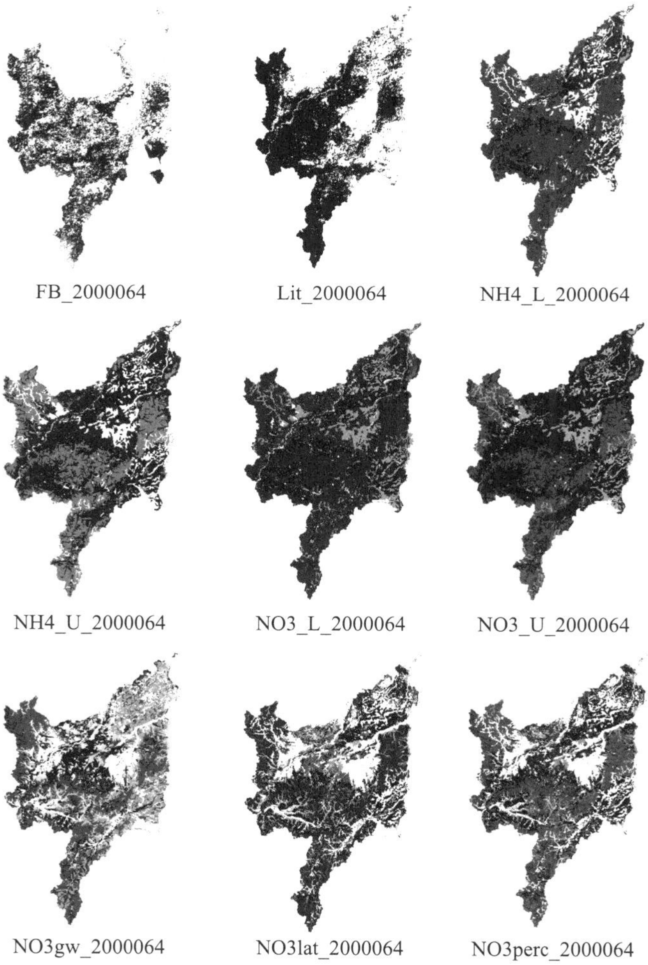

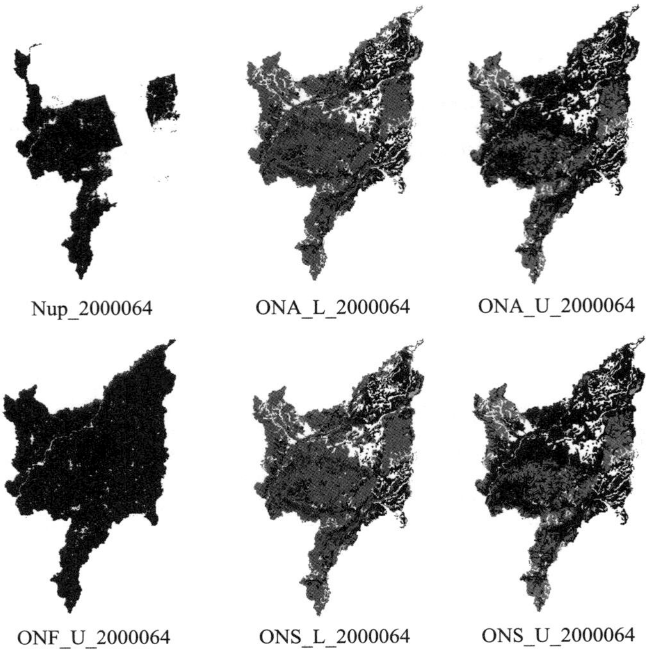

图 11-5 氮素迁移转化模型模拟结果图

复习思考题

一、基础部分

1. 氮素迁移转换主要分为几个环节？
2. 植物对氮素的吸收可以分为几个部分？在计算过程中对它是如何进行模型简化的？

二、操作实践

1. 下载氮素迁移转化模型开源代码，重点阅读程序 EcoHAT_Nitrogen_Procedure 过程，绘出氮素迁移转化模型计算流程图。

2. 下载教学示例数据，阅读理解教学示例的文件结构，并运行示例数据。

第12章

磷素迁移转化模型

磷是生态系统中重要的营养元素，也是农业生产的关键元素。自然状态下，磷素在地球系统中是缓慢的循环。随着农业的发展，逐渐形成了磷矿－农田－湖泊和海洋的磷素单程不闭合循环过程，这个循环过程有明显的人类干预。由于农业开发，以及磷的强吸附特征，人工磷肥不断在土壤中富集，当过多的磷素汇入水体时，会造成水质的下降和水体的富营养化，也会造成土壤肥力的下降，磷素有营养和污染的双重特性。因此，磷素迁移转化一直是关注热点，构建磷素迁移转化模型，实现模拟计算具有重要意义。

本章在简要回顾磷素迁移转化研究现状的基础上，介绍磷素迁移转化模型的原理、构建，并以 EcoHAT 系统中 PT（phosphorus transfer）为案例讲解算法和应用。

第一节　磷素迁移转化模型研究现状

磷素迁移转化模型主要包括统计模型和机理模型。统计模型结构简单，以少量模型参数表达磷迁移转化的主要过程；机理模型的构建基于磷素迁移转换的物理和化学机制，用详细的数学公式描述磷在大气、植被和土壤中的循环和迁移过程。大尺度磷迁移转化模型是典型的磷迁移转化统计模型，描述了四种类型磷迁移转化过程，并实现了简单耦合（郝芳华等，2006）；典型的机理模型包括 SWAT 模型、EcoHAT 模型、PSYCHIC 模型、EPIC 模型、AnnAGNPS 模型、ANSWERS 模型和 CREAMS 模型。在这些机理模型中，SWAT 模型和 EcoHAT 模型较好地应用了多源遥感数据模拟估算磷的迁移转化。

第二节　磷素迁移转化模型原理与构建

一、PT模型原理

磷素迁移转换分为六个磷池，植被凋落物中的新鲜有机磷池、腐殖质中的活跃态有机磷池和稳定态有机磷池、土壤中的溶解态无机磷池、活跃态无机磷池和稳定态无机磷池；有机磷和无机磷通过矿化和固定作用进行交换。模型具体包括凋落物分解子模块、有机磷池内部交换子模块、有机磷池与无机磷池交换子模块、无机磷慢平衡子模块、无机磷快平衡子模块、土壤湿度子模块、土壤温度子模块。

二、PT模型构建

PT 模型是基于物理和化学机理开发的模型，模拟计算磷素在土壤和植被中的循环迁移过程，模型用 6 个子模型详细描述了这两个过程。磷素在土壤中的循环过程包括施肥过程、矿化和分解过程，以及无机磷的吸收过程等；磷素在植被中的循环过程包括 *NPP*（净初级生产力）计算、植被生物量分配、植被磷素吸收过程和植被调落物分解过程等 4 个过程；磷素迁移过程主要包括吸附态磷的迁移过程和溶解态磷的迁移过程，EcoHAT PT 模型构建流程见图 12-1。具体包括：

（1）磷素施肥过程：获取磷施肥量。

（2）植物对磷素的吸收：按植被 *NPP* 计算、植被生产力分配和植被对磷素吸收三个部分计算。

（3）磷的矿化和分解过程：按有机质矿化、凋落物矿化和分解计算。

（4）无机磷的吸附与转化过程：溶解态无机磷、活跃态无机和稳定态无机磷之间转化。

（5）溶解态磷迁移过程：磷素随地表径流和壤中流发生迁移过程。

（6）吸附态磷迁移过程：磷素随土壤侵蚀过程发生迁移过程。

图 12-1　EcoHAT PT 模型流程图

第三节　磷素施肥计算与程序设计

通过施肥添加到土壤中的磷的计算公式为：

$$P_{solution,\ fert} = (fert_{minp} + fert_{orp}) * fert \tag{12-1}$$

式中：$P_{solution,\ fert}$ 为化肥中添加到土壤溶解态磷的量，kg P/hm^2；$fert_{minP}$ 为化肥内矿物质磷的比例；$fert_{orgP}$ 为化肥内有机磷的比例；$fert$ 为土壤中化肥的施用量，kg/hm^2。

磷素施肥计算程序如下：

```
;****************************** 源代码信息 ******************************
```

```
; Name: EcoHAT_Fert_P_Procedure.PRO
; ***********************************************************

;*************************** 输入说明 ***************************
;1. PSO_U 二维栅格格式，浮点型，前日上层可溶性磷含量，单位：kg/hm2
;2. Fert_PSO_U 二维栅格格式，浮点型，当日施磷酸盐折纯含量，单位：kg/hm2
;***********************************************************

;*************************** 输出说明 ***************************
;PSO_0U 二维栅格格式，浮点型，当日上层可溶性磷含量，单位：kg/hm2
;***********************************************************

;*************************** 算法设置 ***************************
PRO EcoHAT_Fert_P_Procedure,PSO_U,Fert_PSO_U,$
  Result1=Result1

 ;施肥
 PSO_0U=PSO_U+Fert_PSO_U

 ;不施肥
 PSO_0U=PSO_U

 ;输出数据设置
 Result1=PSO_0U

END
```

第四节 植物对磷素吸收计算与程序设计

一、植被凋落物模拟

植被凋落物模拟与氮循环一致。在林木和灌丛，凋落物子模型中将植被的凋落物分为叶片凋落物、根系凋落物与枝干凋落物三部分。其中，叶片凋落物的计算要根据研究区域的植被类型与温度共同确定，根系凋落物与枝干凋落物由根系和枝干分配的生产力按比例求取。参照实验数据或文献共同确定叶片、枝干、根系的凋落比例系数。对草本植物，凋落物子模型将植被视为一个整体，凋落物与草本植物的总生物量相关。

对林木和灌木，分别考虑叶片、根系、枝干的凋落，叶片的凋落与温度和植被类型有关，设阈值温度 T_{fall}，对落叶林，低于阈值温度则叶片全部凋落，高于阈值温度则与叶片生产力成比例；对常绿林与叶片生产力成比例凋落：

$$F_{lit}=\begin{cases}a_{fh}F_B, T_{air}>T_{fall}\\ F_B, T_{air}<T_{fall}\\ a_{fs}F_B\end{cases} \tag{12-2}$$

式中：F_{lit} 为叶片凋落量（g · C · m^{-2}），a_{fh}，a_{fs} 为叶片凋落系数，分别是落叶林、常绿林的凋落系数，F_B 为叶片的生产力（g · C · m^{-2}），T_{air} 为气温（℃），T_{fall} 为落叶林叶片凋落的阈值温度（℃）。

根的凋落物量（Rlit）：

$$R_{\mathrm{lit}}=a_{fr}R_B \tag{12-3}$$

式中：R_{lit} 为根系的凋落量，g · C · m^{-2}；$a_{fr:}$ 为根凋落系数；F_B 为根系的生产力，g · C · m^{-2}。

枝干的凋落物量（W_{lit}）：

$$W_{lit}=a_{fw}W_B \tag{12-4}$$

式中：W_{lit} 为枝干的凋落量，g · C · m^{-2}；$a_{fw:}$ 为树干凋落系数；W_B 为枝干的生产力，g · C · m^{-2}。

对于草本植物，视植被为一个整体，并设定温度阈值，高于这个温度，按植被生产力的比例凋落，低于这个温度，则全部凋落。

$$L_{lit}=\begin{cases}a_{fl}\times FL, & T_{air}>T_{fall}\\ FL, & T_{air}<T_{fall}\end{cases} \tag{12-5}$$

式中：L_{lit} 为草本植物的凋落量，g · C · m^{-2}；FL 为草本植物的生产力，g · C · m^{-2}；a_{fl} 为草本植物的凋落系数，T_{air} 为气温，℃；T_{fall} 为草本植物凋落的阈值温度，℃。

二、生产力分配模拟

生产力分配模拟与氮循环一样，对于林木和灌木，植被净初级生产力在植被各部分的分配次序是首先分配到叶片，其次是根系，最后是枝干。在植物生长季，*NPP* 分配到树叶部分的生物量 F_B（g · C · m^{-2}）与叶面积的增加量成比例，非植物生长季，*NPP* 分配到叶片的生产力与 *NPP* 成比例。分配比例系数由均实验数据确定。

$$\frac{\mathrm{d}F_B}{dt}=R_{LA\_W}\frac{\varepsilon_{LA}}{dt} \tag{12-6}$$

式中：F_B 为分配到叶片的生产力，g · C · m^{-2}；R_{LA-W}：单位面积（1 m^2）叶片的生物量；ε_{LA} 为叶面积的月增加量，m^2。

分配到叶片后，*NPP* 再成比例地分配到根：

$$\frac{\mathrm{d}R_B}{\mathrm{d}t} = K_{ra}\left(\frac{\mathrm{d}NPP}{\mathrm{d}t} - \frac{\mathrm{d}F_B}{\mathrm{d}t}\right) \tag{12-7}$$

式中：R_B 为分配到根系的生产力，g·C·m^{-2}；NPP 为植被净初级生产力，g·C·m^{-2}；K_{ra} 为系数，量纲为 1。

剩余的 NPP 分配到枝：

$$\frac{\mathrm{d}W_B}{\mathrm{d}t} = \frac{\mathrm{d}NPP}{\mathrm{d}t} - \frac{\mathrm{d}F_B}{\mathrm{d}t} - \frac{\mathrm{d}R_B}{\mathrm{d}t} \tag{12-8}$$

式中：W_B 为分配到枝干的生产力，g·C·m^{-2}。

林灌植被 NPP 的分配参考 ForNBM 模型，假定 NPP 分配顺序依次为叶、根和茎。分配到叶片的 NPP 按下式计算：

$$NPP_L = \mathrm{d}B_L / \mathrm{d}t - \mathrm{d}F_{lit}/\mathrm{d}t \tag{12-9}$$

式中：NPP_L 为分配到叶片的 NPP，g·C·m^{-2}；B_L 为叶片生物量，g·C·m^{-2}；F_{lit} 为叶片凋落物量，g·C·m^{-2}。

叶片生物量采用 MODIS 数据 NPP 产品的算法进行计算：

$$B_L = LAI/SLA \tag{12-10}$$

式中：SLA 为比叶面积，m^2/kg。

分配到叶后的 NPP 再成比例地分配到根计算如下：

$$NPP_R = K_{ra}(NPP - NPP_L) \tag{12-11}$$

式中：NPP_R 为分配到根系的 NPP，g·C/m^2；K_{ra} 为根系凋落系数。

分配到树干的 NPP 为：

$$NPP_w = NPP - NPP_L - NPP_R \tag{12-12}$$

式中：NPP_w 为分配到根系的 NPP，g·C/m^2。

三、植物吸收模拟

植物吸收的元素量是植物生长对元素的需求量与土壤中提供的植被可利用元素量的最小值，计算公式为：

$$X_{update} = \min(X_{avail}, X_{dem}) \tag{12-13}$$

式中：X_{avail} 为植物对 X（X=N，P，Ca，Mg，K）元素的可利用量，g·C·m^{-2}；X_{dem} 为植物对 X 元素的需求量。

对于林木和灌木，植物对磷的需求量计算公式如下：

$$P_\mathrm{dem} = (1 - K_\mathrm{retra}) \times folP \times F_B + P_W \times W_B + P_r \times R_B \tag{12-14}$$

式中：K_{retra} 为返回系数；$folP$ 为叶片中 P 元素的含量，g/g；F_B 为植物叶片部分的生产力，g·C·m^{-2}；P_W 为枝干中 P 元素的含量，g/g；W_B 为植物枝干部分的生产力，g·C·m^{-2}；P_r 为根系中 P 元素的含量，g/g；R_B 植物根系部分的生产力，g·C·m^{-2}。

对于草本植物或者一年生作物，P_dem 的表达式为：

$$P_{dem} = NPP \times P_{cont} \tag{12-15}$$

式中：NPP 为植被净初级生产力，$g \cdot C \cdot m^{-2}$；P_{cont} 为草本植物中 P 元素的含量，g/g。

植物对磷素的吸收计算程序如下：

```
;*************************** 源代码信息 ***************************
; Name: EcoHAT_Puptake_Procedure.PRO
; ***************************************************************

;*************************** 输入说明 ***************************
;1. Alloc_txt 文本文件，内容包括不同植被类型比叶面积（数组第一列）、叶片凋落系数（数组第二列）和根系凋落系数（数组第三列），用 tab 键分开
;2. Demand_txt 文本文件，内容包括不同植被类型叶片氮素浓度（第一列）、不同植被类型枝干氮素浓度（第二列）、不同植被类型根系氮素浓度（第三列）、
; 内容包括不同植被类型叶片磷素浓度（第四列）、不同植被类型枝干磷素浓度（第五列）、不同植被类型根系磷素浓度（第六列）、不同植被类型叶片氮素返回系数（第七列）、
; 不同植被类型叶片磷素返回系数（第八列）、不同植被类型养分吸收分布参数（第九列）、根系深度（第十列），数值用 Tba 分开，
;3. LAI 二维栅格格式，浮点型，当日叶面积指数，单位：m^2/m^2
;4. LAI0 二维栅格格式，浮点型，前日叶面积指数，单位：m^2/m^2
;5. NPP 二维栅格格式，浮点型，当日净第一生产力，单位：gC/m^2
;6. NPP0 二维栅格格式，浮点型，当日净第一生产力，单位：gC/m^2
;7. Landuse 二维栅格格式，浮点型，土地利用图，单位：量纲为 1
;8. PSO_U 二维栅格格式，浮点型，前日上层可溶性磷含量，单位：kg/hm^2
;9. PSO_L 二维栅格格式，浮点型，前日下层可溶性磷含量，单位：kg/hm^2
;10. FB0 二维栅格格式，浮点型，前日叶片分配的 NPP，单位：gC/m^2
;11. Lit0 二维栅格格式，浮点型，前日植被凋落物，单位：kg/hm^2
;***************************************************************

;*************************** 输出说明 ***************************
;1. Pup 二维栅格格式，浮点型，当日植被生长吸收的磷，单位：kg/hm^2
;2. PSO_U 二维栅格格式，浮点型，当日上层可溶性磷，单位：kg/hm^2
;3. PSO_L 二维栅格格式，浮点型，当日下层可溶性磷，单位：kg/hm^2
;4. Lit 二维栅格格式，浮点型，当日植被凋落物，单位：kg/hm^2
;5. FB 二维栅格格式，浮点型，当日叶片分配的 NPP，单位：gC/m^2
;***************************************************************
```

```
;*************************** 算法设置 ***************************
PRO EcoHAT_Puptake_Procedure,Alloc_txt,Demand_txt,LAI,LAI0,NPP,NPP0,
Landuse,PSO_U,PSO_L,FB0,Lit0,$
  Result1=Result1,Result2=Result2,Result3=Result3,Result4=Result4,
Result5=Result5

  ;不同土地利用类型对磷元素的吸收情
  ;农田，3=旱地，4=水田
  if Landuse eq 3 or Landuse eq 4 then begin

    if LAI gt LAI0 then begin; 分配到叶片的NPP
       Lit=Alloc_txt[1,0]*(LAI/Alloc_txt[0,0])*1000
       FB = ((LAI-LAI0)/Alloc_txt[0,0])*1000-Lit
       Lit=Lit+Lit0
    endif else begin
       Lit=Alloc_txt[1,0]*(LAI/Alloc_txt[0,0])*1000
       FB = (NPP/NPP0)*FB0
       Lit=Lit+Lit0
    endelse

    if FB gt NPP then begin
       FB=NPP*0.8
       FB= max([0,FB])
    endif else begin
       FB= max([0,FB])
    endelse

    RB = Alloc_txt[2,0]*(NPP-FB); 分配到根的NPP
    RB = max([0,RB])

    WB = NPP - FB - RB; 分配到枝干的NPP
    WB = max([0,WB])

    Pdem = ((1 - Demand_txt[7,0]) * FB * Demand_txt[3,0] + WB *
Demand_txt[4,0] + RB * Demand_txt[5,0])*10; 植被对磷元素的需求量
```

```
    Pdem_U=Pdem*(1-exp(-Demand_txt[8,0]*200/Demand_txt[9,0]))/
(1-exp(-Demand_txt[8,0])); 上层土壤中植被对磷元素的需求量
    Pdem_2=Pdem*(1-exp(-Demand_txt[8,0]*400/Demand_txt[9,0]))/
(1-exp(-Demand_txt[8,0]))
    Pdem_L=Pdem_2-Pdem_U; 下层土壤中植被对磷元素的需求量
    Pup_U=min([Pdem_U,PSO_U]); 上层土壤中植被对磷元素的实际吸收量

    if Pdem_U gt Pup_U then begin
      Pdem_U1=Pdem_U-Pup_U
    endif else begin
      Pdem_U1=0.0
    endelse

    Pup_L=min([Pdem_L+Pdem_U1,PSO_L])    ;下层土壤中植被对磷元素的实际
吸收量
    Pup = Pup_U+Pup_L

    PSO_1U=max([0,PSO_U-Pup_U])
    PSO_1L=max([0,PSO_L-Pup_L])
  endif

  ;湿地, 5=湿地
  if Landuse eq 5 then begin

    if LAI gt LAI0 then begin; 分配到叶片的 NPP
      Lit=Alloc_txt[1,1]*(LAI/Alloc_txt[0,1])*1000
      FB = ((LAI-LAI0)/Alloc_txt[0,1])*1000-Lit
      Lit=Lit+Lit0
    endif else begin
      Lit=Alloc_txt[1,0]*(LAI/Alloc_txt[0,0])*1000
      FB = (NPP/NPP0)*FB0
      Lit=Lit+Lit0
    endelse

    if FB gt NPP then begin
```

```
        FB=NPP*0.8
        FB= max([0,FB])
    endif else begin
        FB= max([0,FB])
    endelse

    RB = Alloc_txt[2,1]*(NPP-FB); 分配到根的NPP
    RB = max([0,RB])
    WB = NPP - FB - RB; 分配到枝干的NPP
    WB = max([0,WB])
    Pdem = ((1 - Demand_txt[7,1]) * FB * Demand_txt[3,1] + WB * 
Demand_txt[4,1] + RB * Demand_txt[5,1])*10; 植被对磷元素的需求量
    Pdem_U=Pdem*(1-exp(-Demand_txt[8,1]*200/Demand_txt[9,1]))/
(1-exp(-Demand_txt[8,1])); 上层土壤中植被对磷元素的需求量
    Pdem_2=Pdem*(1-exp(-Demand_txt[8,1]*400/Demand_txt[9,1]))/
(1-exp(-Demand_txt[8,1]))
    Pdem_L=Pdem_2-Pdem_U; 下层土壤中植被对磷元素的需求量
    Pup_U=min([Pdem_U,PSO_U]); 上层土壤中植被对磷元素的实际吸收量

    if Pdem_U gt Pup_U then begin
        Pdem_U1=Pdem_U-Pup_U
    endif else begin
        Pdem_U1=0.0
    endelse

    Pup_L=min([Pdem_L+Pdem_U1,PSO_L]); 下层土壤中植被对磷元素的实际吸
收量
    Pup = Pup_U+Pup_L

    PSO_1U=max([0,PSO_U-Pup_U])
    PSO_1L=max([0,PSO_L-Pup_L])
  endif

  ;草地
  if Landuse eq 6 then begin
```

```
if LAI gt LAI0 then begin; 分配到叶片的 NPP
   Lit=Alloc_txt[1,2]*(LAI/Alloc_txt[0,2])*1000
   FB = ((LAI-LAI0)/Alloc_txt[0,2])*1000-Lit
   Lit=Lit+Lit0
endif else begin
   Lit=Alloc_txt[1,2]*(LAI/Alloc_txt[0,2])*1000
   FB = (NPP/NPP0)*FB0
   Lit=Lit+Lit0
endelse

if FB gt NPP then begin
   FB=NPP*0.8
   FB= max([0,FB])
endif else begin
   FB= max([0,FB])
endelse

RB = Alloc_txt[2,2]*(NPP-FB); 分配到根的 NPP
RB = max([0,RB])
WB = NPP - FB - RB; 分配到枝干的 NPP
WB = max([0,WB])
Pdem = ((1 - Demand_txt[7,2]) * FB * Demand_txt[3,2] + WB *
Demand_txt[4,2] + RB * Demand_txt[5,2])*10; 植被对磷元素的需求量
Pdem_U=Pdem*(1-exp(-Demand_txt[8,2]*200/Demand_txt[9,2]))/
(1-exp(-Demand_txt[8,2])); 上层土壤中植被对磷元素的需求量
Pdem_2=Pdem*(1-exp(-Demand_txt[8,2]*400/Demand_txt[9,2]))/
(1-exp(-Demand_txt[8,2]))
Pdem_L=Pdem_2-Pdem_U; 下层土壤中植被对磷元素的需求量
Pup_U=min([Pdem_U,PSO_U]); 上层土壤中植被对磷元素的实际吸收量

if Pdem_U gt Pup_U then begin
   Pdem_U1=Pdem_U-Pup_U
endif else begin
   Pdem_U1=0.0
```

```
endelse

Pup_L=min([Pdem_L+Pdem_U1,PSO_L]) ;下层土壤中植被对磷元素的实际吸
收量
Pup = Pup_U+Pup_L

PSO_1U=max([0,PSO_U-Pup_U])
PSO_1L=max([0,PSO_L-Pup_L])
endif

;林地
if Landuse eq 7 then begin

  if LAI gt LAI0 then begin; 分配到叶片的NPP
    Lit=Alloc_txt[1,3]*(LAI/Alloc_txt[0,3])*1000
    FB = ((LAI-LAI0)/Alloc_txt[0,3])*1000-Lit
    Lit=Lit+Lit0
  endif else begin
    Lit=Alloc_txt[1,0]*(LAI/Alloc_txt[0,0])*1000
    FB = (NPP/NPP0)*FB0
    Lit=Lit+Lit0
  endelse

    if FB gt NPP then begin
      FB=NPP*0.8
      FB= max([0,FB])
    endif else begin
      FB= max([0,FB])
    endelse

    RB = Alloc_txt[2,3]*(NPP-FB)    ;分配到根的NPP
    RB = max([0,RB])
    WB = NPP - FB - RB    ;分配到枝干的NPP
    WB = max([0,WB])
    Pdem = ((1 - Demand_txt[7,3]) * FB * Demand_txt[3,3] + WB *
```

```
Demand_txt[4,3] + RB * Demand_txt[5,3])*10; 植被对磷元素的需求量
        Pdem_U=Pdem*(1-exp(-Demand_txt[8,3]*200/Demand_txt[9,3]))/
(1-exp(-Demand_txt[8,3])); 上层土壤中植被对磷元素的需求量
        Pdem_2=Pdem*(1-exp(-Demand_txt[8,3]*400/Demand_txt[9,3]))/
(1-exp(-Demand_txt[8,3]))
        Pdem_L=Pdem_2-Pdem_U; 下层土壤中植被对磷元素的需求量
        Pup_U=min([Pdem_U,PSO_U]); 上层土壤中植被对磷元素的实际吸收量

         if Pdem_U gt Pup_U then begin
            Pdem_U1=Pdem_U-Pup_U
         endif else begin
            Pdem_U1=0.0
         endelse

         Pup_L=min([Pdem_L+Pdem_U1,PSO_L]); 下层土壤中植被对磷元素的实
际吸收量
         Pup = Pup_U+Pup_L

         PSO_1U=max([0,PSO_U-Pup_U])
         PSO_1L=max([0,PSO_L-Pup_L])
       endif

    if Landuse lt 3 or Landuse eq 8 then begin  ;; 当用地类型为未利
用地（代码 1），居民地和工业用地（代码为 2）、水域（代码为 8）
      Pup=0.0
      PSO_1U=0.0
      PSO_1L=0.0
      Lit=0.0
      FB=0.0
    endif

  ; 输出数据设置
  Result1=Pup
  Result2=PSO_1U
  Result3=PSO_1L
```

```
  Result4=Lit
  Result5=FB

END
```

第五节　磷素矿化和分解计算及程序设计

矿化是指在土壤微生物作用下，将难以被植物吸收利用的有机磷转化为易于植物吸收利用的无机磷的过程；分解是指将新鲜有机凋落物分解为简单的有机成分的过程。

模型中磷的矿化算法采用简化土壤和植物磷素迁移转换模型，只考虑叶片凋落物和土壤上层腐殖质的矿化。

土壤上层腐殖质中活跃态有机磷的矿化过程为：

$$P_{mina}=1.4\cdot\beta_{min}\cdot(\gamma_{tmp}\cdot\gamma_{sw})^{1/2}\cdot orgP_{act} \tag{12-16}$$

式中：P_{mina} 为土壤上层腐殖质中活跃态有机磷通过矿化作用转化为可溶性磷的量，kg P/hm^2；$orgP_{act}$ 为土壤上层腐殖质中活跃态有机磷含量，kg P/hm^2；β_{min} 为腐殖质中活跃态营养元素的矿化系数；γ_{tmp} 为养分循环温度影响因子，取值必须大于 0.1；γ_{sw} 为养分循环水分影响因子。

养分循环温度影响因子 γ_{tmp} 的计算公式为：

$$\gamma_{tmp}=0.9\cdot\frac{T_{soil}}{T_{soil}+\exp[9.93-0.312\cdot T_{soil}]}+0.1 \tag{12-17}$$

式中：T_{soil} 为上层土壤温度，℃。

养分循环水分影响因子 γ_{sw} 的计算公式为：

$$\gamma_{sw}=\frac{SW}{FC} \tag{12-18}$$

式中：SW 为上层土壤实际含水量，mm；FC 为上层土壤田间持水量，mm。

凋落物的矿化过程为：

$$P_{minf}=0.8\cdot\delta_{ntr}\cdot orgP_{frsh} \tag{12-19}$$

式中：P_{minf} 为上层土壤中新鲜有机磷通过矿化作用转化为可溶性磷的量，kg P/hm^2；$orgP_{frsh}$ 为上层土壤新鲜有机磷含量，kg P/hm^2；δ_{ntr} 为凋落物腐烂速率。

凋落物腐烂速率的计算公式为：

$$\delta_{ntr}=\beta_{rsd}\cdot\gamma_{ntr}\cdot(\gamma_{tmp}\cdot\gamma_{sw})^{1/2} \tag{12-20}$$

式中：β_{rsd} 为新鲜有机养分的矿化系数；γ_{ntr} 为上层土壤养分循环凋落物组成因子；γ_{sw} 为上层土壤养分循环水分影响因子；γ_{tmp} 为上层土壤养分循环温度影响因子。

养分循环凋落物组成因子 γ_{ntr} 计算公式为：

$$\gamma_{ntr}=\min\begin{cases}\exp\left[-0.693\bullet\dfrac{(\varepsilon_{C:N}-25)}{25}\right]\\ \exp\left[-0.693\bullet\dfrac{(\varepsilon_{C:P}-200)}{200}\right]\\ 1.0\end{cases}\tag{12-21}$$

式中：$\varepsilon_{C:N}$ 为土壤上层凋落物碳氮比；$\varepsilon_{C:P}$ 为土壤上层凋落物碳磷比。

$$\varepsilon_{C:N}=\frac{0.58\bullet rsd}{orgN_{frsh}+NO_3}\tag{12-22}$$

式中：rsd 为土壤上层凋落物含量，kg/hm^2；NO_3 为土壤上层硝酸盐含量，kg N/hm^2；$orgN_{frsh}$ 为土壤上层新鲜有机氮含量，kg N/hm^2；0.58 为凋落物中碳的比例。

$$\varepsilon_{C:P}=\frac{0.58\bullet rsd}{orgP_{frsh}+P_{solution}}\tag{12-23}$$

式中：rsd 为土壤上层凋落物含量，kg/hm^2；$orgP_{frsh}$ 为土壤上层新鲜有机磷含量，kg P/hm^2；$P_{solution}$ 为土壤上层可溶性磷含量，kg P/hm^2；0.58 为凋落物中碳的比例。

凋落物分解过程为：

$$P_{dec}=0.2\bullet\delta_{ntr}\bullet orgP_{frsh}\tag{12-24}$$

式中：P_{dec} 为土壤上层新鲜有机磷通过分解作用转化为腐殖质活跃态有机磷的量，kg P/hm^2。

磷素矿化和分解计算程序如下：

```
;*************************** 源代码信息 ***************************
; Name: EcoHAT_Pmindn_Procedure.PRO
; ************************************************************
;
;*************************** 输入说明 **************************
;1. NPmindn_para_txt 文本格式，矿化速率常数(Bmin)、新鲜有机养分的矿化系
数(Brsd)、反硝化系数(Bdenit)、
;反硝化发生的阈值水分影响因子(Rswthr)、活跃有机氮比例(fractN)，用 Tab 键
分开，
;2. PSO_U 二维栅格格式，浮点型，前日上层可溶性磷含量，单位：kg/hm2
;3. PSO_L 二维栅格格式，浮点型，前日下层可溶性磷含量，单位：kg/hm2
;4. Lit 二维栅格格式，浮点型，前日植被凋落物，单位：kg/hm2
;5. SW_U 二维栅格格式，浮点型，当日上层土壤含水量，单位：%
;6. SW_L 二维栅格格式，浮点型，当日下层土壤含水量，单位：%
;7. FC_U 二维栅格格式，浮点型，上层田间含水量，单位：%
;8. FC_L 二维栅格格式，浮点型，下层田间含水量，单位：%
```

```
;9. Ts_U 二维栅格格式，浮点型，当日上层土壤温度，单位：%
;10. Ts_L 二维栅格格式，浮点型，当日下层土壤温度，单位：%
;11. OPF_U 二维栅格格式，浮点型，前日上层新鲜有机磷，单位：kg/hm2
;12. OP_U 二维栅格格式，浮点型，前日上层有机磷，单位：kg/hm2
;13. OP_L 二维栅格格式，浮点型，前日下层有机磷，单位：kg/hm2
;14. OC_U 二维栅格格式，浮点型，上层有机碳含量，单位：kg/hm2
;15. OC_L 二维栅格格式，浮点型，下层有机碳含量，单位：kg/hm2
;************************************************************

;************************** 输出说明 **************************
;1. PSO_U 二维栅格格式，浮点型，当日上层可溶性磷，单位：kg/hm2
;2. PSO_L 二维栅格格式，浮点型，当日下层可溶性磷，单位：kg/hm2
;3. OP_U 二维栅格格式，浮点型，当日上层有机磷，单位：kg/hm2
;4. OP_L 二维栅格格式，浮点型，当日下层有机磷，单位：kg/hm2
;5. OPF_U 二维栅格格式，浮点型，当日上层新鲜有机磷，单位：kg/hm2
;6. Lit 二维栅格格式，浮点型，当日植被凋落物，单位：kg/hm2
;************************************************************

;******************** 算法设置 ****************************
pro EcoHAT_Pmindn_Procedure,NPmindn_para_txt,PSO_U,PSO_L,Lit,SW_
U,SW_L,FC_U,FC_L,Ts_U,Ts_L,OPF_U,OP_U,OP_L,OC_U,OC_L,$
  Result1=Result1,Result2=Result2,Result3=Result3,Result4=Result4,
Result5=Result5,Result6=Result6

  ;初始值设置
  Bmin=NPmindn_para_txt[0,0]; 腐殖质活跃态有机营养元素的矿化系数初值 0.003
  Brsd=NPmindn_para_txt[1,0]; 分解常数的初值为 0.05

  print,'Ts_U=',Ts_U

  ;计算土壤上层磷的分解、矿化量
  if Ts_U gt 0 then begin; 当上层土壤温度大于 0 时开始计算

    ;计算土壤上层温度影响因子
    rtmp_U=0.9*Ts_U/(Ts_U+exp(9.93-0.312*Ts_U))+0.1
```

```
rtmp_U=max([0.1,rtmp_U])

;计算土壤上层水分影响因子
rsw_U=SW_U/FC_U
rsw_U=max([0.05,rsw_U])

print,'hahaha'
;温度影响因子与水分影响因子求乘积
xx=rtmp_U*rsw_U
if xx le 0 then xx=0
if xx gt 10 then xx=1

;计算土壤上层活跃态有机磷的矿化量（有机质的矿化）
if OP_U gt 0.000001 then begin
   Pmina_U=1.4*0.0006*OP_U*sqrt(xx) ;计算土壤上层活
endif else begin
   Pmina_U=0
endelse
Pmina_U=min([Pmina_U,OP_U])

;计算土壤上层磷素在磷池间的转移、矿化量
OP_U=OP_U-Pmina_U
PSO_U=PSO_U+Pmina_U

;计算土壤上层新鲜有机磷的分解、矿化量
 OPF_U=OPF_U+0.0006*Lit      ; 初始值为 0.0003
 cprf=0.0001                 ;cpr 碳磷比初始值
if (OPF_U+PSO_U) gt 0.0001 then begin
    cpr=0.58*Lit/(OPF_U+PSO_U); cpr 碳磷比
    if cpr gt 5000 then cpr=5000
       cprf=exp(-0.693*(cpr-200)/200); cprf 新鲜有机磷碳磷比
    endif else begin
       cprf=1
    endelse
```

```
;      endif

    ;计算凋落物的分解量
    ca=min([cprf,1])
    decr=Brsd*ca*sqrt(xx) ; 分解系数常数计算
    decr=max([0.01,decr])
    decr=min([1.0,decr])
    rdc=decr*Lit
    Lit2=Lit-rdc
    if Lit2 lt 0 then Lit2=0
    rmp=decr*OPF_U
    OPF_2U=OPF_U-rmp
    if OPF_2U lt 0 then OPF_2U=0
    PSO_2U=PSO_U+0.8*rmp
    OP_2U=OP_U+0.2*rmp
  endif                    ; 由前移至此
  if Ts_U le 0 then begin
     PSO_2U=PSO_U
     OP_2U=OP_U
     OPF_2U=OPF_U
     Lit2=Lit
  endif

  ;计算土壤下层磷的分解、矿化量
  if Ts_L gt 0 then begin

    ;计算土壤下层温度影响因子
    rtmp_L=0.9*Ts_L/(Ts_L+exp(9.93-0.312*Ts_L))+0.1
    rtmp_L=max([0.1,rtmp_L])

    ;计算土壤下层水分影响因子
    rsw_L=SW_L/FC_L
    rsw_L=max([0.1,rsw_L])

    ;温度影响因子与水分影响因子求乘积
```

```
      yy=rtmp_L*rsw_L
      if yy le 0 then yy=0
      if yy gt 10 then yy=10

      ;计算土壤下层活跃态有机磷的矿化量
      if OP_L gt 0.000001 then begin
         Pmina_L=1.4*0.0006*OP_L*sqrt(yy) ;
      endif else begin
         Pmina_L=0
      endelse
         Pmina_L=min([Pmina_L,OP_L])

      ;计算土壤下层磷素在磷池间的转移、矿化量
         OP_2L=OP_L-Pmina_L
         PSO_2L=PSO_L+Pmina_L
   endif

   if Ts_L le 0 then begin
      PSO_2L=PSO_L
      OP_2L=OP_L
   endif

   ;输出数据设置
   Result1=PSO_2U
   Result2=PSO_2L
   Result3=OP_2U
   Result4=OP_2L
   Result5=OPF_2U
   Result6=Lit2
END
```

第六节　无机磷吸附与转化计算及程序设计

可溶性磷肥施用后与土壤发生反应，使得可溶性磷的浓度降低。模型将无机磷的吸附过程分解为快吸附和慢吸附，在溶解态磷和活跃态矿物质磷之间存在一个快平衡的转化过程，

在活跃态矿物质磷和稳定态矿物质磷之间存在一个慢平衡的转化过程。

磷在溶解态无机磷和活跃态矿物质磷的转化过程为：

$$P_{sol/sta,ly}=\begin{cases}P_{solution,ly}-minP_{act,ly}\bullet\dfrac{pai}{1-pai} & P_{solution,ly}>minP_{act,ly}\bullet\dfrac{pai}{1-pai}\\0.1\bullet\left(P_{solution,ly}-minP_{act,ly}\bullet\dfrac{pai}{1-pai}\right) & P_{solution,ly}<minP_{act,ly}\bullet\dfrac{pai}{1-pai}\end{cases}\quad(12-25)$$

式中：$P_{sol/act,\,ly}$ 为磷在溶解态无机磷与活跃态矿物质磷之间的转化量，kg P/hm^2；$P_{solution,\,ly}$ 为溶解态可溶性磷含量 kg P/hm^2；$minP_{act,\,ly}$ 为活跃态矿物质磷含量，kg P/hm^2；pai 为磷可利用指数。$P_{sol/act,\,ly}$ 为正，表示磷从溶解态无机磷转化为活跃态矿物质磷，反之，表示磷从活跃态矿物质磷转化为溶解态无机磷。

$$pai=\frac{P_{solution,f}-P_{solution,i}}{fert_{minp}}\quad(12-26)$$

式中：$P_{solution,f}$ 为施肥和潜育后可溶性磷含量，kg P/hm^2；$P_{solution,\,i}$ 为施肥前可溶性磷含量，kg P/hm^2；$fert_{minp}$ 为肥料中可溶性磷含量，kg P/hm^2。

磷在活跃态矿物质磷和稳定态矿物质磷的转化过程为：

$$P_{act/sta,ly}=\begin{cases}\beta_{eqP}\bullet(4\bullet minP_{act,ly}-minP_{sta,ly}) & minP_{sta,ly}>4\bullet minP_{act,ly}\\0.1\bullet\beta_{eqP}\bullet(4\bullet minP_{act,ly}-minP_{sta,ly}) & minP_{sta,ly}<4\bullet minP_{act,ly}\end{cases}\quad(12-27)$$

式中：$P_{sol/act,\,ly}$ 为磷在活跃态矿物质磷与稳定态矿物质磷之间的转化量，kg P/hm^2；β_{eqP} 为慢平衡常数。$P_{act/sta,\,ly}$ 为正，表示磷从活跃态矿物质磷转化为稳定态矿物质磷，反之，表示磷从稳定态矿物质磷转化为活跃态矿物质磷。

无机磷的吸附与转化计算程序如下：

```
;************************** 源代码信息 **************************
; Name: EcoHAT_Pminr_Procedure.PRO
;****************************************************************

;**************************** 输入说明 ****************************
;1. Pminrl_para_txt 文本格式，磷可利用指数（pai），用 Tab 键分开
;
;2. PSO_U 二维栅格格式，浮点型，前日上层可溶性磷含量，单位：kg/hm2
;3. PSO_L 二维栅格格式，浮点型，前日下层可溶性磷含量，单位：kg/hm2
;4. MPA_U 二维栅格格式，浮点型，前日上层活跃态矿物质磷，单位：kg/hm2
;5. MPA_L 二维栅格格式，浮点型，前日下层活跃态矿物质磷，单位：kg/hm2
;6. MPS_U 二维栅格格式，浮点型，前日上层稳定态矿物质磷，单位：kg/hm2
;7. MPS_L 二维栅格格式，浮点型，前日下层稳定态矿物质磷，单位：kg/hm2
;****************************************************************
```

```
;**************************** 输出说明 ***************************
;1. PSO_U 二维栅格格式，浮点型，当日上层可溶性磷，单位：kg/hm²
;2. PSO_L 二维栅格格式，浮点型，当日下层可溶性磷，单位：kg/hm²
;3. MPA_U 二维栅格格式，浮点型，当日上层活跃态矿物质磷，单位：kg/hm²
;4. MPA_L 二维栅格格式，浮点型，当日下层活跃态矿物质磷，单位：kg/hm²
;5. MPS_U 二维栅格格式，浮点型，当日上层稳定态矿物质磷，单位：kg/hm²
;6. MPS_L 二维栅格格式，浮点型，当日下层稳定态矿物质磷，单位：kg/hm²
;*************************************************************

;**************************** 算法设置 ***************************
pro EcoHAT_Pminr_Procedure,Pminrl_para_txt,PSO_U,PSO_L,MPA_U,MPA_
L,MPS_U,MPS_L,$
  Result1=Result1,Result2=Result2,Result3=Result3,Result4=Result4,
Result5=Result5,Result6=Result6

  ;初始值设置
  pai=Pminrl_para_txt[0,0]; 磷可利用指数
  Beqp=0.0006; 单位：d⁻¹, 慢平衡率常数
  rto=pai/(1-pai) ; 磷可利用指数

  x1=PSO_U+MPA_U+MPS_U
  x2=PSO_L+MPA_L+MPS_L

  if x1 gt 0 then begin
     ;土壤上层溶解态磷向稳定态磷的转化量
     rmnl_U=PSO_U-MPA_U*rto
    if rmnl_U ge 0 then begin
       rmnl_U=rmnl_U
       rmnl_U=min([rmnl_U,PSO_U])
    endif
    if rmnl_U lt 0 then begin
       rmnl_U=0.1*rmnl_U;土壤上层溶解态磷向稳定态磷的转化量
       rmnl_U=-min([-rmnl_U,MPA_U])
    endif
```

```
  PSO_3U=PSO_U-rmnl_U
  MPA_U=MPA_U+rmnl_U

  ; 土壤上层稳定态磷向溶解态磷的转化量,
  roc_U=Beqp*(4*MPA_U-MPS_U)
  if roc_U ge 0 then begin
     roc_U=roc_U
     roc_U=min([roc_U,MPA_U])
  endif
  if roc_U lt 0 then begin
     roc_U=0.1*roc_U; 土壤上层稳定态磷向溶解态磷的转化量
     roc_U=-min([-roc_U,MPS_U])
  endif
    MPA_3U=MPA_U-roc_U
    MPS_3U=MPS_U+roc_U
endif

if x1 le 0 then begin
   PSO_3U=PSO_U
   MPA_3U=MPA_U
   MPS_3U=MPS_U
endif

if x2 gt 0 then begin
   ; 土壤下层溶解态磷向稳定态磷的转化量,
   rmnl_L=PSO_L-MPA_L*rto
  if rmnl_L ge 0 then begin
     rmnl_L=rmnl_L
     rmnl_L=min([rmnl_L,PSO_L])
  endif
  if rmnl_L lt 0 then begin
     rmnl_L=0.1*rmnl_L; 土壤上层溶解态磷向稳定态磷的转化量
     rmnl_L=-min([-rmnl_L,MPA_L])
  endif
  PSO_3L=PSO_L-rmnl_L
```

```
      MPA_L=MPA_L+rmnl_L

      ；土壤下层稳定态磷向溶解态磷的转化量，
      roc_L=Beqp*(4*MPA_L-MPS_L)
      if roc_L ge 0 then begin
         roc_L=roc_L
         roc_L=min([roc_L,MPA_L])
      endif
      if roc_L lt 0 then begin
         roc_L=0.1*roc_L
         roc_L=-min([-roc_L,MPS_L])
      endif
       MPA_3L=MPA_L-roc_L
       MPS_3L=MPS_L+roc_L
   endif

   if x2 le 0 then begin
     PSO_3L=PSO_L
     MPA_3L=MPA_L
     MPS_3L=MPS_L
   endif

   ；输出数据设置
   Result1=PSO_3U
   Result2=PSO_3L
   Result3=MPA_3U
   Result4=MPA_3L
   Result5=MPS_3U
   Result6=MPS_3L

END
```

第七节　溶解态磷迁移计算与程序设计

磷在土壤中的迁移主要是通过扩散作用实现，扩散作用是指离子在土壤溶液中受浓度梯度影响而发生的微尺度迁移。由于溶解态磷不很活跃，模型模拟从表层 10 mm 土壤到第一层土壤淋溶的溶解态磷，计算公式为：

$$P_{perc}=\frac{P_{solution,\,surf}\cdot W_{perc,\,surf}}{10\cdot\rho_b\cdot depth_{surf}\cdot k_{d,\,perc}} \tag{12-28}$$

式中：P_{perc} 为从表层 10 mm 土壤到上层土壤淋失的溶解态磷，kg P/hm^2；$P_{solution,\,surf}$ 为表层 10 mm 土壤中溶解态磷的含量，kg P/hm^2；$W_{perc,\,surf}$ 是表层 10 mm 到上层土壤的渗漏水量，mm；$depth_{surf}$ 是表层土壤厚度，mm；ρ_b 是土壤容重，Mg/m^3；$k_{d,\,perc}$ 是磷的渗漏系数，为土壤表层磷的浓度和渗漏磷的浓度之比，m^3/Mg。

随地表径流流失的溶解态磷仅发生在土壤表层 10 mm，计算公式为：

$$P_{surf}=\frac{P_{solution,\,surf}\cdot RS}{\rho_b\cdot h_{surf}\cdot k_{d,\,surf}} \tag{12-29}$$

式中：P_{surf} 为随地表径流流失的溶解态磷，kg P/hm^2；$P_{solution,\,surf}$ 为表层 10 mm 土壤中溶解态磷的含量，kg P/hm^2；RS 为日地表径流量，mm；ρ_b 为土壤容重，Mg/m^3；h_{surf} 为表层土壤深度，mm；$k_{d,\,surf}$ 为土壤磷分配系数，m^3/Mg。

随地下径流流失的溶解态磷的计算公式为：

$$P_{rg}=conc_{p,\,rg}\cdot RG \tag{12-30}$$

式中：P_{rg} 为通过地下径流流失的溶解态磷，kg/hm^2；$conc_{p,\,rg}$ 为地下径流中溶解态磷的浓度，kg/mm；RG 为地下径流量，mm。

溶解态磷迁移的计算程序如下：

```
;**************************** 源代码信息 ****************************
; Name: EcoHAT_Pmove_Procedure.PRO
; ************************************************************

;**************************** 输入说明 ****************************
;1. PSOmove_txt 文本文件，内容为磷渗漏系数（kperc）、土壤磷分配系数（ksurf）
和地下径流中溶解态磷的浓度（GW_PSO），用 Tab 键分开
;2. Rs 二维栅格格式，浮点型，当日地表径流，单位：mm
;3. PSO_U 二维栅格格式，浮点型，前日上层可溶性磷含量，单位：kg/hm2
;4. perc_U 二维栅格格式，浮点型，前日上层可溶性磷含量，单位：kg/hm2
```

```
;5. Rg 二维栅格格式，浮点型，当日地下径流，单位：mm
;6. Bulkd 二维栅格格式，浮点型，土壤容重，单位：Mg/m3
;*************************************************************

;************************** 输出说明 **************************
;1. PSO_U 二维栅格格式，浮点型，当日上层可溶性磷，单位：kg/hm2
;2. PSOsurf 二维栅格格式，浮点型，当日随地表径流流失的磷，单位：kg/hm2
;3. PSOperc 二维栅格格式，浮点型，当日随渗漏流失的磷，单位：kg/hm2
;4. PSOgw 二维栅格格式，浮点型，当日随地下径流流失的磷，单位：kg/hm2
;*************************************************************

;************************** 算法设置 **************************
pro EcoHAT_Pmove_Procedure,PSOmove_txt,Rs,PSO_U,perc_U,Rg,Bulkd,$
  Result1=Result1,Result2=Result2,Result3=Result3,Result4=Result4

  ;初始值设置
  kperc=PSOmove_txt[0,0]  ;磷渗漏系数
  ksurf=PSOmove_txt[1,0]  ;土壤磷分配系数
  GW_PSO=PSOmove_txt[2,0] ;地下径流中溶解态磷的浓度 单位：mg/L 等同于 g/m3

  if (Rs+Rg) gt 0 then begin
    if PSO_U gt 0 then begin
      PSOsurf=PSO_U*Rs/(Bulkd*10*ksurf) ;生态水文 109, 5-110
      PSOsurf=min([PSOsurf,PSO_U/100])
      PSO_U=PSO_U-PSOsurf

      PSOperc=PSO_U*perc_U/(Bulkd*10*kperc*10) ;生态水文 109, 5-111
      PSOperc=min([PSOperc,PSO_U/100])
      PSO_U=PSO_U-PSOperc
    endif else begin
      PSOsurf=0
      PSOperc=0
      PSOgw=0
      PSO_U=PSO_U
    endelse
```

```
  PSOsurf=PSOsurf
  PSOperc=PSOperc
  PSOgw=Rg*GW_PSO       ；磷渗漏系数，生态水文 109，5-111

  PSO_4U=PSO_U
endif

if (Rs+Rg) le 0 then begin
   PSOsurf=0
   PSOperc=0
   PSOgw=0
   PSO_4U=PSO_U
endif

;输出数据设置
Result1=PSO_4U
Result2=PSOsurf
Result3=PSOperc
Result4=PSOgw

END
```

第八节　吸附态磷迁移计算与程序设计

有机磷和矿物质磷主要是吸附在土壤颗粒上通过径流进行迁移，与土壤侵蚀量密切相关，计算公式为：

$$sed_{Psurf} = 0.001 \cdot conc_{sedP} \cdot \frac{sed}{A_{pixel}} \cdot \varepsilon_e \tag{12-31}$$

式中：sed_{Psurf} 为吸附态磷流失量，kg P/hm^2；$conc_{sedP}$ 为表层 10 mm 土壤中吸附态磷的浓度，kg P/t；sed 为土壤侵蚀量，t；A_{pixel} 为栅格单元面积，hm^2；ε_e 为磷的富集比。

表层 10 mm 土壤中吸附态磷的浓度的计算公式为：

$$conc_{sedP} = 100 \cdot \frac{(minP_{act,surf} + minP_{sta,surf} + orgP_{hum,surf} + orgP_{frsh,surf})}{\rho_b \cdot depth_{surf}} \tag{12-32}$$

式中：$minP_{act,\ surf}$ 为表层 10 mm 土壤中活跃态矿物质磷的含量，kg P/hm^2；$minP_{sta,\ surf}$ 为表层 10 mm 土壤中稳定态矿物质磷的含量，kg P/hm^2；$orgP_{hum,\ surf}$ 为表层 10 mm 土壤中磷的含量，kg P/hm^2；$orgP_{frsh,\ surf}$ 为表层土壤腐殖质中活跃态有机磷的含量，kg P/hm^2；ρ_b 为土壤容重，Mg/m^3；$depth_{surf}$ 为表层土壤深度，mm。

磷的富集比 ε_e 的计算公式为：

$$\varepsilon_e = 0.78 \cdot (conc_{sed,\ surq})^{-0.2468} \tag{12-33}$$

$$conc_{sed,\ surq} = \frac{sed}{10 \cdot A_{pixel} \cdot RS} \tag{12-34}$$

式中：$conc_{sed,\ surq}$ 为地表径流中泥沙的浓度，Mg/m^3；sed 为土壤侵蚀量，t；A_{pixel} 为栅格单元面积，hm^2；RS 为日地表径流量，mm。

吸附态磷迁移的计算程序如下：

```
;*************************** 源代码信息 ***************************
; Name: EcoHAT_Soil_Erosion_P_Procedure.PRO
; **************************************************************

;*************************** 输入说明 ***************************
;1. OPF_U 二维栅格格式，浮点型，前日上层新鲜有机磷，单位：kg/hm2
;2. MPS_U 二维栅格格式，浮点型，前日上层稳定态矿物质磷，单位：kg/hm2
;3. MPA_U 二维栅格格式，浮点型，前日上层活跃态矿物质磷，单位：kg/hm2
;4. Bulkd 二维栅格格式，浮点型，土壤容重，单位：Mg/m3
;5. Sed 二维栅格格式，浮点型，当日土壤侵蚀量，单位：t/m2
;6. Rs 二维栅格格式，浮点型，当日地表径流，单位：mm
;7. OP_U 二维栅格格式，浮点型，前日上层有机磷，单位：kg/hm2
;**************************************************************

;*************************** 输入说明 ***************************
;1. Psed 二维栅格格式，浮点型，当日泥沙吸附的磷，单位：kg/hm2
;2. OPF_U 二维栅格格式，浮点型，当日上层新鲜有机磷，单位：kg/hm2
;3. MPS_U 二维栅格格式，浮点型，当日上层稳定态矿物质磷，单位：kg/hm2
;4. MPA_U 二维栅格格式，浮点型，当日上层活跃态矿物质磷，单位：kg/hm2
;5. OP_U 二维栅格格式，浮点型，当日上层有机磷，单位：kg/ha
;**************************************************************

; *************************** 算法设置 ***************************
```

```
pro EcoHAT_Soil_Erosion_P_Procedure,OPF_U,MPS_U,MPA_U,Bulkd,Sed,
Rs,OP_U,$
  Result1=Result1,Result2=Result2,Result3=Result3,Result4=Result4,
Result5=Result5

  ;当侵蚀量大于 0 时开始计算
  if Sed gt 0 then begin
     Ptotal=OPF_U+(MPS_U+MPA_U+OP_U)/2
     conc=100*Ptotal/(Bulkd*10); 磷素在上层土壤中的浓度（含量），单位 g/t
     if conc gt 0 then begin

       erp=0.78*(Sed/(10*1.0*Rs))^(-0.2468); 富集比
       Psed=0.001*conc*Sed*erp/100; 除以 100，将 Sed 单位由 t/km2 转化
为 t/hm2,Psed 单位为 kg/(hm2*d)，吸附态磷的流失，

       OPF_3U=OPF_U-Psed*OPF_U/Ptotal
       MPS_4U=MPS_U-Psed*MPS_U/Ptotal
       MPA_4U=MPA_U-Psed*MPA_U/Ptotal
       OP_3U=OP_U-Psed*OP_U/Ptotal

       if OP_3U lt 0 then begin
          OP_3U=0
       endif else begin
          OP_3U=OP_3U
       endelse

       if OPF_3U lt 0 then begin
          OPF_3U=0
       endif else begin
          OPF_3U=OPF_3U
       endelse

       if MPA_4U lt 0 then begin
          MPA_4U=0
       endif else begin
```

```
        MPA_4U=MPA_4U
      endelse

      if MPS_4U lt 0 then begin
        MPS_4U=0
      endif else begin
        MPS_4U=MPS_4U
      endelse

    endif else begin
        Psed=0.0
        OPF_3U=OPF_U
        MPS_4U=MPS_U
        MPA_4U=MPA_U
        OP_3U=OP_U
    endelse

  endif else begin
      Psed=0.0
      OPF_3U=OPF_U
      MPS_4U=MPS_U
      MPA_4U=MPA_U
      OP_3U=OP_U
  endelse

  ;输出数据设置
  Result1=Psed
  Result2=OPF_3U
  Result3=MPS_4U
  Result4=MPA_4U
  Result5=OP_3U

END
```

第九节　磷素迁移转化模型应用案例

一、案例背景

本案例所涉区域为三江平原（见第 11 章）。应用 EcoHAT PT 模型计算 2000 年三江平原磷素迁移转化过程，得到三江平原每年土壤中上、下两层吸附态和溶解态磷含量的空间分布，分析模型 2000 年初和年末不同形态磷素的变化。

二、数据准备

磷素迁移转化模型的 6 个子模块有 35 个输入参数。输入参数中 5 个为文本格式，30 个为 ENVI 标准文件格式。

三、计算流程

在完成前期基础数据准备之后，将准备好的数据放入同一个文件中，如表 12-1 所示。

表 12-1　磷迁移转化模型计算输入参数列表

	输入参数	内容
文本参数数据	Alloc_txt	叶片凋落系数
	Demand_txt	氮磷养分浓度
	Npmindn_para_txt	矿化速率常数
	Pminrl_para_txt	磷可利用指数
	PSOmove_txt	磷酸盐渗漏系数
遥感影像数据	Landuse	土地利用
	FC_U	上层土壤田间持水量
	FC_L	下层土壤田间持水量
	WP_U	上层土壤凋萎含水量
	WP_L	下层土壤凋萎含水量
	SAT_U	上层土壤饱和含水量
	OC_U	上层有机含碳量
遥感影像数据	OC_L	下层有机含碳量
	Bulkd	土壤容重

准备好基础数据之后，启动 EcoHAT PT 运行模块（图 12-2），点击右侧“浏览”选项，会弹出选择放置数据集的文件夹选项，选择之前放置数据集的文件夹“磷素迁移转化模型输入数据”，下面的输入参数和影像参数数据将会自动填充，如图 12-3 所示。

图 12-2 磷素迁移转化模型赋初值模块示意图

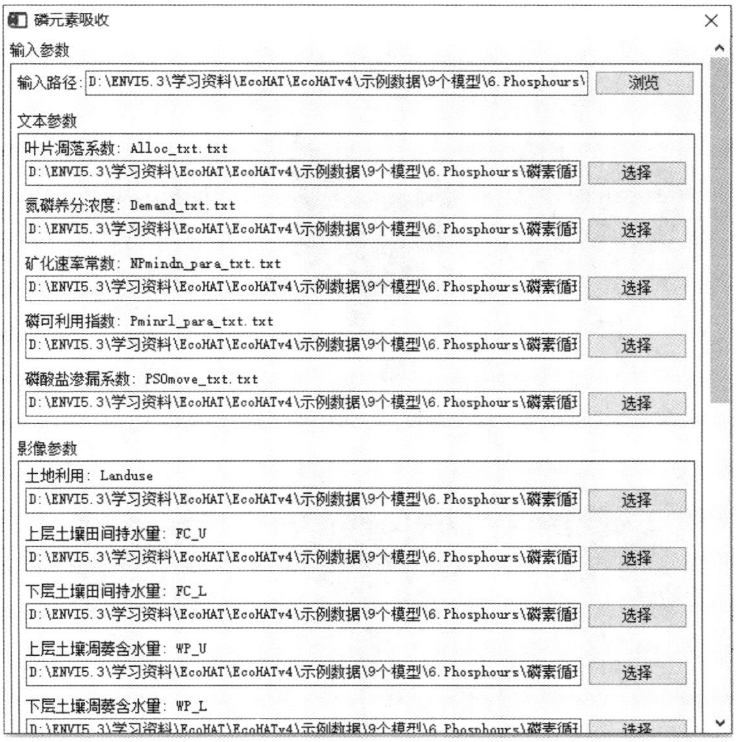

图 12-3 选择数据所在文件夹示意图

也可对需要计算的子模块，单独选择某些参数进行输入。具体方法为：点击文本参数和影像参数右边的“选择”按钮，对照参数文件名选择相应文件，如图 12-4 所示。

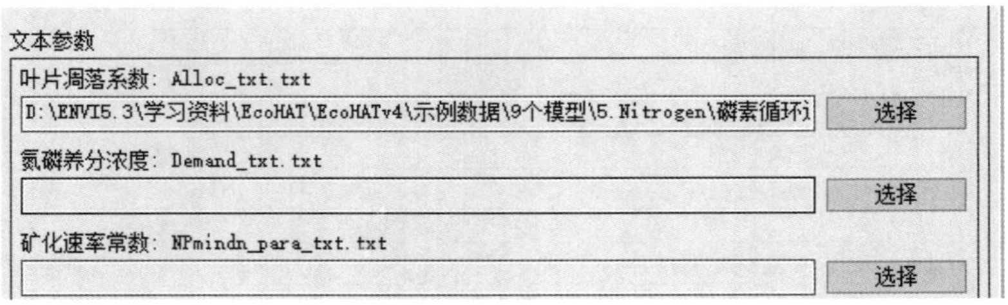

图 12-4　输入某些参数数据示意图

四、模型结果

磷素迁移转化模型的模拟结果如图 12-5 所示，图中内容为在每组输出数据中选取其中一张结果图。

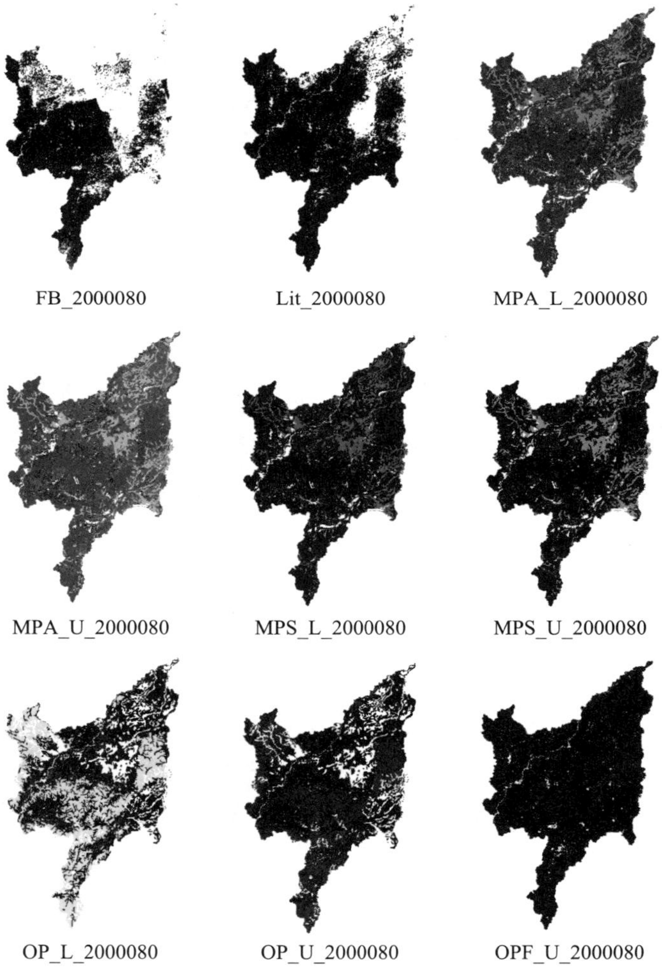

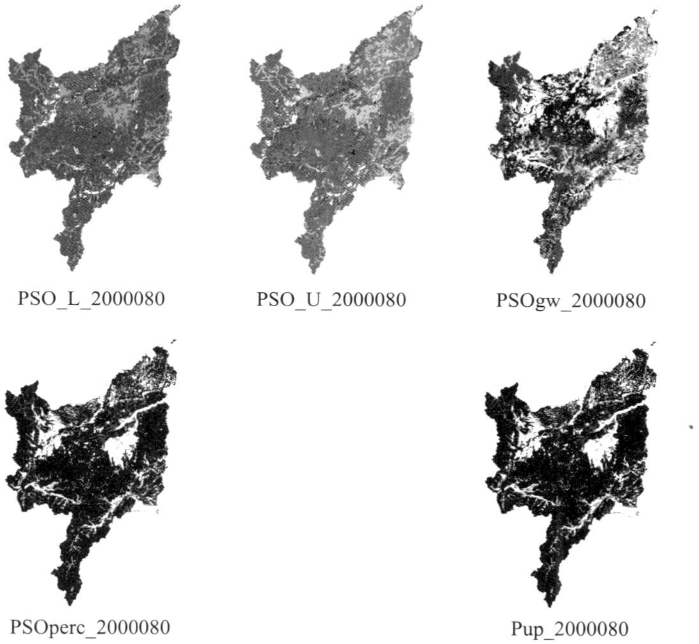

图 12-5　磷素迁移转化模型模拟结果图

复习思考题

一、基础部分

1. 磷素循环主要分为几个环节？
2. 溶解态磷和吸附态磷的迁移特征有何区别？

二、操作实践

1. 下载磷素迁移转化模型开源代码，重点阅读程序 EcoHAT_Phosphorus_Procedure 过程，绘出磷素迁移转化模型计算流程图。

2. 下载教学示例数据，阅读理解教学示例的文件结构，并运行示例数据。

主要参考文献

[1] Abbott M B, Bathurst J C, Cunge J A, et al. An introduction to the European Hydrological System: Systeme Hydrologique Europeen, "SHE", 1 [J]. Journal of Hydrology, 1986, 87(1):45–59.

[2] Arnold J G, Williams J R, Maidment D R. Continuous-time water and sediment-routing model for large basins[J]. Journal of Hydraulic Engineering, 1995, 121 (2): 171–183.

[3] Aston A R. Rainfall interception by eight small trees[J]. Journal of Hydrology, 1979(42): 383–396.

[4] Beven K J, Kirkby M J. A physically based, variable contributing area model of basin hydrology/Un modèle à base physique de zone d'appel variable de l'hydrologie du bassin versant[J]. Hydrological Sciences Journal, 1979, 24(1): 43–69.

[5] Beven K J. Changing ideas in hydrology-the case of physically based models[J]. Journal of Hydrology, 1989, 105: 157–172.

[6] Cai M, Yang S, Zeng H, et al. A distributed hydrological model driven by multi-source spatial data and its application in the Ili River Basin of Central Asia[J]. Water resources management, 2014, 28(10): 2851–2866.

[7] Chen L, Wang L, Ma Y, et al. Overview of ecohydrological models and systems at the watershed scale[J]. IEEE Systems Journal, 2014, 9(3): 1091–1099.

[8] Chen K, Yang S, Zhao C, et al. Conversion of blue water into green water for improving utilization ratio of water resources in degraded karst areas[J]. Water, 2016, 8(12): 569–574.

[9] Dong G, Yang S, Gao Y, et al. Spatial evaluation of phosphorus retention in riparian zones using remote sensing data[J]. Environmental earth sciences, 2014, 72(5): 1643–1657.

[10] Guan Y, Yang S, Zhao C, et al. Monitoring long-term gully erosion and topographic thresholds in the marginal zone of the Chinese Loess Plateau[J]. Soil and Tillage Research, 2021, 205: 104–108.

[11] Huber W C, Heaney J P. Storm water management model user's manual (Version III) [R]. Washington D. C. of US: Environmental Protection Agency, 1987.

[12] Kristensen K J, Jensen S. E. A model for estimation the actual evapotranspiration from the potential one [J]. Nordic Hydrology, 1975, 6(3): 170–188.

[13] Liang X, Xie Zhenghui. A new surface runoff paramenterization with subgrid-scale soil heterogeneity fo land surface models [J]. Advances in Water Resources, 2001, 24(9–10):

1173-1192.

[14] Liu B Y , Nearing M A, Risse LM. Slope gradient effects on soil loss for steep slopes [J]. Transactions of the ASAE, 1994, 37(6):1835-1840.

[15] Lou H, Zhang Y, Yang S, et al. A new method for long-term river discharge estimation of small and medium-scale rivers by using multisource remote sensing and RSHS: application and validation[J]. Remote Sensing, 2022, 14(8): 1798-1803.

[16] Luo Y, Yand S T, Liu X Y, et al. Suitability of revision to MUSLE for estimating sediment yield in the Loess Plateau of China[J]. Stoch Environ Res Risk Assess 2016, 30: 379-394.

[17] Srinivasan R, Arnold J G. Intergration of a Basion-scale Water Quality Model with GIS[J]. JAWRA, 1994, 30(3): 453-462.

[18] Su Z B. A Surface Energy Balance System (SEBS) for estimation of turbulent heat fluxes from point to continental scale[C]//Spectra Workshop. 2002, 474: 23-26.

[19] Wang J, Yang S, Lou H, et al. Impact of lake water level decline on river evolution in Ebinur Lake Basin (an ungauged terminal lake basin)[J]. International Journal of Applied Earth Observation and Geoinformation, 2021, 104: 102-106.

[20] Yang S T, Wang J, Wang P S, et al. Low altitude unmanned aerial vehicles (UAVs) and satellite remote sensing are used to calculated river discharge attenuation coefficients of ungauged catchments in arid desert [J]. Water, 2019, 11(12): 2630-2633.

[21] Yang S, Wang P, Lou H, et al. Estimating river discharges in ungauged catchments using the slope-area method and unmanned aerial vehicle[J]. Water, 2019, 11(11): 2361-2366.

[22] 白娟，张亦弛，杨胜天，等．林草和梯田措施对小流域降雨—径流—输沙过程的影响分析［J］．地理与地理信息科学，2021，37（6）：92-101.

[23] 岑国平．城市雨水径流计算模型［J］．水利学报，1990（10）：68-75.

[24] 管华．水文学［M］．北京：科学出版社，2010.

[25] 郭生练．基于 DEM 的分布式水文物理模型［J］．武汉水利电力大学学报，2000，33（6）：1-5.

[26] 郝芳华，程红光，杨胜天．非点源污染模型：理论方法与应用［M］．北京：中国环境科学出版社，2006.

[27] 康绍忠，熊运章，王振镒．土壤 - 植物 - 大气连续体水分运移力能关系的田间试验研究［J］．水利学报，1990（7）：1-9.

[28] 李兰．流域水文数学物理耦合模型［C］// 朱尔明．中国水利学会优秀论文集．北京：中国三峡出版社，2000：322-329.

[29] 刘昌明，洪宝鑫，曾明煊，等．黄土高原暴雨径流预报关系初步实验研究［J］．科学通报，1965，2（2）：158-161.

[30] 刘昌明，王中根，郑红星，等．HIMS 系统及其定制模型的开发与应用［J］．中国科学（E 辑），2008，38（3）：350-360.

[31] 刘昌明，杨胜天，温志群，等. 分布式生态水文模型 EcoHAT 系统开发及应用 [J]. 中国科学（E 辑），2009，39（6）：1112-1121.

[32] 刘贤赵，康绍忠，刘德林. 基于地理信息的 SCS 模型及其在黄土高原小流域降雨-径流关系中的应用 [J]. 农业工程学报，2005，21（5）：93-97.

[33] 刘晓燕，杨胜天，王富贵，等. 黄土高原现状梯田和林草植被的减沙作用分析 [J]. 水利学报，2014，45（11）：1293-1300.

[34] 潘子豪，杨胜天，娄和震，等. 缺测站干旱流域生态输水遥感监测与农业节水效益分析 [J]. 干旱区地理，2022，45（3）：774-785.

[35] 任立良，刘新仁. 基于 DEM 的水文物理过程模拟 [J]. 地理研究，2000，19（4）：369-376.

[36] 沈晓东，王腊春. 基于栅格数据的流域降雨径流模型 [J]. 地理学报，1995，50（3）：264-271.

[37] 王雪蕾，杨胜天，智泓，等. 官厅水库库滨带非点源污染控制效应的遥感分析 [J]. 环境科学学报，2007（2）：304-312.

[38] 王玉娟，杜迪，杨胜天，等. 贵州龙里典型喀斯特地区绿水资源耗用研究 [J]. 中国岩溶，2008，27（4）：340-346.

[39] 吴擎龙. 田间腾发条件下水热迁移数值模拟的研究 [D]. 北京：清华大学，1993.

[40] 夏军，王纲胜，吕爱锋，等. 分布式时变增益流域水循环模拟 [J]. 地理学报，2003，58（5）：789-796.

[41] 夏军，左其亭. 国际水文科学研究的新进展 [J]. 地球科学进展，2006（3）：256-261.

[42] 许有鹏，陈钦峦，朱静玉. 遥感信息在水文动态模拟中的应用 [J]. 水科学进展，1995，6（2）：156-161.

[43] 杨大文，李种，倪广恒，等. 分布式水文模型在黄河流域的应用 [J]. 地理学报，2004，59（1）：143-154.

[44] 杨胜天，赵长森. 遥感水文 [M]. 北京：科学出版社，2015.

[45] 张念强，李娜，甘泓，等. 城市洪涝仿真模型地下排水计算方法的改进 [J]. 水利学报，2017，48（5）：526-534.

[46] 张亦驰，刘昌明，杨胜天，等. 黄土高原典型流域 LCM 模型集总、半分布式和分布式构建对比分析 [J]. 地理学报，2014，69（1）：90-99.

[47] 赵海根，杨胜天，周旭. 基于数据同化技术的延河流域绿水模拟研究 [J]. 地理科学，2017，37（7）：1112-1119.

[48] 郑东海，王凌，曾红娟，等. 松涛水库流域非点源污染负荷模拟模型 [J]. 环境科学学报，2009，29（6）：1311-1320.

[49] 周旭，杨胜天，刘晓燕，等. 黄河中游多沙粗沙区流域坡面水保措施变化特征 [J]. 地理学报，2014，69（1）：64-72.

郑重声明

高等教育出版社依法对本书享有专有出版权。任何未经许可的复制、销售行为均违反《中华人民共和国著作权法》，其行为人将承担相应的民事责任和行政责任；构成犯罪的，将被依法追究刑事责任。为了维护市场秩序，保护读者的合法权益，避免读者误用盗版书造成不良后果，我社将配合行政执法部门和司法机关对违法犯罪的单位和个人进行严厉打击。社会各界人士如发现上述侵权行为，希望及时举报，我社将奖励举报有功人员。

反盗版举报电话　（010）58581999　58582371

反盗版举报邮箱　dd@hep.com.cn

通信地址　北京市西城区德外大街4号

　　　　　高等教育出版社知识产权与法律事务部

邮政编码　100120

读者意见反馈

为收集对教材的意见建议，进一步完善教材编写并做好服务工作，读者可将对本教材的意见建议通过如下渠道反馈至我社。

咨询电话　400-810-0598

反馈邮箱　hepsci@pub.hep.cn

通信地址　北京市朝阳区惠新东街4号富盛大厦1座

　　　　　高等教育出版社理科事业部

邮政编码　100029

防伪查询说明

用户购书后刮开封底防伪涂层，使用手机微信等软件扫描二维码，会跳转至防伪查询网页，获得所购图书详细信息。

防伪客服电话　（010）58582300

数字课程账号使用说明

一、注册/登录

访问https://abooks.hep.com.cn，点击“注册/登录”，在注册页面可以通过邮箱注册或者短信验证码两种方式进行注册。已注册的用户直接输入用户名加密码或者手机号加验证码的方式登录。

二、课程绑定

登录之后，点击页面右上角的个人头像展开子菜单，进入“个人中心”，点击“绑定防伪码”按钮，输入图书封底防伪码（20位密码，刮开涂层可见），完成课程绑定。

三、访问课程

在“个人中心”→“我的图书”中选择本书，开始学习。